圖解演算法

「每個人都要懂一點演算法與資料結構」

推薦序

初識小灰，是在他的微信公眾號看到一篇關於動態規劃的文章，當時覺得挺意外的，沒想到還能有人用漫畫圖解來解釋動態規劃演算法。

所謂演算法，其實是個很寬泛的概念。有理解起來難度超大，燒腦到要「爆炸」的；也有簡單直接，一目了然的；更多的卻是，雖然看起來複雜，但只要方法得當，搞懂原理，掌握起來還是很容易的那種演算法。

可是很多人被「演算法」的「猙獰」外表嚇住了，久久不敢接觸它。好不容易放膽翻閱演算法的書藉，結果看到的不是大篇幅的程式碼，就是一大堆的符號公式。這都是什麼呀？算了，看來是學不會演算法了，放棄吧……

但凡書籍文章，最難讀的，大都是公式符號；而最好讀的，無外乎圖像、對話等。本書作者以可愛的小灰和大黃兩個漫畫形象為主人翁，把對演算法的描述過程嵌入到它們的對話中，並輔以圖解等直觀方式來表達資料結構和操作步驟——這種表達形式帶著天然的親和力，對於完全沒有電腦背景的讀者，讀來也不覺得生硬。

小灰所做的事情，就是為演算法這顆「砲彈」包上了「糖衣」，讓演算法的威力潛藏於內，外表不再嚇人，反而變得萌萌的，Q 彈可愛，清新怡人。

先乾為敬，讓我們一起吞了這顆藏著「炸藥」的「糖果」吧！

李燁，微軟高級軟體工程師

前 言

許多程式設計師對演算法望而生畏，認為演算法是一門高深莫測的學問。

以前我曾經面試過一位求職者，起初考查他的技術功底和專案經驗，他都回答得不錯。接下來我對他說：「OK，那我考查一下你的演算法水準吧。」

題目還沒說出口，該求職者馬上擺擺手說：「不要不要，我演算法不行的！」

我還是有些不甘心，接著說道：「我只考查最基礎的，你說說泡泡排序的基本思考方式吧！」

他仍舊說：「我不知道，我演算法一點都不會……」

演算法真的那麼難，真的那麼無趣嗎？

恰好相反，演算法是程式設計領域中最有意思的一塊內容，也不像許多人想像的那樣難以駕馭。

許多人把演算法比作程式設計師的「內功」，但筆者覺得這個比喻並不是很恰當。內功實實在在，沒有任何巧妙可言，而演算法天馬行空，千變萬化，就像金庸筆下令狐沖的一套獨孤九劍。

學習演算法，我們不需要死記硬背那些冗長複雜的背景知識、底層原理、指令語法……需要做的是領悟演算法思維、理解演算法對記憶體空間和效能的影響，以及開動腦筋去尋求解決問題的最佳方案。相比於程式設計領域的其他技術，演算法更純粹，更接近數學，也更具有趣味性。

我一直希望寫出一些東西，讓更多的 IT 業界同行能夠領略演算法的魅力，可是用什麼方式來寫呢？

2016 年 9 月，一次突如其來的靈感讓我創造了一個初出茅廬的菜鳥程式設計師形象，這個菜鳥程式設計師名叫小灰。

程式設計師小灰的故事活躍在同名的微信公眾號上，該公眾號用漫畫圖解的形式訴說著小灰一次又一次的面試經歷，倔強的小灰屢戰屢敗，屢敗屢戰。小灰是我剛剛入行時的真實寫照，相信許多程式設計師也能從中看到自己的影子。

終於，在朋友們的支持和鼓勵下，程式設計師小灰的故事從微信公眾號搬到了紙本圖書上。能讓更多同行看到小灰的故事，我感到十分欣慰。

本書特色

這本書透過漫畫的形式，講述了小灰學習演算法和資料結構知識的心路歷程。書中許多內容源於本人的微信公眾號，但是比公眾號上呈現的內容更有系統、更全面，也更加嚴謹。

本書的前 4 章是講解演算法與資料結構的基礎知識，沒有演算法和資料結構基礎的讀者可以從頭開始進行有系統的學習。

已有一定基礎的讀者，也可以選擇從第 5 章面試題目的講解開始閱讀，每一道面試題目都是相對獨立的，並不需要嚴格地按順序學習。同時，也推薦大家適當搭配前面的內容，鞏固一下自己的演算法知識體系。

這不是一本程式設計入門書。在程式設計方面完全零基礎的讀者，建議至少要先瞭解一門程式設計語言。

這也不是一本局限於某個程式設計語言的書，雖然書中的程式碼範例都是用 Java 來實作的，但演算法思維是相通的。在實作程式碼時，書中盡可能規避了 Java 語言的特殊語法和工具類別，相信熟悉其他語言的開發者也不難看懂。

勘誤和支持

除書中所提供的程式碼範例以外，大家也可以關注微信公眾號「程式設計師小灰」，可取得許多相關的程式設計知識。

由於作者水準有限，書中難免會出現一些錯誤，懇請廣大讀者批評指正。讀者如果在閱讀過程中產生疑問或發現 Bug，歡迎隨時到微信公眾號的後台留言。「程式設計師小灰」微信公眾號二維條碼如右。

致謝

感謝微信公眾號「程式設計師小灰」的讀者。你們的鼓勵和支持，給了我堅持創作的動力。

感謝成都道然科技有限責任公司的姚新軍老師。有了他的肯定、支持和指導意見，本書才能正式出版。

感謝朴提、單耳和康慧三位插畫師所畫的精彩插畫，是你們讓小灰的形象更豐滿、更可愛。感謝為本書審稿的楊道談先生，感謝為本書寫序的李燁老師，感謝在百忙之中閱讀書稿並寫書評的專家們，他們是劉欣、張洪亮、安曉輝、李豔鵬、翟永超等。

特別感謝我的父母，是他們把我帶進了數學的大門。在我上小學的時候，是他們的堅持，才讓我有機會學習奧林匹克數學，參加數學競賽，並對數學和邏輯產生了興趣。在這本書的寫作過程中，又是他們努力讓生活瑣事對我的干擾減到最低，讓我能夠全身心投入到本書的寫作中。

謹以此書獻給我的家人、我的讀者，以及熱愛程式設計的朋友們！

魏夢舒，微信公眾號「程式號小灰」的作者

書中部分插圖取用自 http://www.freepik.com，特此致謝。

Design by freepik.com

目錄

▸第 5 章 面試中的演算法

第 1 章
演算法概述

1.1 演算法和資料結構

1.1.1 ▶ 小灰和大黃

在大四臨近畢業時，電腦資訊相關科系畢業的同學大都收到了滿意的聘任通知，可是小灰卻還在著急等待。雖然他這幾天面試了很多家 IT 公司，可每次都被面試官「虐」得很慘很慘。

在心灰意冷之際，小灰忽然想到他們系裡名叫大黃的學霸，大黃不但技術能力很強，而且也很樂意幫助同學。於是，小灰去找大黃，希望能夠得到一些指點。

1.1.2 ▸ 什麼是演算法

演算法，所對應的英文單字是「algorithm」，這是門古老的概念，最早來自數學領域。

有一個關於演算法的小故事，相信大家都有耳聞。

在很久很久以前，曾經有一個頑皮又聰明的「小屁孩」，天天在課堂上調皮搗蛋。終於有一天，老師忍無可忍，對「小屁孩」說：

臭小子，你又調皮啊！今天罰你算加法，算出 1+2+3+4+5+6+7……

一直加到 10000 的結果，算不完不准回家！

嘿嘿，我算就是了。

老師以為，「小屁孩」會按部就班地一步一步計算，就像下面這樣。

1 + 2 = 3

3 + 3 = 6

6 + 4 = 10

10 + 5 = 15

……

這還不得算到明天天亮？夠這小子受的！老師心裡幸災樂禍地想著。

誰知僅僅幾分鐘後……

老師，我算完了！結果是 50005000，對不對？

這、這、這……你小子怎麼算得這麼快？我讀書多，你騙不了我的！

看著老師驚訝的表情，「小屁孩」微微一笑，講解了他的計算方法。

首先把從 1 到 10000 這 10000 個數字兩兩分組相加，如下。

1 + 10000 = 10001

2 + 9999 = 10001

3 + 9998 = 10001

4 + 9997 = 10001

……

一共有多少組這樣結果相同的和呢？有 10000÷2 即 5000 組。

所以 1 到 10000 相加的總和可以這樣來計算：

$$(1+10000) \times 10000 \div 2 = 50005000$$

這個「小屁孩」就是後來著名的猶太數學家**約翰・卡爾・弗裡德里希・高斯**，而他採用的這種等差數列求和的方法，被稱為**高斯演算法**。(上文的故事情節與史實略有出入。)

這是數學領域中演算法的一個簡單例子。在數學領域裡，演算法是用於解決某一類問題的公式和思想。

本書提及的演算法以電腦科學領域的演算法為主，它的本質是一系列程式指令，用於解決特定的運算和邏輯問題。

從宏觀上來看，數學領域的演算法和電腦領域的演算法有很多相通之處。

演算法有簡單的，也有複雜的。

簡單的演算法，好比列出一組整數並找出其中最大的數。

Max=?

複雜的演算法，諸如在多種物品裡選擇裝入背包的物品，使背包裡的物品總價值最大，或找出從一個城市到另一個城市的最短路線。

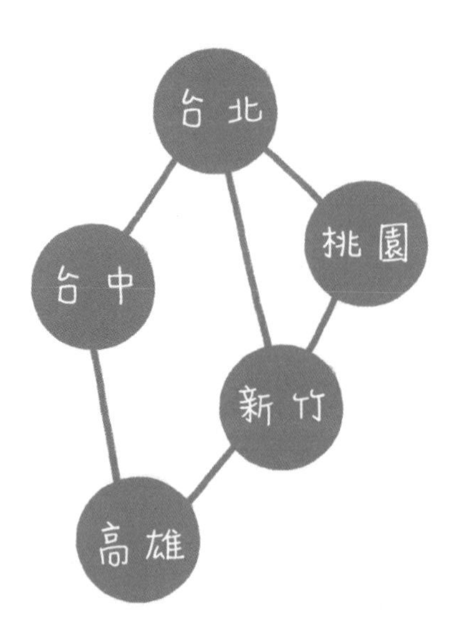

演算法有高效的，也有拙劣低效的。

剛才講的故事中，從 1 加到 10000 高斯用的顯然是更加高效的演算法。他利用等差數列的規律，事半功倍地求出了最終結果。

而老師心中所想的演算法，是按部就班地一個數一個數進行累加，是一種低效、笨拙的演算法。雖然這種演算法也能得到最終結果，但是其計算過程要低效得多。

在電腦領域，我們同樣會遇到各種高效或拙劣的演算法。衡量演算法好壞的重要標準有兩個。

- **時間複雜度**
- **空間複雜度**

具體的概念會在本章進行詳細講解。

演算法的應用領域多種多樣。

演算法可以應用在很多不同的領域中，其應用場合更是多種多樣，例如下面這些例子。

運算

有人或許會覺得，這不就是數學運算嗎？還不簡單？

其實還真不簡單。

例如求出兩個數的最大公約數，要做到效率的極致，的確需要動一番腦筋。

再如計算兩個超大整數的和，按照正常方式來計算一定會導致變數溢出。這又該如何求解呢？

```
  4 2 6 7 0 9 7 5 2 3 1 8
+   9 5 4 8 1 2 5 3 1 2 9
-------------------------
  5 2 2 1 9 1 0 0 5 4 4 7
```

尋找

當你使用谷歌、百度搜尋某個關鍵字，或在資料庫中執行某一條 SQL 語句時，有沒有思考過資料和資訊是如何被找出來的呢？

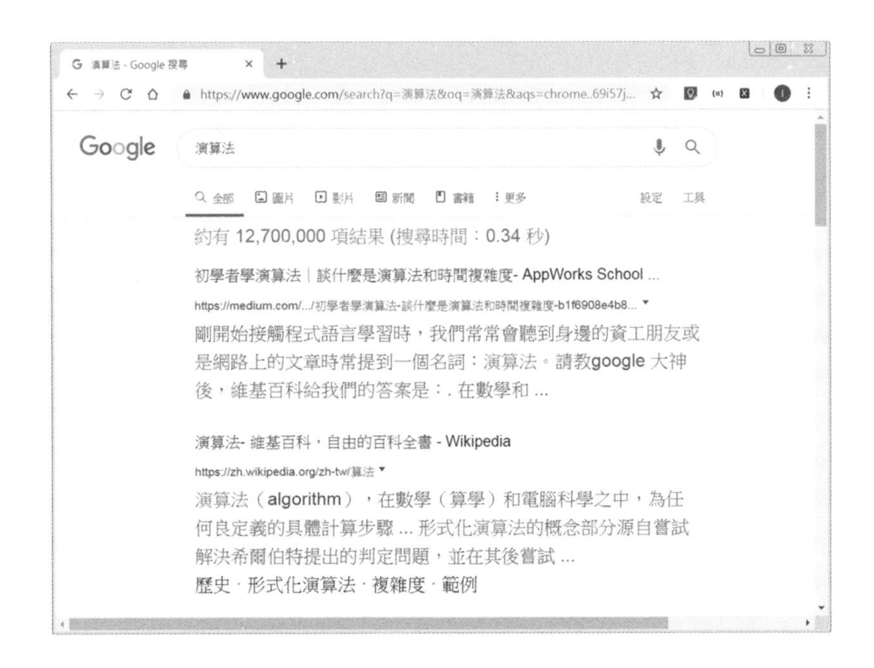

排序

排序演算法是實現各種複雜程式的基石。例如，瀏覽電商網站時，我們期望商品可以按價格從低到高進行排序；瀏覽學生管理網站時，我們期望學生的資料可以按照學號的大小進行排序。

排序演算法有很多種，它們的效能和優缺點各不相同，裡面的學問很大！

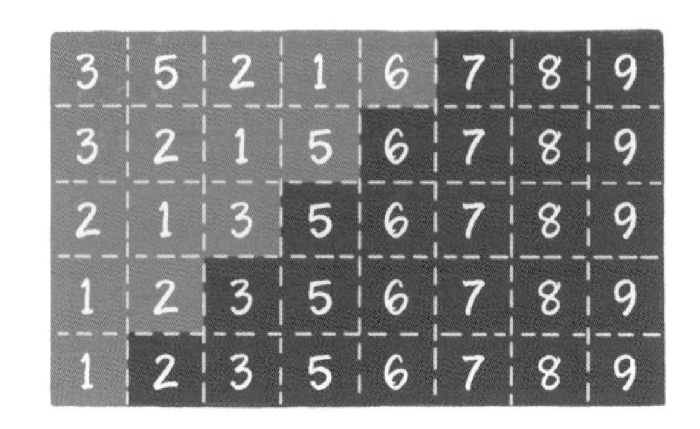

最優決策

有些演算法可以輔助我們找到最優的決策。

例如在遊戲之中，可以讓 AI 角色找出迷宮的最佳路線，這種應用涉及 A 星尋路演算法。

再如對於一個容量有限的背包來說，如何決策才可以使放入的物品總價值最高，這涉及動態規劃演算法。

面試（如果這條也算的話）

程式設計師在面試過程中，多少都經歷過演算法問題的測試。

為什麼面試官這麼喜歡以演算法的問題測試求職者呢？

測試演算法問題，一方面可以檢驗程式設計師對電腦基礎知識的瞭解，另一方面也可以評估程式設計師的邏輯思維能力。

1.1.3 ▸ 什麼是資料結構

演算法的概念我大致明白了，那資料結構又是什麼呢?

資料結構是演算法的基石。如果把演算法比喻成美麗靈動的舞者，那麼資料結構就是舞者腳下廣闊而堅實的舞臺。

資料結構，所對應的英文單詞是「data structure」，是資料的組織、管理和儲存格式，使用目的是為了能高效存取和修改資料。

資料結構都有哪些組成方式呢？

線性結構

線性結構是最簡單的資料結構，包括陣列、鏈結串列，以及由它們衍生出來的堆疊、佇列和雜湊表。

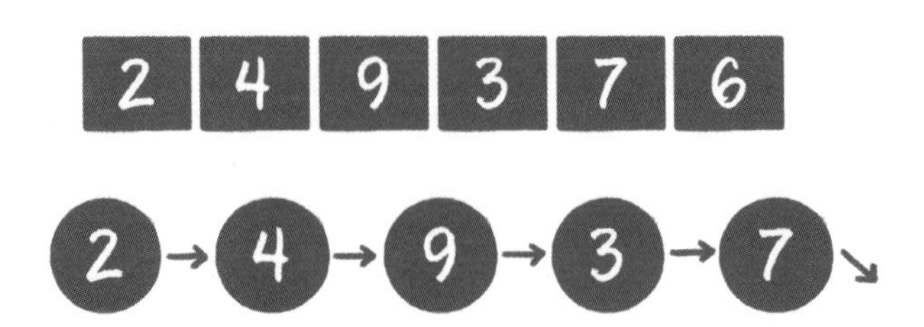

樹

樹是相對複雜的資料結構，其中比較有代表性的是二元樹（或稱二叉樹），由它又衍生出了二元堆之類的資料結構。

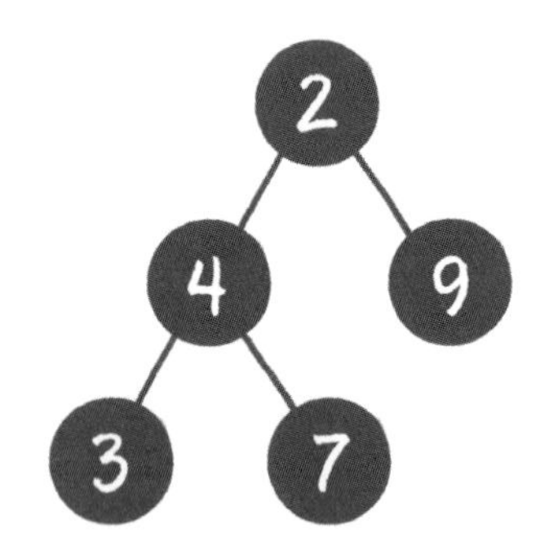

圖

圖則是更為複雜的資料結構，因為在圖中會呈現出多對多的關聯關係。

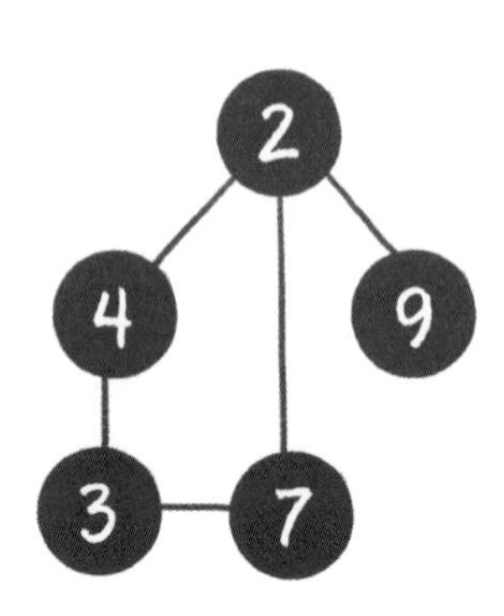

其他資料結構

除上述所列的幾種基本資料結構以外，還有一些其他各式各樣的資料結構。它們由基本資料結構變形而來，用於解決某些特定問題，例如：跳躍列表、雜湊鏈結串列、點陣圖等。

有了資料結構這個舞臺，演算法才得以盡情發揮。解決問題時，不同的演算法會選用不同的資料結構。例如排序演算法中的堆積排序，利用的就是二元堆積這樣一種資料結構；再如快取淘汰演算法 LRU（Least Recently Used，最近最少使用），利用的就是特殊資料結構雜湊鏈結串列。

關於演算法在不同資料結構上的操作過程，會在後續的章節中一一介紹。

想不到演算法和資料結構包括這麼多豐富多彩的內容，大黃，我要好好跟你學！

嘿嘿，我掌握的也只是浩瀚演算法海洋中的一個小水窪，讓我們一步一步地體驗演算法的無窮魅力！

1.2 時間複雜度

1.2.1 ▸ 演算法的好與壞

時間複雜度和空間複雜度究竟是什麼呢?首先，讓我們來想像一個場景。

某一天，小灰和大黃同時加入了同一家公司。

一天後，小灰和大黃交付了各自的程式碼，兩人的程式碼實作的功能差不多。

大黃的程式碼執行一次要花 100ms，佔用記憶體 5MB。

小灰的程式碼執行一次要花 100s，佔用記憶體 500MB。

於是……

在上述場景中，小灰雖然也按照老闆的要求實作出功能，但他的程式碼存在兩個很嚴重的問題。

執行時間長

執行別人的程式碼只要 100ms，而執行小灰的程式碼則要 100s，使用者一定是無法忍受的。

佔用空間大

別人的程式碼只消耗 5MB 的記憶體，而小灰的程式碼卻要消耗 500MB 的記憶體，這會對使用者造成很多麻煩。

由此可見，執行時間的長短和佔用記憶體空間的大小，是衡量程式好壞的重要因素。

可是，如果程式碼都還沒有執行，我怎麼能預知程式碼執行所花的時間呢？

由於受執行環境和輸入規模的影響，程式碼的絕對執行時間是無法預估的。但我們卻可以預估程式碼的基本操作執行次數。

1.2.2 ▸ 基本操作執行次數

關於程式碼的基本操作執行次數，下面用生活中的 4 個場景來進行說明。

場景 1　給小灰 1 條長度為 10cm 的麵包，小灰每 3 分鐘吃掉 1cm，那麼吃掉整個麵包需要多久？

答案自然是 3×10 即 30 分鐘。

如果麵包的長度是 n cm 呢？

此時吃掉整個麵包，需要 3 乘以 n 即 $3n$ 分鐘。

如果用一個函數來表達吃掉整個麵包所需要的時間，可以記作 $\boldsymbol{T(n) = 3n}$，n 為麵包的長度。

場景 2　給小灰 1 條長度為 16cm 的麵包，小灰每 5 分鐘吃掉麵包剩餘長度的一半，即第 5 分鐘吃掉 8cm，第 10 分鐘吃掉 4cm，第 15 分鐘吃掉 2cm……那麼小灰把麵包吃得只剩 1cm，需要多久呢？

這個問題用數學方式表達就是，數字 16 不斷地除以 2，那麼除幾次以後的結果等於 1？這裡涉及數學中的對數，即以 2 為底 16 的對數 $\log_2 16$。（註：本書下文中對數函數的底數全部省略。）

因此，把麵包吃得只剩下 1cm，需要 5×log16 即 20 分鐘。

如果麵包的長度是 n cm 呢？

此時，需要 5 乘以 logn 即 5logn 分鐘，記作 $\boldsymbol{T(n) = 5\log n}$。

場景 3 給小灰 1 條長度為 10cm 的麵包和 1 支雞腿，小灰每 2 分鐘吃掉 1 支雞腿。那麼小灰吃掉整個雞腿需要多久呢？

答案自然是 2 分鐘。因為這裡只要求吃掉雞腿，和 10cm 的麵包沒有關係。

如果麵包的長度是 n cm 呢？

無論麵包多長，吃掉雞腿的時間都是 2 分鐘，記作 $\boldsymbol{T(n) = 2}$。

場景 4 給小灰 1 條長度為 10cm 的麵包，小灰吃掉第 1 個 1cm 需要 1 分鐘時間，吃掉第 2 個 1cm 需要 2 分鐘時間，吃掉第 3 個 1cm 需要 3 分鐘時間……每吃 1cm 所花的時間就比吃上一個 1cm 多用 1 分鐘。那麼小灰吃掉整個麵包需要多久呢？

答案是從 1 累加到 10 的總和，也就是 55 分鐘。

如果麵包的長度是 n cm 呢？

根據高斯演算法，此時吃掉整個麵包需要 $1+2+3+\cdots+(n-1)+n$ 即 $(1+n)\times n/2$ 分鐘，也就是 $0.5n^2 + 0.5n$ 分鐘，記作 $\boldsymbol{T(n) = 0.5n^2 + 0.5n}$。

怎麼除了吃還是吃啊？會不會撐死啊？

上面所講的是吃東西所花費的時間，這一思維同樣適用於對程式**基本操作執行次數**的統計。設 $T(n)$ 為程式基本操作執行次數的函數（也可以認為是程式的相對執行時間函數），n 為輸入規模，剛才的 4 個場景分別對應了程式中最常見的 4 種執行方式。

場景 1　$T(n) = 3n$，執行次數是**線性**的。

```
1. void eat1(int n){
2.     for(int i=0; i<n; i++){;
3.         System.out.println("等待 1 分鐘");
4.         System.out.println("等待 1 分鐘");
5.         System.out.println("吃 1cm 麵包");
6.     }
7. }
```

場景 2　$T(n) = 5\log n$，執行次數是用**對數**計算的。

```
1. void eat2(int n){
2.     for(int i=n; i>1; i/=2){
3.         System.out.println("等待 1 分鐘");
4.         System.out.println("等待 1 分鐘");
5.         System.out.println("等待 1 分鐘");
6.         System.out.println("等待 1 分鐘");
7.         System.out.println("吃一半麵包");
8.     }
9. }
```

場景 3　$T(n) = 2$，執行次數是**常數**。

```
1. void eat3(int n){
2.     System.out.println("等待 1 分鐘");
3.     System.out.println("吃 1 支雞腿");
4. }
```

場景 4　$T(n) = 0.5n2 + 0.5n$，執行次數是用**多項式**計算的。

```
1. void eat4(int n){
2.     for(int i=0; i<n; i++){
3.         for(int j=0; j<i; j++){
4.             System.out.println("等待 1 分鐘");
5.         }
6.         System.out.println("吃 1cm 麵包");
7.     }
8. }
```

1.2.3 ▸ 漸進時間複雜度

有了基本操作執行次數的函數 $T(n)$，是否就可以分析和比較程式碼的執行時間了呢？還是有一定困難的。

例如演算法 A 的執行次數是 $T(n)= 100n$，演算法 B 的執行次數是 $T(n)= 5n^2$，這兩個到底誰的執行時間更長一些呢？這就要看 n 的取值了。

因此，為了解決時間分析的難題，有了**漸進時間複雜度**（asymptotic time complexity）的概念，其官方定義如下。

若存在函數 $f(n)$，使得當 n 趨近於無窮大時，$T(n)/f(n)$ 的極限值為不等於零的常數，則稱 $f(n)$ 是 $T(n)$ 的同數量級函數。記作 $T(n)= O(f(n))$，稱為 $O(f(n))$，O 為演算法的漸進時間複雜度，簡稱為時間複雜度。

因為漸進時間複雜度用大寫 O 來表示，所以也被稱為大 O 標記法。

這個定義好晦澀呀，看不懂。

簡單地講，時間複雜度就是把程式的相對執行時間函數 $T(n)$ 簡化為一個數量級，這個數量級可以是 n、n^2、n^3 等。

如何推導出時間複雜度呢？有如下幾個原則。

- **如果執行時間是常數量級，則用常數 1 表示**
- **只保留時間函數中的最高階項**
- **如果最高階項存在，則省去最高階項前面的係數**

我們回頭看看剛才的 4 個場景。

場景 1

$T(n) = 3n$，

最高階項為 $3n$，省去係數 3，則轉化的時間複雜度為：

$T(n)= O(n)$。

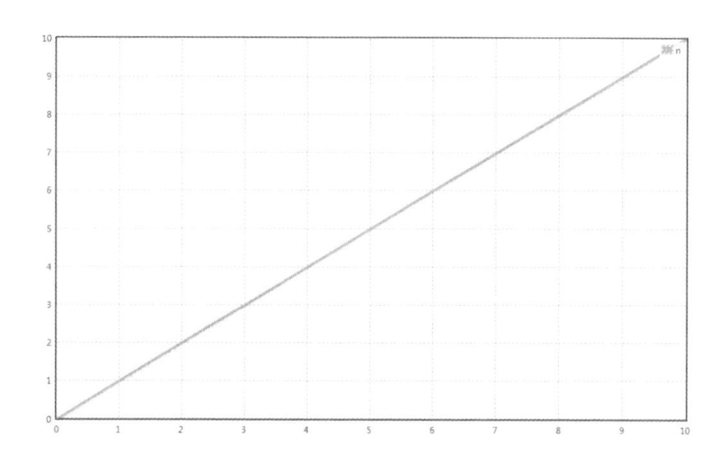

場景 2

$T(n) = 5\log n$，

最高階項為 $5\log n$，省去係數 5，則轉化的時間複雜度為：

$T(n) = O(\log n)$。

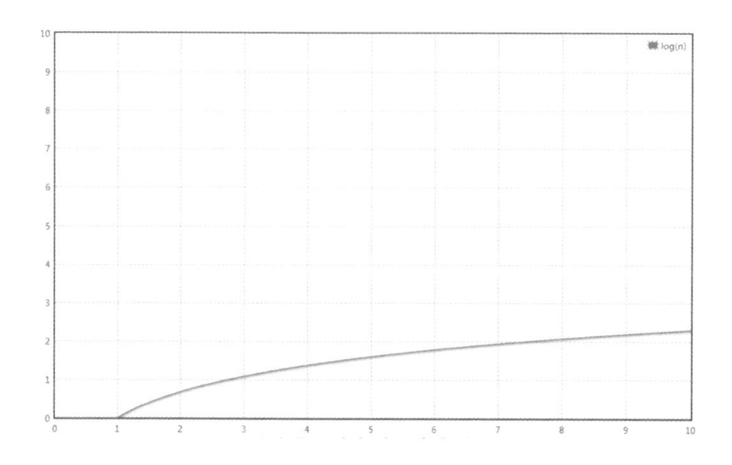

場景 3

$T(n) = 2$，

只有常數量級，則轉化的時間複雜度為：

$T(n) = O(1)$。

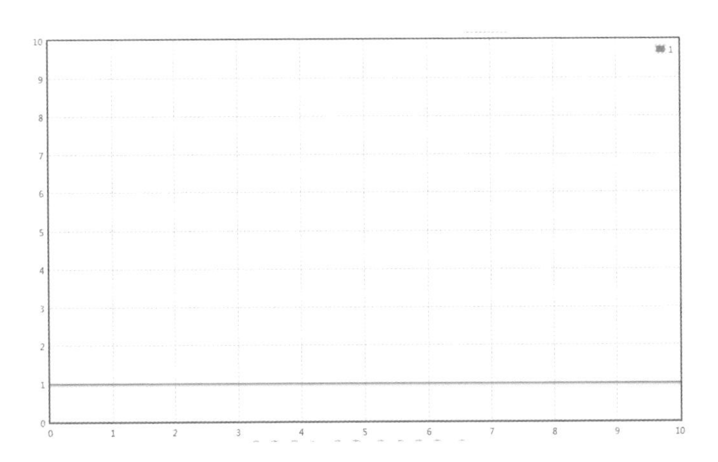

場景 4

$T(n) = 0.5n^2 + 0.5n$，

最高階項為 $0.5n^2$，省去係數 0.5，則轉化的時間複雜度為：

$T(n) = O(n^2)$。

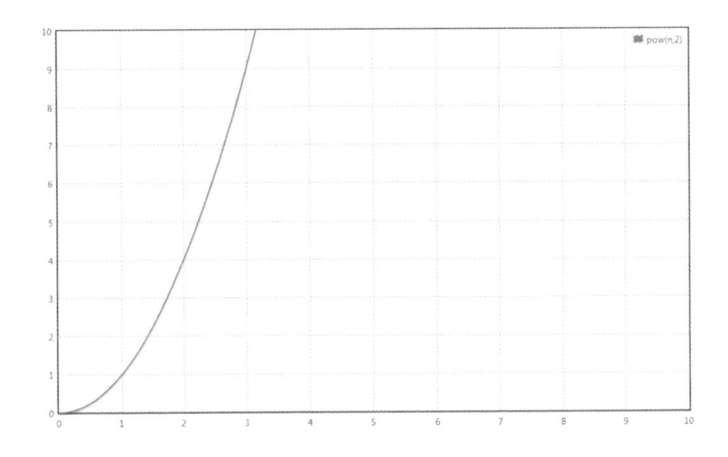

這 4 種時間複雜度究竟誰執行所用時間更長，誰更節省時間呢？當 n 的取值足夠大時，不難得出下面的結論：

$$O(1) < O(logn) < O(n) < O(n2)$$

程式設計的世界中有各式各樣的演算法，除了上述 4 種場景，還有許多不同形式的時間複雜度，例如：

$$O(nlogn)、O(n3)、O(mn)、O(2n)、O(n!)$$

今後當我們遨遊在程式碼的海洋中時，會陸續遇到上述時間複雜度的演算法。

1.2.4 ▸ 時間複雜度的巨大差異

大黃，我還有一個問題，現在電腦硬體的效能越來越強了，我們為什麼還這麼重視時間複雜度呢？

問得很好，讓我們用兩個演算法來做對比，
看看高效演算法和低效演算法有多大的差距。

舉例如下。

演算法 A 的執行次數是 $T(n)= 100n$，時間複雜度是 $O(n)$。

演算法 B 的執行次數是 $T(n)= 5n^2$，時間複雜度是 $O(n^2)$。

演算法 A 執行在小灰家裡的老舊電腦上，演算法 B 執行在某台超級電腦上，超級電腦的執行速度是老舊電腦的 100 倍。

那麼，隨著輸入規模 n 的增長，兩種演算法誰執行速度更快呢？

	$T(n) = 100n \times 100$	$T(n) = 5n^2$
$n = 1$	10000	5
$n = 5$	50000	125
$n = 10$	100000	500
$n = 100$	1000000	50000
$n = 1000$	10000000	5000000
$n = 10000$	100000000	500000000
$n = 100000$	1000000000	50000000000

從上面的表格可以看出，當 n 的值很小時，演算法 A 的執行用時遠大於演算法 B；當 n 的值在 1000 左右時，演算法 A 和演算法 B 的執行時間已經比較接近；隨著 n 的值越來越大，甚至達到十萬、百萬時，演算法 A 的優勢開始顯現出來，演算法 B 的執行速度則越來越慢，差距越來越明顯。

這就是不同時間複雜度帶來的差距。

要想學好演算法，就必須理解時間複雜度這個重要的基礎概念。
有關時間複雜度的知識就介紹到這裡，我們下一節再見！

1.3 空間複雜度

1.3.1 ▸ 什麼是空間複雜度

在執行一段程式時，我們不僅要執行各種運算指令，同時也會根據需要，儲存一些臨時的**中間資料**，以便後續指令可以更方便地繼續執行。

在什麼情況下需要這些中間資料呢？我們來看看下面的例子。

如下圖列出的 n 個整數，其中有兩個整數是重複的，要求找出這兩個重複的整數。

3	1	2	5	4	9	7	2

對於這個簡單的需求，可以用很多種思考方式來解決，其中最單純簡捷的方法就是雙重迴圈，具體如下。

遍訪整個數列，每遍訪到一個新的整數就開始回顧之前遍訪過的所有整數，看看這些整數裡有沒有與之數值相同的。

第 1 步，遍訪整數 3，前面沒有數字，所以無須回顧比較。

第 2 步，遍訪整數 1，回顧前面的數字 3，沒有發現重複數字。

第 3 步，遍訪整數 2，回顧前面的數字 3、1，沒有發現重複數字。

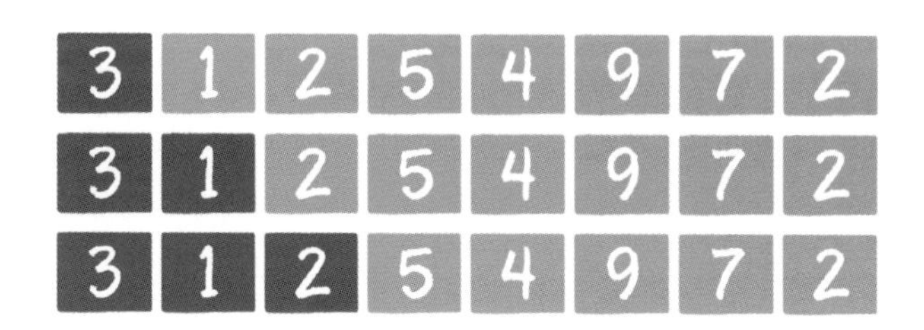

後續步驟類似，一直遍訪到最後的整數 2，發現和前面的整數 2 重複。

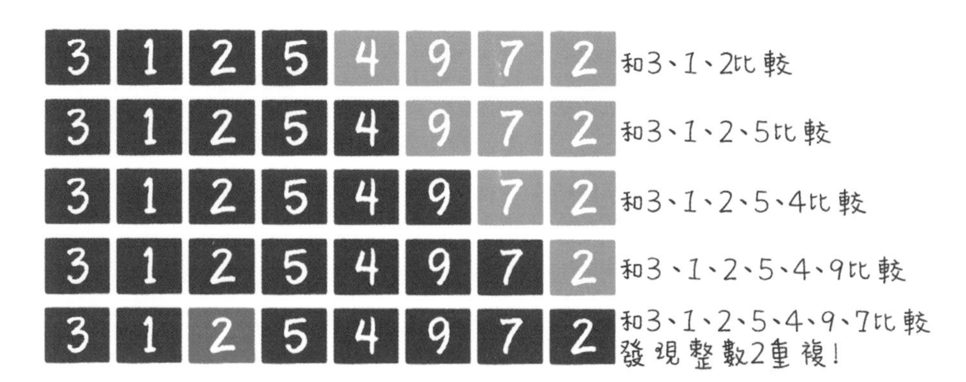

雙重迴圈雖然可以得到最終結果，但它顯然不是一個好的演算法。

它的時間複雜度是多少呢？

根據上一節所學的方法，我們不難得出結論，這個演算法的時間複雜度是 $O(n^2)$。

那麼，怎樣才能提高演算法的效率呢？

在這種情況下，我們就有必要利用一些中間資料了。

如何利用中間資料？

當遍訪整個數列時，每遍訪一個整數，就把該整數儲存起來，就像放到字典中一樣。當遍訪下一個整數時，不必再慢慢向前回溯比較，而直接去「字典」中尋找，看看有沒有對應的整數即可。

假如已經遍訪了數列的前 7 個整數，那麼字典裡儲存的資訊如下。

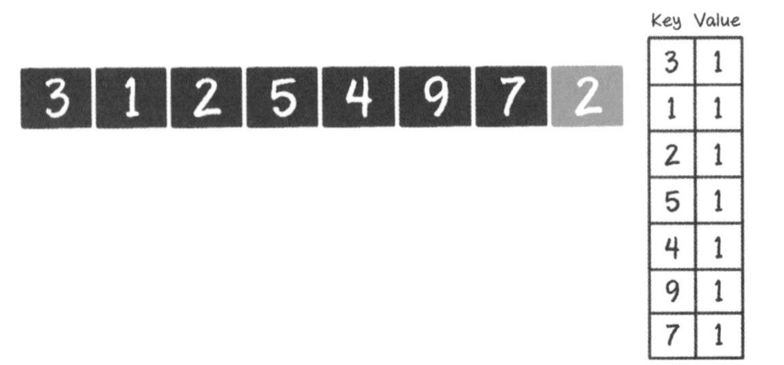

「字典」左側的 Key 代表整數的值，「字典」右側的 Value 代表該整數出現的次數（也可以只記錄 Key）。

接下來，當遍訪到最後一個整數 2 時，從「字典」中可以輕鬆找到 2 曾經出現過，問題也就迎刃而解了。

由於讀寫「字典」本身的時間複雜度是 $O(1)$，所以整個演算法的時間複雜度是 $O(n)$，和最初的雙重迴圈相比，執行效率大大提高了。

而這個所謂的「字典」，是一種特殊的資料結構，叫作**雜湊表**。這個資料結構需要開闢一定的記憶體空間來儲存有用的資料資訊。

但是，記憶體空間有限，在時間複雜度相同的情況下，演算法佔用的記憶體空間自然是越小越好。如何描述一個演算法佔用的記憶體空間的大小呢？這就要用到演算法的另一個重要指標——**空間複雜度**（space complexity）。

和時間複雜度類似，空間複雜度是對一個演算法在執行過程中臨時佔用儲存空間大小的量度，它同樣使用了大 O 標記法。

程式佔用空間大小的計算公式記作 $S(n)=O(f(n))$，其中 n 為問題的規模，$f(n)$ 為演算法所占儲存空間的函數。

1.3.2 ▸ 空間複雜度的計算

基本的概念已經明白了，那麼，如何計算空間複雜度呢？

具體情況要具體分析。和時間複雜度類似，空間複雜度也有幾種不同的增長趨勢。

常見的空間複雜度有下面幾種情形。

常數空間

當演算法的儲存空間大小固定，和輸入規模沒有直接的關係時，空間複雜度記作 $\boldsymbol{O(1)}$。例如下面這段程式：

```
1. void fun1(int n){
2.     int var = 3;
3.     …
4. }
```

線性空間

當演算法分配的空間是一個線性的集合（如陣列），並且集合大小和輸入規模 n 成正比時，空間複雜度記作 $\boldsymbol{O(n)}$。

例如下面這段程式：

```
1. void fun2(int n){
2.     int[] array = new int[n];
3.     …
4. }
```

二維空間

當演算法分配的空間是一個二維陣列集合，且集合的長度和寬度都與輸入規模 n 成正比時，空間複雜度記作 ***O*(*n*2)**。

例如下面這段程式：

```
1. void fun3(int n){
2.     int[][] matrix = new int[n][n];
3.     …
4. }
```

遞迴空間

遞迴是一個比較特殊的場合。雖然遞迴程式碼中並沒有以顯式來宣告變數或集合，但是電腦在執行程式時，會專門分配一塊記憶體，用來儲存「方法呼叫堆疊」。

「方法呼叫堆疊」包括**進堆疊**和**出堆疊**兩個行為。

當進入一個新方法時，執行進堆疊，把呼叫的方法和參數資訊都壓進堆疊中。

當方法返回時，執行出堆疊，把呼叫的方法和參數資訊從堆疊中彈出。

下面這段程式是一個標準的遞迴程式：

```
1. void fun4(int n){
2.     if(n<=1){
3.         return;
4.     }
5.     fun4(n-1);
6.     …
7. }
```

假如初始傳入參數值 n=5，那麼方法 fun4（參數 n=5）的呼叫資訊先進堆疊。

method	fun4
n	5

接下來遞迴呼叫相同的方法，方法 fun4（參數 n=4）的呼叫資訊進堆疊。

method	fun4
n	4
method	fun4
n	5

以此類推，遞迴越來越深，進堆疊的元素就越來越多。

method	fun4
n	1
method	fun4
n	2
method	fun4
n	3
method	fun4
n	4
method	fun4
n	5

當 n=1 時，達到遞迴結束條件，執行 return 指令，方法出堆疊。

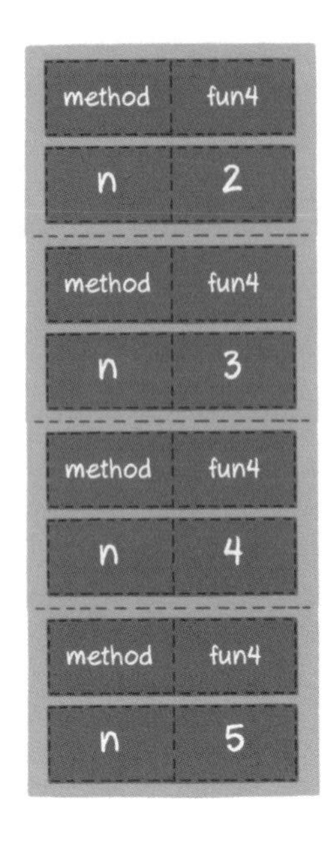

最終，「方法呼叫堆疊」的全部元素會一一出堆疊。

由上面「方法呼叫堆疊」的出進堆疊過程可以看出，執行遞迴操作所需要的記憶體空間和遞迴的深度成正比。純粹的遞迴操作，其空間複雜度也是線性的，如果遞迴的深度是 n，那麼空間複雜度就是 $O(n)$。

1.3.3 ▸ 時間與空間的取捨

人們之所以花大力氣去評估演算法的時間複雜度和空間複雜度，根本原因是電腦的運算速度和空間資源是有限的。

就如一個大財主，基本不必為日常花銷傷腦筋；而一個沒多少積蓄的普通人，則不得不為日常開銷精打細算。

對於電腦系統來說也是如此。雖然目前電腦的 CPU 處理速度不斷飆升，記憶體和硬碟空間也越來越大，但是面對龐大而複雜的資料和業務，我們仍然要精打細算，選擇最有效的利用方式。

但是，正所謂魚和熊掌不可兼得。很多時候，我們不得不在時間複雜度和空間複雜度之間進行取捨。

在 1.3.1 小節尋找重複整數的例子中，雙重迴圈的時間複雜度是 $O(n2)$，空間複雜度是 $O(1)$，這屬於**犧牲時間來換取空間**的情況。

相反地，字典法的空間複雜度是 $O(n)$，時間複雜度是 $O(n)$，這屬於**犧牲空間來換取時間**的情況。

在絕大多數時候，時間複雜度更為重要一些，我們寧可多分配一些記憶體空間，也要提升程式的執行速度。

此外，說起空間複雜度就離不開資料結構。在本章中，我們提及雜湊表、陣列、二維陣列這些常用的集合。如果大家對這些資料結構不是很瞭解，可以仔細看看本書第 2 章關於基本**資料結構**的內容，裡面有詳細的介紹。

關於空間複雜度的知識，我們就介紹到這裡。時間複雜度和空間複雜度都是學好演算法的重要前提，一定要牢牢掌握哦！

1.4 小結

■ 什麼是演算法

在電腦領域裡，演算法是一系列程式指令，用於處理特定的運算和邏輯問題。

衡量演算法優劣的主要標準是時間複雜度和空間複雜度。

■ 什麼是資料結構

資料結構是資料的組織、管理和儲存格式，其使用目的是為了高效率地存取和修改資料。

資料結構包含陣列、鏈結串列這樣的線性資料結構，也包含樹、圖這樣的複雜資料結構。

■ 什麼是時間複雜度

時間複雜度是對一個演算法執行時間長短的量度，用大 O 表示，記作 $T(n) = O(f(n))$。

常見的時間複雜度按照從低到高的順序，包括 $O(1)$、$O(\log n)$、$O(n)$、$O(n\log n)$、$O(n^2)$ 等。

■ 什麼是空間複雜度

空間複雜度是對一個演算法在執行過程中臨時佔用儲存空間大小的量度，用大 O 表示，記作 $S(n) = O(f(n))$。

常見的空間複雜度按照從低到高的順序，包括 $O(1)$、$O(n)$、$O(n^2)$ 等。其中遞迴演算法的空間複雜度和遞迴深度成正比。

第 2 章

資料結構基礎

2.1 什麼是陣列

2.1.1 ▸ 初識陣列

這些特點是如何展現出來的呢?

當過兵的讀者，一定都記得這樣的場景。

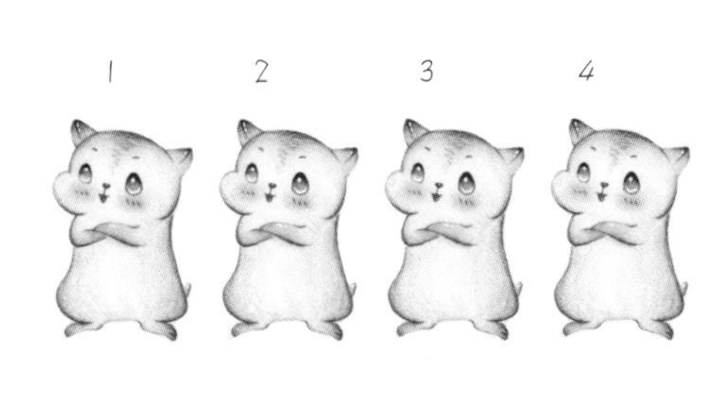

在軍隊裡，每一個士兵都有自己固定的位置、固定的編號。眾多士兵緊密團結在一起，高效率地執行著一個個命令。

大黃，為什麼要說這麼多關於軍隊的事情呢？

因為有一個資料結構就像軍隊一樣整齊、有序，
這個資料結構叫作**陣列**。

什麼是陣列？

陣列對應的英文是「array」，是有限個相同類型的變數所組成的有序集合，陣列中的每一個變數被稱為元素。陣列是最簡單、最常用的資料結構。

以整數型陣列為例，陣列的儲存形式如下圖所示。

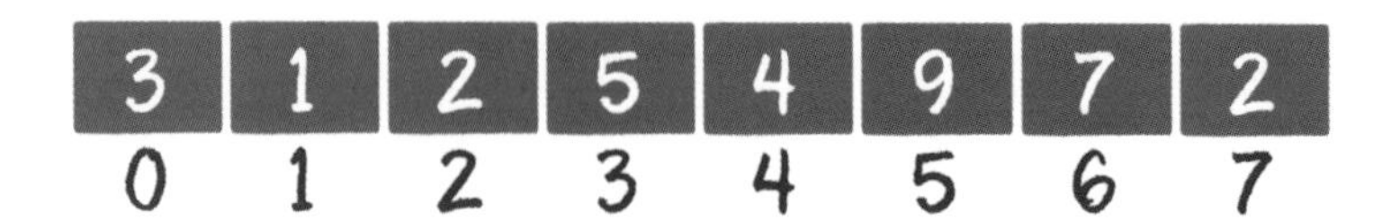

正如軍隊裡的士兵存在編號一樣，陣列中的每一個元素也有著自己的足標，只不過這個足標從 0 開始，一直到陣列長度減一。

陣列的另一個特點，是在記憶體中依順序儲存，因此可以很容易地實作邏輯上的順序表。

陣列在記憶體中的依順序儲存，實際是什麼樣子呢？

記憶體是由一個個連續的記憶體單元組成的，每一個記憶體單元都有自己的位址。在這些記憶體單元中，有些被其他資料佔用了，有些是空閒的。

陣列中的每一個元素，都儲存在小小的記憶體單元中，且元素之間排列緊密，既不能打亂元素的儲存順序，也不能跳過某個儲存單元進行儲存。

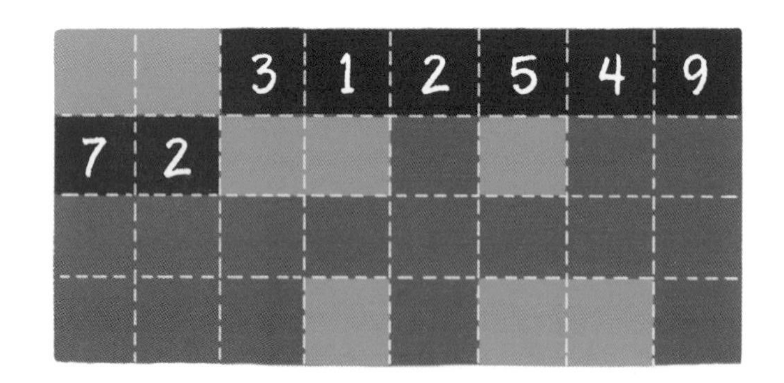

在上圖中，深灰色的格子代表空閒的儲存單元，淺灰色的格子代表已佔用的儲存單元，而黑色的連續格子代表陣列在記憶體中的位置。

不同類型的陣列，每個元素所占的位元組數也不同，本圖只是個簡單的示意圖。

那麼，我們要怎樣使用陣列呢？

資料結構的操作無非是增、刪、改、查 4 種情況，
下面讓我們來看看陣列的基本操作。

2.1.2 ▸ 陣列的基本操作

讀取元素

對於陣列來說，讀取元素是最簡單的操作。由於陣列在記憶體中順序儲存，所以只要列出一個陣列足標，就可以讀取到對應的陣列元素。

假設有一個名稱為 array 的陣列，我們要讀取陣列足標為 3 的元素，就寫作 array[3]；讀取陣列足標為 5 的元素，就寫作 array[5]。需要注意的是，輸入的足標必須在陣列的長度範圍之內，否則會出現陣列越界。

像這種根據足標讀取元素的方式叫作**隨機讀取**。

簡單的程式碼示例如下：

```
1. int[] array = new int[]{3,1,2,5,4,9,7,2};
2. //輸出陣列中足標為 3 的元素
3. System.out.println(array[3]);
2 · 更新元素
```

要把陣列中某一個元素的值替換為一個新值，也很簡單。直接利用陣列足標，就可以把新值指定給該元素。

簡單的程式碼示例如下：

```
1. int[] array = new int[]{3,1,2,5,4,9,7,2};
2. //給陣列足標為 5 的元素指定值
3. array[5] = 10;
4. //輸出陣列中足標為 5 的元素
5. System.out.println(array[5]);
```

小灰，我們剛才講過時間複雜度的概念，你說說陣列讀取元素和更新元素的時間複雜度分別是多少？

嘿嘿，這難不倒我。陣列讀取元素和更新元素的時間複雜度都是 $O(1)$。

插入元素

在介紹插入陣列元素的操作之前，我們要補充一個概念，那就是陣列的實際元素數量有可能小於陣列的長度，例如下面的情形。

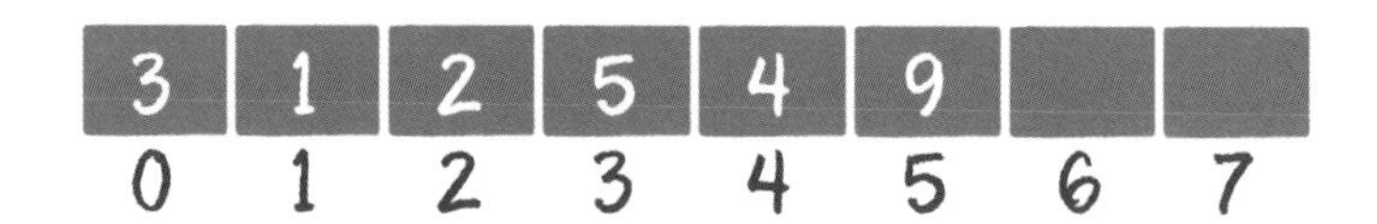

因此，插入陣列元素的操作存在 3 種情況。

- **尾部插入**
- **中間插入**
- **超範圍插入**

尾部插入，是最簡單的情況，直接把插入的元素放在陣列尾部的空閒位置即可，等同於更新元素的操作。

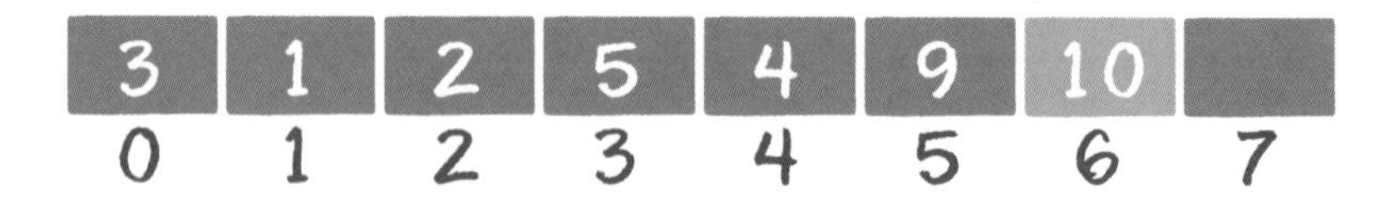

中間插入，稍微複雜一些。由於陣列的每一個元素都有其固定足標，所以不得不首先把插入位置及後面的元素向後移動，空出位置，再把要插入的元素放到對應的陣列位置上。

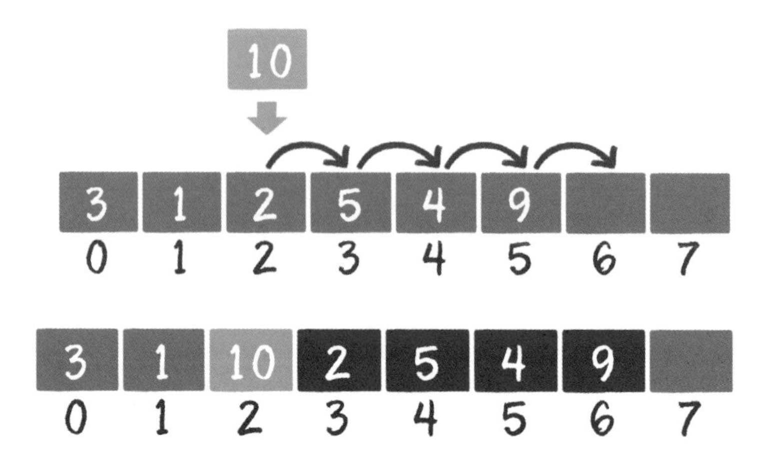

中間插入操作的完整實作程式碼如下：

```
1. private int[] array;
2. private int size;
3.
4. public MyArray(int capacity){
5.     this.array = new int[capacity];
6.     size = 0;
7. }
8.
9. /**
10.  * 陣列插入元素
11.  * @param element  插入的元素
12.  * @param index    插入的位置
13.  */
14. public void insert(int element, int index) throws Exception {
15.     //判斷存取足標是否超出範圍
16.     if(index<0 || index>size){
17.         throw new IndexOutOfBoundsException("超出陣列實際元素範圍！");
18.     }
19.     //從右向左迴圈，將元素逐個向右挪 1 位
20.     for(int i=size-1; i>=index; i--){
21.         array[i+1] = array[i];
22.     }
23.     //空出的位置放入新元素
24.     array[index] = element;
25.     size++;
26. }
27.
28. /**
29.  * 輸出陣列
30.  */
31. public void output(){
32.     for(int i=0; i<size; i++){
33.         System.out.println(array[i]);
34.     }
35. }
36.
37. public static void main(String[] args) throws Exception {
38.     MyArray myArray = new MyArray(10);
39.     myArray.insert(3,0);
40.     myArray.insert(7,1);
41.     myArray.insert(9,2);
42.     myArray.insert(5,3);
43.     myArray.insert(6,1);
44.     myArray.output();
45. }
```

程式碼中的成員變數 size 是陣列實際元素的數量。如果插入元素在陣列尾部，傳入的足標參數 index 等於 size；如果插入元素在陣列中間或頭部，則 index 小於 size。

如果傳入的足標參數 index 大於 size 或小於 0，則認定是非法輸入，會直接拋出異常。

可是，如果陣列不斷插入新的元素，元素數量超過了陣列的最大長度，陣列豈不是要「撐爆」了？

問得很好，這就是接下來要講的情況——超範圍插入。

超範圍插入，又是什麼意思呢？

假如現在有一個長度為 6 的陣列，其中已經裝滿了元素，這時還想插入一個新元素。

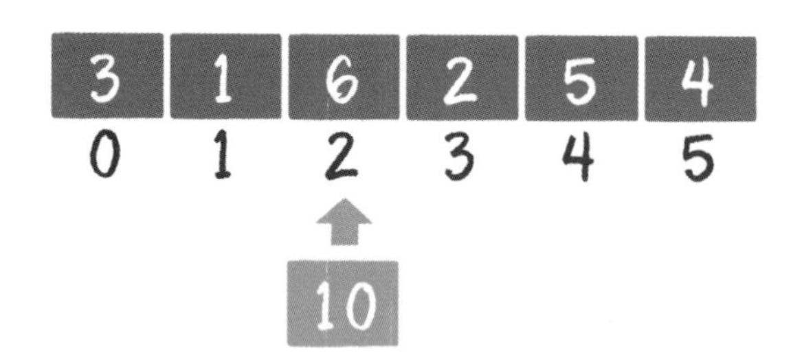

這就涉及陣列的**擴充容量**了。可是陣列的長度在建立時就已經確定了，無法像孫悟空的金箍棒那樣隨意變長或變短。這該如何是好呢？

此時可以建立一個新陣列，長度是舊陣列的 2 倍，再把舊陣列中的元素統統複製過去，這樣就實作了陣列的擴充容量。

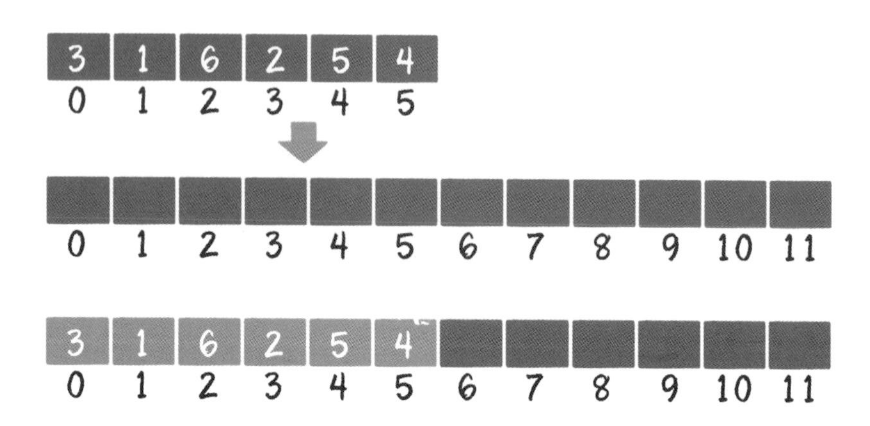

如此一來，我們的插入元素方法也需要改寫了，改寫後的程式碼如下：

```
1. private int[] array;
2. private int size;
3.
4. public MyArray(int capacity){
5.     this.array = new int[capacity];
6.     size = 0;
7. }
8.
9. /**
10.  * 陣列插入元素
11.  * @param element   插入的元素
12.  * @param index     插入的位置
13.  */
14. public void insert(int element, int index) throws Exception {
15.     //判斷存取足標是否超出範圍
16.     if(index<0 || index>size){
17.         throw new IndexOutOfBoundsException("超出陣列實際元素範圍！");
18.     }
19.     //如果實際元素達到陣列容量上限，則對陣列進行擴充容量
20.     if(size >= array.length){
21.         resize();
22.     }
23.     //從右向左迴圈，將元素逐個向右挪 1 位
24.     for(int i=size-1; i>=index; i--){
25.         array[i+1] = array[i];
26.     }
27.     //空出的位置放入新元素
28.     array[index] = element;
29.     size++;
30. }
31.
32. /**
33.  * 陣列擴充容量
34.  */
35. public void resize(){
36.     int[] arrayNew = new int[array.length*2];
37.     //從舊陣列複製到新陣列
38.     System.arraycopy(array, 0, arrayNew, 0, array.length);
39.     array = arrayNew;
40. }
41.
42. /**
43.  * 輸出陣列
44.  */
45. public void output(){
46.     for(int i=0; i<size; i++){
47.         System.out.println(array[i]);
48.     }
49. }
50.
51. public static void main(String[] args) throws Exception {
52.     MyArray myArray = new MyArray(4);
53.     myArray.insert(3,0);
```

```
54.     myArray.insert(7,1);
55.     myArray.insert(9,2);
56.     myArray.insert(5,3);
57.     myArray.insert(6,1);
58.     myArray.output();
59. }
```

刪除元素

陣列的刪除操作和插入操作的過程相反，如果刪除的元素位於陣列中間，其後的元素都需要向前挪動 1 位。

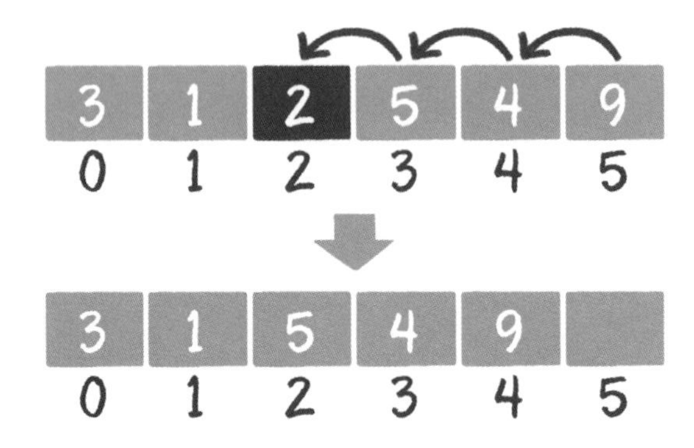

由於不涉及擴充容量問題，所以刪除操作的程式碼實作比插入操作的要簡單：

```
1. /**
2.  * 陣列刪除元素
3.  * @param index  刪除的位置
4.  */
5. public int delete(int index) throws Exception {
6.     //判斷存取足標是否超出範圍
7.     if(index<0 || index>=size){
8.         throw new IndexOutOfBoundsException("超出陣列實際元素範圍！");
9.     }
10.    int deletedElement = array[index];
11.    //從左向右迴圈，將元素逐個向左挪 1 位
12.    for(int i=index; i<size-1; i++){
13.        array[i] = array[i+1];
14.    }
15.    size--;
16.    return deletedElement;
17. }
```

小灰，我再考考你，陣列的插入和刪除操作，時間複雜度分別是多少？

先說說插入操作，陣列擴充容量的時間複雜度是 $O(n)$，插入並移動元素的時間複雜度也是 $O(n)$，綜合起來插入操作的時間複雜度是 $O(n)$。至於刪除操作，只涉及元素的移動，時間複雜度也是 $O(n)$。

說得沒錯。對於刪除操作，其實還存在一種取巧的方式，前提是陣列元素沒有順序要求。

例如下圖所示，需要刪除的是陣列中的元素 2，可以把最後一個元素複製到元素 2 所在的位置，然後再刪除掉最後一個元素。

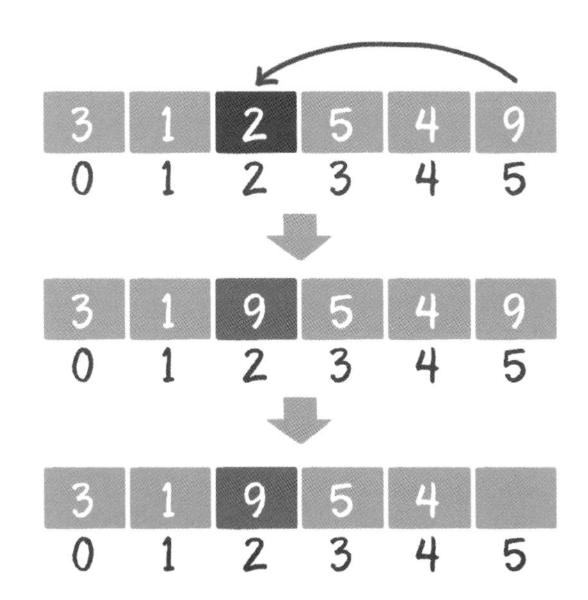

這樣一來，無須進行大量的元素移動，時間複雜度降低為 $O(1)$。當然，這種方式只作參考，並不是刪除元素時的主流操作方式。

2.2 什麼是鏈結串列

2.2.1 ▶「正規軍」和「地下黨」

地下黨都是一些什麼樣的人物呢?

在影視作品中，我們可能都見到過地下工作者的經典話語：

「上級的姓名、住址，我知道，下級的姓名、住址，我也知道，但是這些都是我們黨的秘密，不能告訴你們！」

地下黨借助這種單線聯絡的方式，靈活隱秘地傳遞著各種重要資訊。

在電腦科學領域裡，有一種資料結構也恰恰具備這樣的特徵，這種資料結構就是**鏈結串列**。

鏈結串列是什麼樣子的？為什麼說它像地下黨呢？

讓我們來看一看單向鏈結串列的結構。

鏈結串列（linked list）是一種在物理實體上非連續、非循序的資料結構，由若干節點（node）所組成。

單向鏈結串列的每個節點又包含兩部分，一部分是存放資料的變數 data，另一部分是指向下一個節點的指標 next。

```
1. private static class Node {
2.     int data;
3.     Node next;
4. }
```

鏈結串列的第 1 個節點被稱為頭節點，最後 1 個節點被稱為尾節點，尾節點的 next 指標指向空。

與陣列按照足標來隨機尋找元素不同，對於鏈結串列的其中一個節點 A，我們只能根據節點 A 的 next 指標來找到該節點的下一個節點 B，再根據節點 B 的 next 指標找到下一個節點 C……。

這正如地下黨的聯絡方式，一級一級，單線傳遞。

那麼，透過鏈結串列的一個節點，如何能快速找到它的前一個節點呢？

要想讓每個節點都能回溯到它的前置節點，我們可以使用雙向鏈結串列。

什麼是雙向鏈結串列？

雙向鏈結串列比單向鏈結串列稍微複雜一些，它的每一個節點除了擁有 data 和 next 指標，還擁有指向前置節點的 prev 指標。

接下來我們看一看鏈結串列的儲存方式。

如果說陣列在記憶體中的儲存方式是順序儲存，那麼鏈結串列在記憶體中的儲存方式則是**隨機儲存**。

什麼叫隨機儲存呢？

上一節我們講解了陣列的記憶體分配方式，陣列在記憶體中佔用了連續完整的儲存空間。而鏈結串列則採用了見縫插針的方式，鏈結串列的每一個節點分佈在記憶體的不同位置，依靠 next 指標關聯起來。這樣可以靈活有效地利用零散的碎片空間。

接著看看下面兩張圖，對比一下陣列和鏈結串列在記憶體中分配方式的不同。

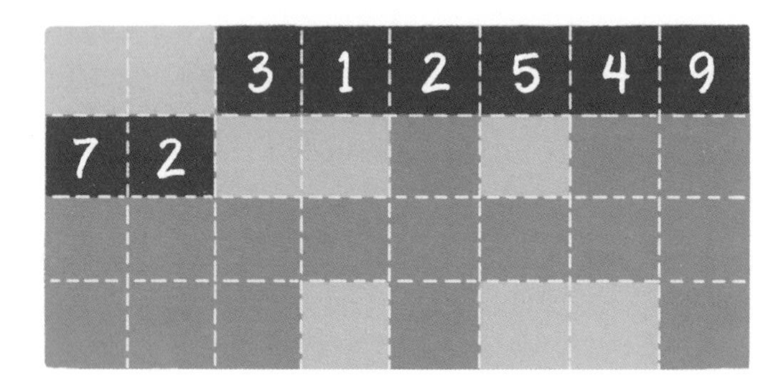

陣列的記憶體分配方式

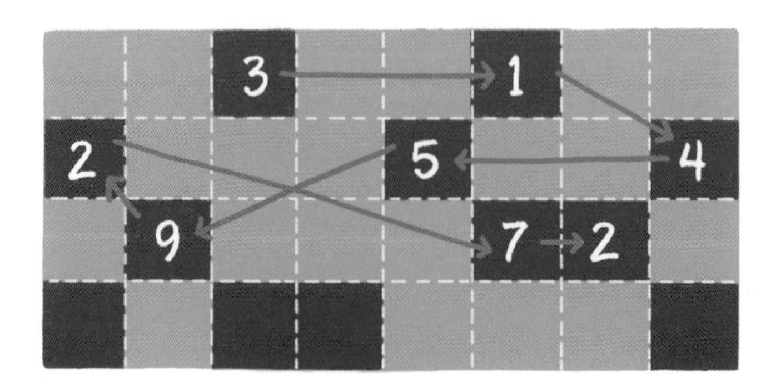

鏈結串列的記憶體分配方式

圖中的箭頭代表鏈結串列節點的 next 指標。

那麼，我們要如何使用一個鏈結串列呢？

上一節剛剛講過陣列的增、刪、查、改，
這一次來看看鏈結串列的相關操作。

2.2.2 ▸ 鏈結串列的基本操作

尋找節點

在尋找元素時，鏈結串列不像陣列那樣可以透過足標快速進行定位，只能從頭節點開始向後一個一個節點逐一尋找。

例如列出一個鏈結串列，需要尋找從頭節點開始的第 3 個節點。

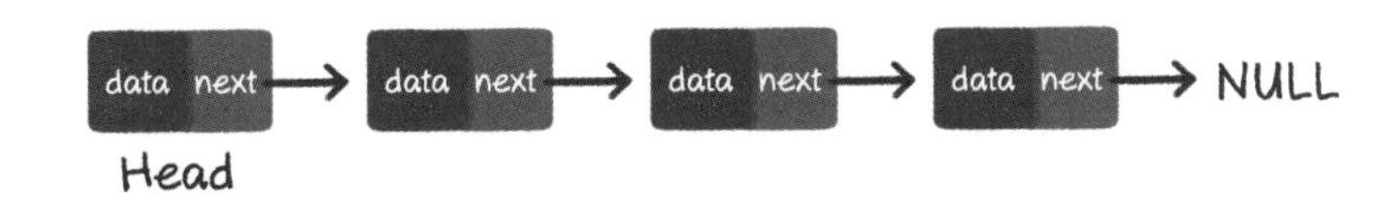

第 1 步，將尋找的指標定位到頭節點。

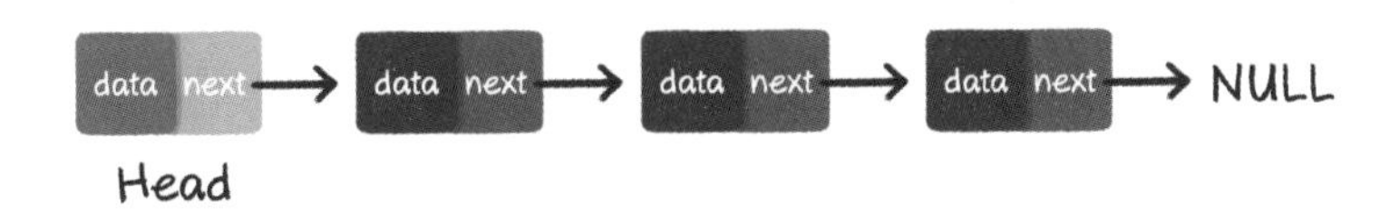

第 2 步，根據頭節點的 next 指標，定位到第 2 個節點。

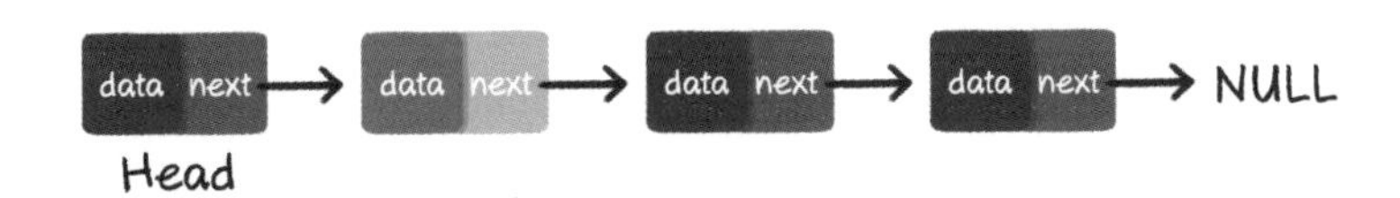

第 3 步，根據第 2 個節點的 next 指標，定位到第 3 個節點，尋找完畢。

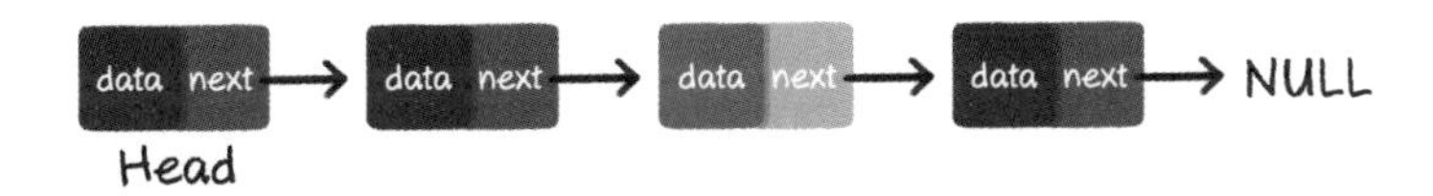

小灰，你說說看尋找鏈結串列節點的時間複雜度是多少？

鏈結串列中的資料只能按順序進行存取，
最壞的時間複雜度是 $O(n)$。

更新節點

如果不考慮尋找節點的過程，鏈結串列的更新過程會像陣列那樣簡單，直接把舊資料替換成新資料即可。

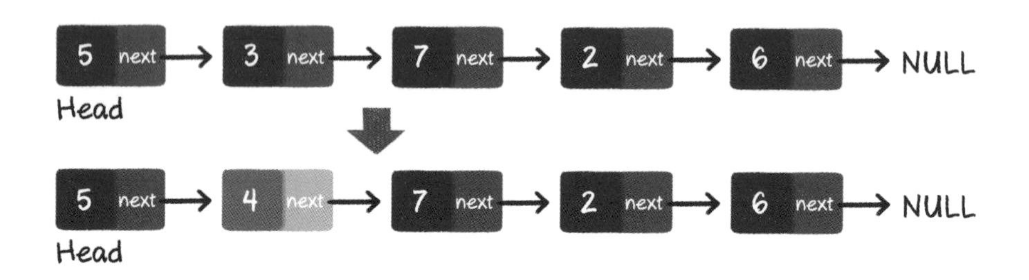

插入節點

與陣列類似，鏈結串列插入節點時，同樣分為 3 種情況。

- **尾部插入**
- **頭部插入**
- **中間插入**

尾部插入，是最簡單的情況，把最後一個節點的 next 指標指向新插入的節點即可。

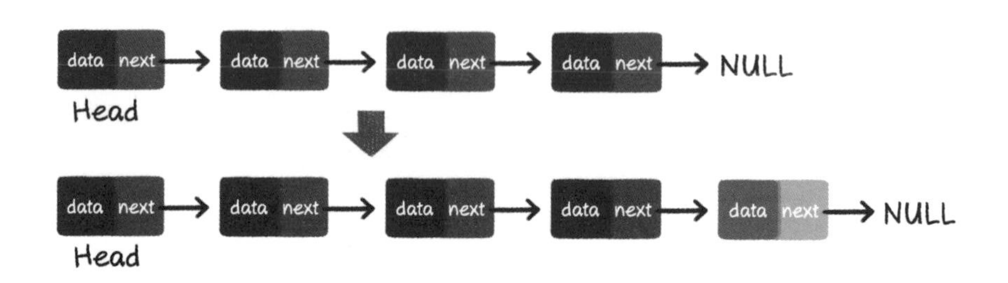

頭部插入，可以分成兩個步驟。

第 1 步，把新節點的 next 指標指向原先的頭節點。

第 2 步，把新節點變為鏈結串列的頭節點。

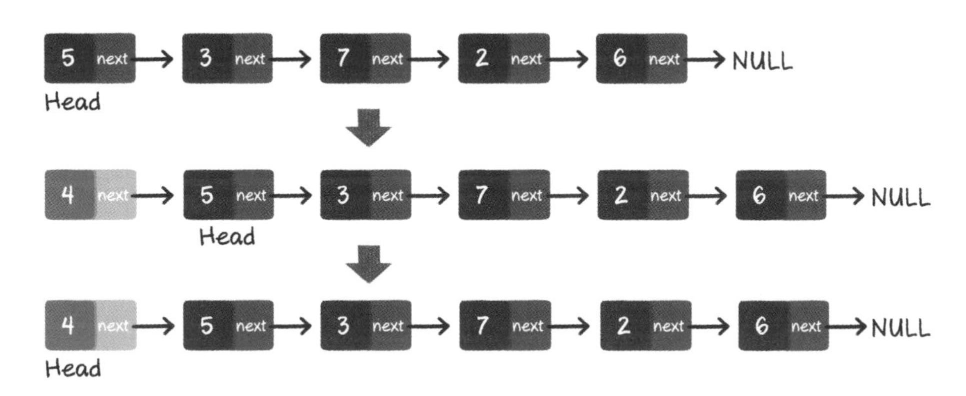

中間插入，同樣分為兩個步驟。

第 1 步，新節點的 next 指標，指向插入位置的節點。

第 2 步，插入位置前置節點的 next 指標，指向新節點。

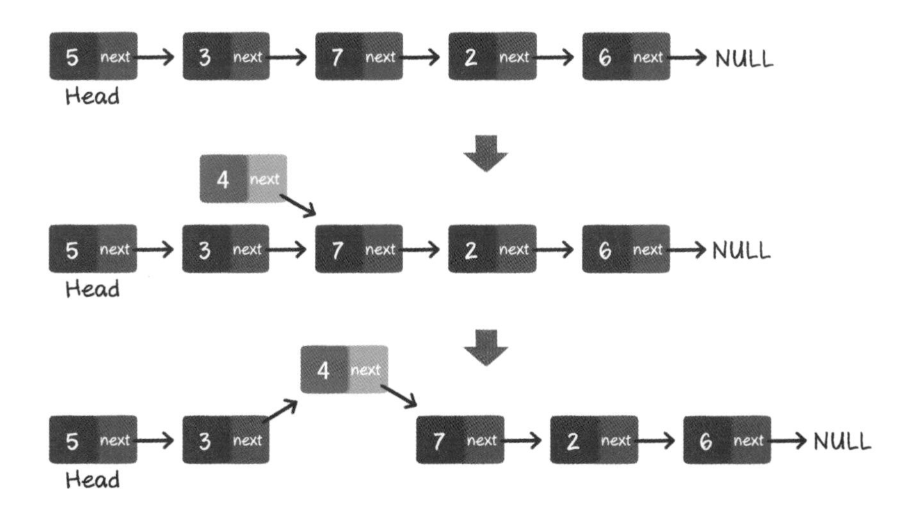

只要記憶體空間允許，能夠插入鏈結串列的元素是無窮無盡的，不需要像陣列那樣考慮擴充容量的問題。

刪除元素

鏈結串列的刪除操作同樣分為 3 種情況。

- **尾部刪除**
- **頭部刪除**
- **中間刪除**

尾部刪除，是最簡單的情況，把倒數第 2 個節點的 next 指標指向空即可。

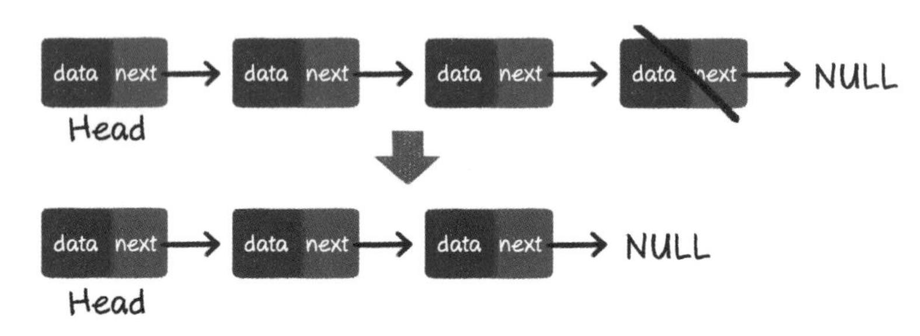

頭部刪除，也很簡單，把鏈結串列的頭節點設為原先頭節點的 next 指標即可。

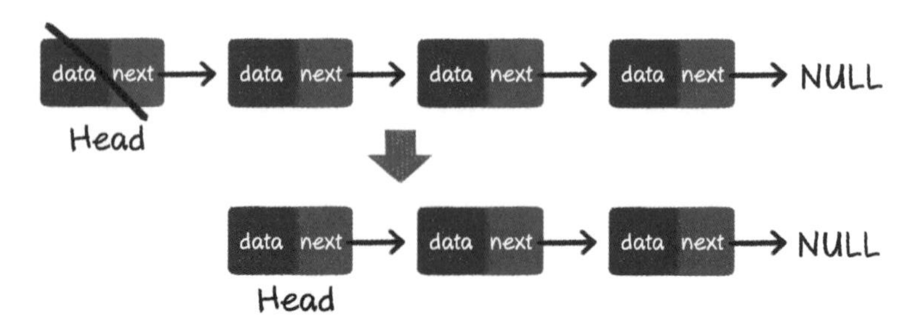

中間刪除，同樣很簡單，把要刪除節點之前置節點的 next 指標，指向要刪除元素的下一個節點即可。

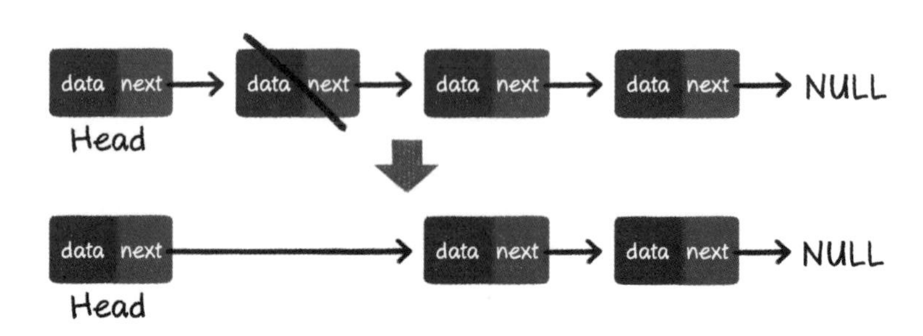

這裡需要注意的是，許多高階語言，如 Java，擁有自動化的垃圾回收機制，所以我們不用刻意去釋放被刪除的節點，只要沒有外部引用指向它們，被刪除的節點會被自動回收。

小灰，我再考考你，鏈結串列的插入和刪除操作，時間複雜度分別是多少？

如果不考慮插入、刪除操作之前尋找元素的過程，只考慮純粹的插入和刪除操作，時間複雜度都是 $O(1)$。

很好，接下來看一看實作鏈結串列的完整程式碼。

```
1. //頭節點指標
2. private Node head;
3. //尾節點指標
4. private Node last;
5. //鏈結串列實際長度
6. private int size;
7.
8. /**
9.  * 鏈結串列插入元素
10. * @param data  插入元素
11. * @param index  插入位置
12. */
13. public void insert(int data, int index) throws Exception {
14.     if (index<0 || index>size) {
15.         throw new IndexOutOfBoundsException("超出鏈結串列節點範圍！");
16.     }
17.     Node insertedNode = new Node(data);
18.     if(size == 0){
19.         //空鏈結串列
20.         head = insertedNode;
21.         last = insertedNode;
22.     } else if(index == 0){
23.         //插入頭部
24.         insertedNode.next = head;
25.         head = insertedNode;
26.     }else if(size == index){
27.         //插入尾部
28.         last.next = insertedNode;
29.         last = insertedNode;
30.     }else {
31.         //插入中間
32.         Node prevNode = get(index-1);
33.         insertedNode.next = prevNode.next;
34.         prevNode.next = insertedNode;
35.     }
```

```
36.     size++;
37. }
38.
39. /**
40.  * 鏈結串列刪除元素
41.  * @param index  刪除的位置
42.  */
43. public Node remove(int index) throws Exception {
44.     if (index<0 || index>=size) {
45.         throw new IndexOutOfBoundsException("超出鏈結串列節點範圍！");
46.     }
47.     Node removedNode = null;
48.     if(index == 0){
49.         //刪除頭節點
50.         removedNode = head;
51.         head = head.next;
52.     }else if(index == size-1){
53.         //刪除尾節點
54.         Node prevNode = get(index-1);
55.         removedNode = prevNode.next;
56.         prevNode.next = null;
57.         last = prevNode;
58.     }else {
59.         //刪除中間節點
60.         Node prevNode = get(index-1);
61.         Node nextNode = prevNode.next.next;
62.         removedNode = prevNode.next;
63.         prevNode.next = nextNode;
64.     }
65.     size--;
66.     return removedNode;
67. }
68.
69. /**
70.  * 鏈結串列尋找元素
71.  * @param index  尋找的位置
72.  */
73. public Node get(int index) throws Exception {
74.     if (index<0 || index>=size) {
75.         throw new IndexOutOfBoundsException("超出鏈結串列節點範圍！");
76.     }
77.     Node temp = head;
78.     for(int i=0; i<index; i++){
79.         temp = temp.next;
80.     }
81.     return temp;
82. }
83.
84. /**
85.  * 輸出鏈結串列
86.  */
87. public void output(){
88.     Node temp = head;
89.     while (temp!=null) {
90.         System.out.println(temp.data);
```

```
91.         temp = temp.next;
92.     }
93. }
94.
95. /**
96.  * 鏈結串列節點
97.  */
98. private static class Node {
99.     int data;
100.    Node next;
101.    Node(int data) {
102.        this.data = data;
103.    }
104.}
105.
106.public static void main(String[] args) throws Exception {
107.    MyLinkedList myLinkedList = new MyLinkedList();
108.    myLinkedList.insert(3,0);
109.    myLinkedList.insert(7,1);
110.    myLinkedList.insert(9,2);
111.    myLinkedList.insert(5,3);
112.    myLinkedList.insert(6,1);
113.    myLinkedList.remove(0);
114.    myLinkedList.output();
115.}
```

以上是對單鏈結串列相關操作的程式碼實作。為了尾部插入的方便，程式碼中額外增加了指向鏈結串列尾節點的指標 last。

2.2.3 ▸ 陣列 VS 鏈結串列

鏈結串列的基本知識我懂了。陣列和鏈結串列都屬於線性的資料結構，用哪一個更好呢？

資料結構沒有絕對的好與壞，陣列和鏈結串列各有千秋。下面我總結了陣列和鏈結串列相關操作的性能，我們比較一下。

	尋找	更新	插入	刪除
陣列	$O(1)$	$O(1)$	$O(n)$	$O(n)$
鏈結串列	$O(n)$	$O(1)$	$O(1)$	$O(1)$

從表格可以看出，陣列的優勢在於能夠快速定位元素，對於讀取操作多、寫入操作少的場合來說，用陣列比較適合。

相反地，鏈結串列的優勢在於能夠靈活地進行插入和刪除操作，如果需要在尾部頻繁插入、刪除元素，用鏈結串列比較適合。

關於鏈結串列的知識我們就介紹到這裡，我們下一節再見！

2.3 堆疊和佇列

2.3.1 實體結構和邏輯結構

什麼是資料儲存的實體結構呢？

如果把資料結構比作活生生的人，那麼實體結構就是人的血肉和骨骼，看得見，摸得到，實實在在。例如我們剛剛學過的陣列和鏈結串列，都是記憶體中實實在在的儲存結構。

而在物質的人體之外，還存在著人的思想和精神，它們看不見、摸不著。看過電影《阿凡達》嗎？男主角的思想意識從一個瘦弱殘疾的人類身上被移植到一個高大威猛的藍皮膚外星人身上，雖然承載思想意識的肉身改變了，但是人格卻是唯一的。

如果把物質層面的人體比作資料儲存的實體結構，那麼精神層面的人格就是資料儲存的**邏輯結構**。邏輯結構是抽象的概念，它依賴於實體結構而存在。

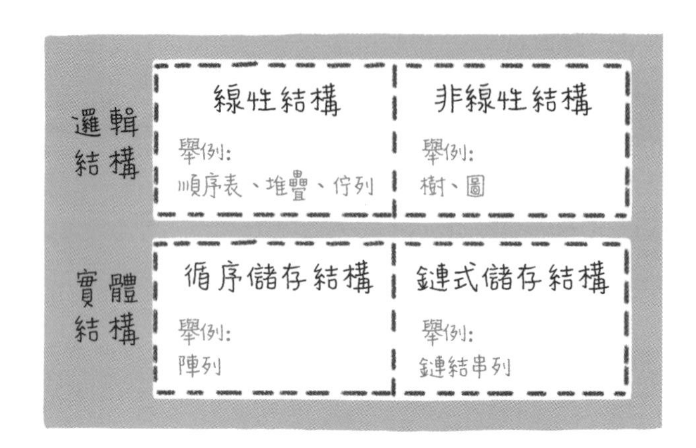

下面說明兩個常用資料結構：堆疊和佇列。這兩者都屬於邏輯結構，它們的實體實作既可以利用陣列，也可以利用鏈結串列來完成。

在後面的章節中，還會學習到二元樹，這也是一種邏輯結構。同樣地，二元樹也可以依託於實體上的陣列或鏈結串列來實作出來。

2.3.2 ▸ 什麼是堆疊

要弄明白什麼是堆疊，我們需要先舉一個生活中的例子。

假如有一個又細又長的圓筒，圓筒一端封閉，另一端開口。往圓筒裡放入乒乓球，先放入的靠近圓筒底部，後放入的靠近圓筒入口。

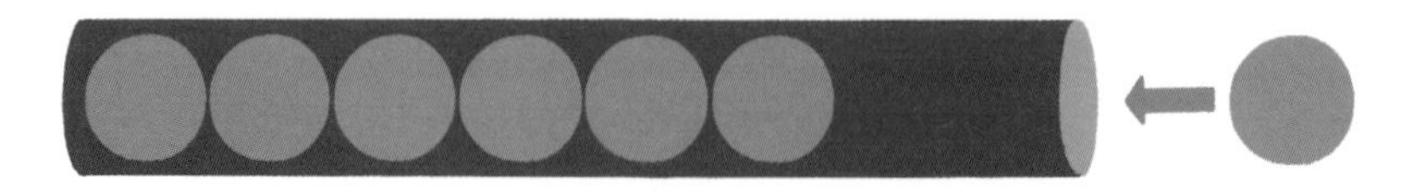

那麼，要想取出這些乒乓球，則只能按照和放入順序相反的順序來取，先取出後放入的，再取出先放入的，而不可能把最裡面最先放入的乒乓球優先取出。

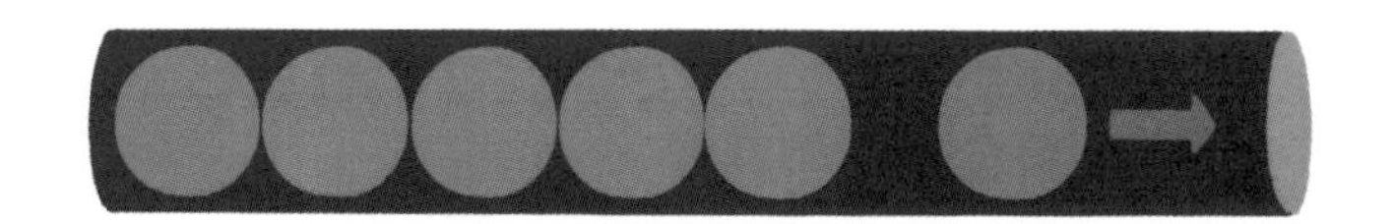

堆疊（stack）是一種線性資料結構，就像一個上圖所示的放入乒乓球的圓筒容器，堆疊中的元素只能**先入後出**（First In Last Out，簡稱 **FILO**）。最早進入的元素存放的位置叫作**堆疊底**（bottom），最後進入的元素存放的位置叫作**堆疊頂**（top）。

堆疊這種資料結構既可以用陣列來實作，也可以用鏈結串列來實作。

堆疊的陣列實作如下。

堆疊的鏈結串列實作如下。

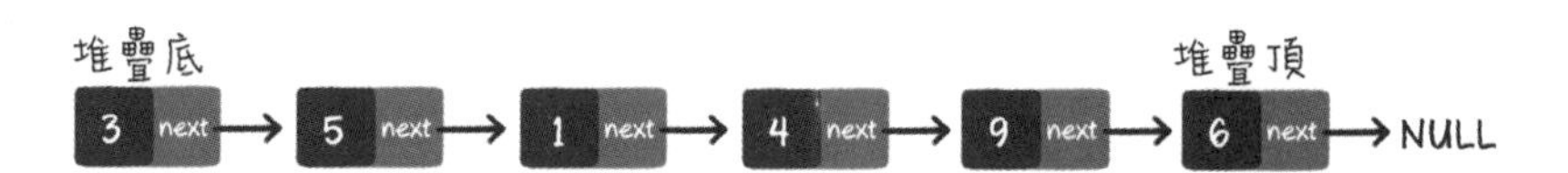

那麼，堆疊可以進行哪些操作呢？

堆疊的最基本操作是推入堆疊和推出堆疊，
下面讓我們來看一看。

2.3.3　堆疊的基本操作

推入堆疊

推入堆疊操作（push）就是把新元素放推入堆疊中，只允許從堆疊頂一側放入元素，新元素的位置將會成為新的堆疊頂。

這裡我們以陣列實作為例。

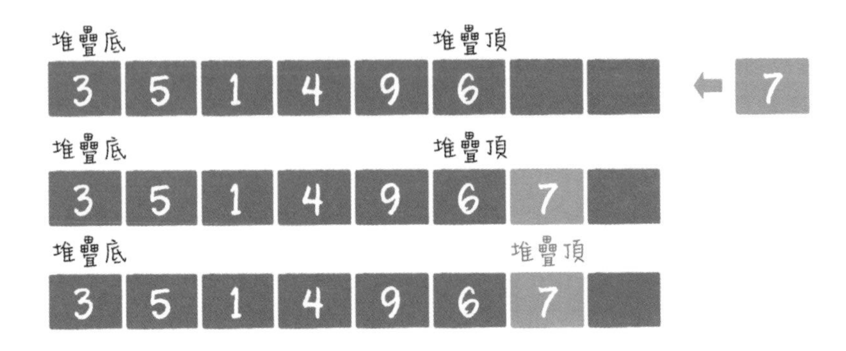

推出堆疊

推出堆疊操作（pop）就是把元素從堆疊中彈出，只有堆疊頂元素才允許推出堆疊，推出堆疊元素的前一個元素將會成為新的堆疊頂。

這裡我們以陣列實作為例。

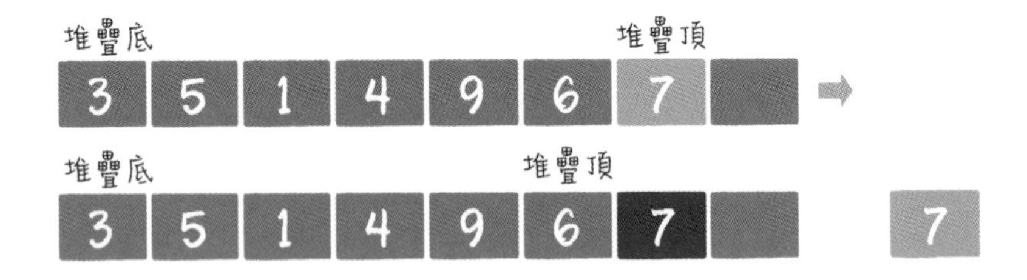

由於堆疊操作的程式碼實作比較簡單，這裡就不再展示程式碼了，有興趣的讀者可以自己寫寫看。

小灰，你說說，推入堆疊和推出堆疊操作，時間複雜度分別是多少？

推入堆疊和推出堆疊只會影響到最後一個元素，不涉及其他元素的整體移動，所以無論是以陣列還是以鏈結串列實作，推入堆疊、推出堆疊的時間複雜度都是 $O(1)$。

2.3.4 ▸ 什麼是佇列

要弄明白什麼是佇列，同樣可以用一個生活中的例子來說明。

假如公路上有一條單行隧道，所有要進入隧道的車輛只允許從隧道入口駛入，從隧道出口駛出，不允許逆行。

因此，要想讓車輛駛出隧道，只能按照它們駛入隧道的順序，先駛入的車輛先駛出，後駛入的車輛後駛出，任何車輛都無法跳過它前面的車輛提前駛出。

佇列（queue）是一種線性資料結構，它的特徵和行駛車輛的單行隧道很相似。不同於堆疊的先入後出，佇列中的元素只能**先入先出**（First In First Out，簡稱 FIFO）。佇列的出口端叫作**佇列頭**（front），佇列的入口端叫作**佇列尾**（rear）。

與堆疊類似，佇列這種資料結構既可以用陣列來實作，也可以用鏈結串列來實作。

用陣列實作時，為了讓入佇列操作更方便，把佇列尾位置規定為最後入佇列元素的**下一個位置**。

佇列的陣列實作如下。

佇列的鏈結串列實作如下。

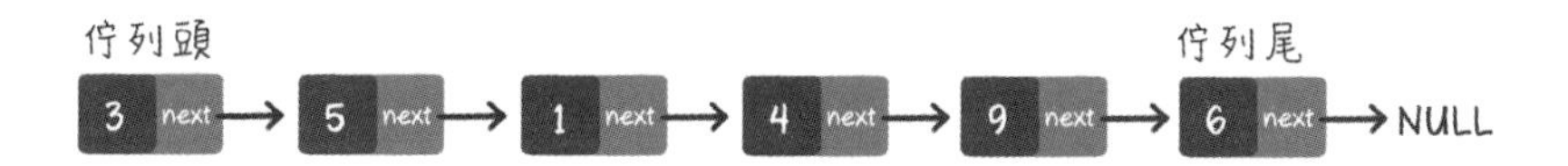

那麼，佇列可以進行哪些操作呢？

和堆疊操作對應，
佇列的最基本操作是入佇列和出佇列。

2.3.5 ▸ 佇列的基本操作

對於鏈結串列實作方式，佇列的入佇列、出佇列操作和堆疊大同小異。但對於陣列實作方式來說，佇列的入佇列和出佇列操作有了一些有趣的變化。怎麼有趣呢？我們後面會看到。

入佇列

入佇列（enqueue）就是把新元素放入佇列中，只允許在佇列尾的位置放入元素，新元素的下一個位置將會成為新的佇列尾。

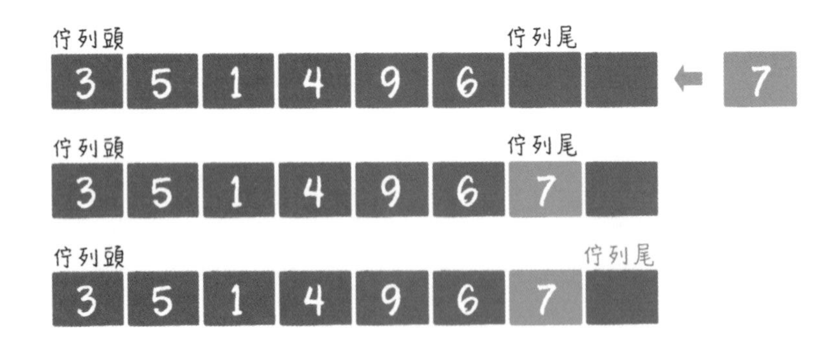

出佇列

出佇列操作（dequeue）就是把元素移出佇列，只允許在佇列頭一側移出元素，出佇列元素的後一個元素將會成為新的佇列頭。

如果像這樣不斷出佇列，佇列頭左邊的空間失去作用，那佇列的容量豈不是越來越小了？例如像下面這樣。

問得很好，這正是我後面要講的。用陣列實作的佇列可以採用循環佇列的方式來維持佇列容量的恒定。

循環佇列是什麼意思呢？讓我們看看下面的例子。

假設一個佇列經過反復的入佇列和出佇列操作，還剩下 2 個元素，在「實體」上分佈於陣列的末尾位置。這時又有一個新元素將要入佇列。

在陣列不擴充容量的前提下，如何讓新元素入佇列並確定新的佇列尾位置呢？我們可以利用已出佇列元素留下的空間，讓佇列尾指標重新指回陣列的首位。

這樣一來，整個佇列的元素就「循環」起來了。在實體儲存上，佇列尾的位置也可以在佇列頭之前。當再有元素入佇列時，將其放入陣列的首位，佇列尾指標繼續後移即可。

一直到 （佇列尾足標+1）%陣列長度 = 佇列頭足標 時，代表此佇列真的已經滿了。需要注意的是，佇列尾指標指向的位置永遠空出 1 位，所以佇列最大容量比陣列長度小 1。

這就是所謂的迴圈佇列，下面讓我們來看一看它的程式碼實作。

```
1. private int[] array;
2. private int front;
3. private int rear;
4.
5. public MyQueue(int capacity){
6.     this.array = new int[capacity];
7. }
8.
9. /**
10.  * 入佇列
11.  * @param element  入佇列的元素
12.  */
13. public void enQueue(int element) throws Exception {
14.     if((rear+1)%array.length == front){
15.         throw new Exception("佇列已滿！");
16.     }
17.     array[rear] = element;
18.     rear =(rear+1)%array.length;
19. }
20.
21. /**
22.  * 出佇列
23.  */
24. public int deQueue() throws Exception {
25.     if(rear == front){
26.         throw new Exception("佇列已空！");
27.     }
28.     int deQueueElement = array[front];
29.     front =(front+1)%array.length;
30.     return deQueueElement;
31. }
32.
33. /**
34.  * 輸出佇列
35.  */
36. public void output(){
37.     for(int i=front; i!=rear; i=(i+1)%array.length){
38.         System.out.println(array[i]);
39.     }
40. }
41.
42. public static void main(String[] args) throws Exception {
43.     MyQueue myQueue = new MyQueue(6);
44.     myQueue.enQueue(3);
45.     myQueue.enQueue(5);
46.     myQueue.enQueue(6);
47.     myQueue.enQueue(8);
```

```
48.     myQueue.enQueue(1);
49.     myQueue.deQueue();
50.     myQueue.deQueue();
51.     myQueue.deQueue();
52.     myQueue.enQueue(2);
53.     myQueue.enQueue(4);
54.     myQueue.enQueue(9);
55.     myQueue.output();
56. }
```

迴圈佇列不但充分利用了陣列的空間，還避免了陣列元素整體移動的麻煩，還真是有點意思呢！至於入佇列和出佇列的時間複雜度，也同樣是 $O(1)$吧？

說得完全正確！下面我們來看一看堆疊和佇列可以應用在哪些地方。

2.3.6 ▸ 堆疊和佇列的應用

堆疊的應用

堆疊的輸出順序和輸入順序相反，所以堆疊通常用於對「歷史」的回溯，也就是逆流而上追溯「歷史」。

例如實作遞迴的邏輯，就可用堆疊來代替，因為堆疊可以回溯方法的呼叫鏈。

method	fun4
n	4
method	fun4
n	5

堆疊還有一個著名的應用場合是麵包屑導航，使使用者在瀏覽頁面時可以輕鬆地回溯到上一層級或更上一層級的頁面。

佇列的應用

佇列的輸出順序和輸入順序相同，所以佇列通常用於對「歷史」的重播，也就是按照「歷史」順序，把「歷史」重演一遍。

例如在多執行緒中，爭奪公平鎖的等待佇列，就是按照存取順序來決定執行緒在佇列中的次序的。

再如網路爬蟲實作網站抓取時，也是把待抓取的網站 URL 存入佇列中，再按照存入佇列的順序來依次抓取和解析的。

雙端佇列

那麼，有沒有辦法把堆疊和佇列的特點結合起來，既可以先入先出，也可以先入後出呢？

還真的有哦！這種資料結構就叫作**雙端佇列**（deque）。

雙端佇列這種資料結構，可說是綜合了堆疊和佇列的優點，對雙端佇列來說，從佇列頭一端可以入佇列或出佇列，從佇列尾一端也可以入佇列或出佇列。

有關雙端佇列的細節，感興趣的讀者可以查閱資料做更多的瞭解。

優先佇列

還有一種佇列，它遵循的不是先入先出，而是誰的優先順序最高，誰就先出佇列。

這種佇列叫作**優先佇列**。

優先佇列已經不屬於線性資料結構的範疇了，它是以二元堆積為基礎來實作的。關於優先佇列的原理和使用情況，我們會在下一章進行詳細介紹。

好了，關於堆疊和佇列的知識我們就介紹到這裡，下一節再見！

2.4 神奇的雜湊表

2.4.1 ▶ 為什麼需要雜湊表

說起學習英語，小灰上學時可沒有那麼豐富的學習資源和工具。當時有一款很流行的電子詞典，小夥伴們遇到不會的單詞，只要輸入到小小的電子詞典裡，就可以找出它的中文含義。

當時的英語老師強烈反對使用這樣的工具，因為電子詞典查出來的中文資料太有限，而傳統的紙本詞典可以查到單詞的多種含義、詞性、例句等。

但是，同學們還是傾向於使用電子詞典。因為電子詞典實在太方便了，只要輸入要查的單詞，一瞬間就可以得到結果，而不需要像紙質詞典那樣煩瑣地進行人工尋找。

在我們的程式世界裡，往往也需要在記憶體中存放這樣一個「詞典」，方便我們進行高效的查詢和統計。

例如開發一個學生管理系統，需要透過輸入學號快速查出對應學生的姓名的功能。這裡不必每次都去查詢資料庫，而可以在記憶體中建立一個快取表，這樣做可以提高查詢效率。

學號	姓名
001121	張三
002123	李四
002931	王五
003278	趙六

再如我們需要統計一本英文書裡某些單詞出現的頻率，就需要遍訪整本書的內容，把這些單詞出現的次數記錄在記憶體中。

單詞	出現次數
this	108
and	56
are	79
by	46

因為這些需求，一個重要的資料結構誕生了，這個資料結構叫作雜湊表。

雜湊表（hash table）也譯作散列表或哈希表，這種資料結構提供了**鍵（Key）**和**值（Value）**的映射關係。只要列出一個 Key，就可以高效率地尋找到它所對應的 Value，時間複雜度接近於 $O(1)$。

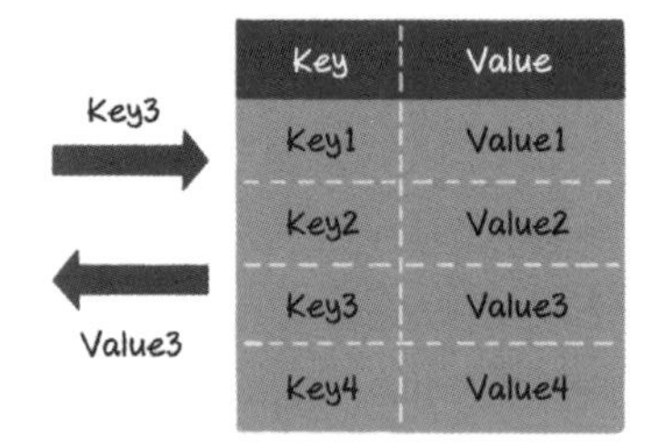

那麼，雜湊表是如何根據 Key 來快速找到它所對應的 Value 呢？

這就是我下面要講的雜湊表的基本原理。

2.4.2 ▸ 雜湊函數

小灰，在咱們之前學過的幾個資料結構中，誰的查詢效率最高？

當然是陣列嘍，陣列可以根據足標，進行元素的隨機存取。

說得沒錯，雜湊表在本質上也是一個陣列。

可是陣列只能根據足標，像 a[0]、a[1]、a[2]、a[3]、a[4]這樣來存取，而雜湊表的 Key 則是以字串類型為主的。

例如以學生的學號作為 Key，輸入 002123，查詢到李四；或者以單詞為 Key，輸入 by，查詢到數位 46……

所以我們需要一個「中轉站」，透過某種方式，把 Key 和陣列足標進行轉換。這個中轉站就叫作**雜湊函數**。

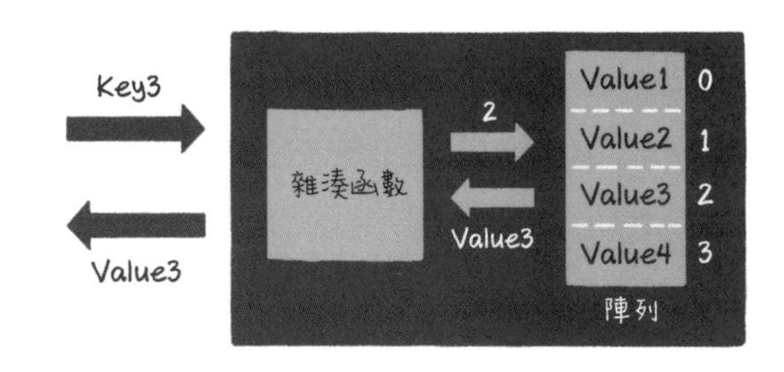

這個雜湊函數是怎麼實作的呢？

在不同的語言中，雜湊函數的實作方式是不一樣的。這裡以 Java 的常用集合 HashMap 為例，來看一看雜湊函數在 Java 中的實作。

在 Java 及大多數物件導向的語言中，每一個物件都有屬於自己的 hashcode，這個 hashcode 是區分不同物件的重要標識。無論物件自身的類型是什麼，它們的 hashcode 都是一個整數型變數。

既然都是整數型變數，想要轉化成陣列的足標也就不難實作了。最簡單的轉化方式是什麼呢？是按照陣列長度進行取模運算。

index = HashCode (Key) % Array.length

實際上，JDK（Java Development Kit，Java 語言的軟體開發套件）中的雜湊函數並沒有直接採用取模運算，而是利用了位元元運算的方式來優化性能。不過在這裡可以姑且簡單理解成取模操作。

透過雜湊函數，我們可以把字串或其他類型的 Key，轉化成陣列的足標 index。

例如列出一個長度為 8 的陣列，那麼當

key=001121 時，

index = HashCode ("001121") % Array.length = 1420036703 % 8 = 7

而當 key=this 時，

index = HashCode ("this") % Array.length = 3559070 % 8 = 6

2.4.3 ▸ 雜湊表的讀寫入操作

有了雜湊函數，就可以在雜湊表中進行讀寫入操作了。

寫入操作（put）

寫入操作就是在雜湊表中插入新的鍵值對（在 JDK 中叫作 Entry）。

如呼叫 hashMap.put("002931", "王五") ，意思是插入一組 Key 為 002931、Value 為王五的鍵值對。

具體該怎麼做呢？

第 1 步，透過雜湊函數，把 Key 轉化成陣列足標 5。

第 2 步，如果陣列足標 5 對應的位置沒有元素，就把這個 Entry 填入到陣列足標 5 的位置。

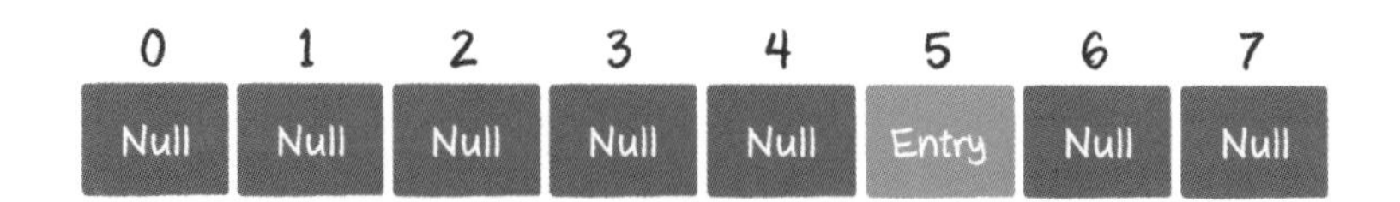

但是，由於陣列的長度是有限的，當插入的 Entry 越來越多時，不同的 Key 透過雜湊函數獲得的足標有可能是相同的。例如 002936 這個 Key 對應的陣列足標是 2；002947 這個 Key 對應的陣列足標也是 2。

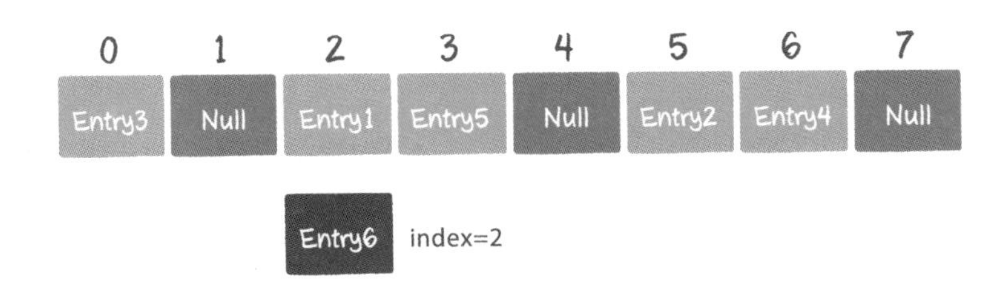

這種情況，就叫作**雜湊衝突**。

哎呀，雜湊函數「撞衫」了，這該怎麼辦呢？

雜湊衝突是無法避免的，既然不能避免，我們就要想辦法解決。解決雜湊衝突的方法主要有兩種，一種是開放定址法，一種是鏈結串列法。

開放定址法的原理很簡單，當一個 Key 透過雜湊函數獲得對應的陣列足標已被佔用時，我們可以「另謀高就」，尋找下一個空檔位置。

以上面的情況為例，Entry6 透過雜湊函數得到足標 2，該足標在陣列中已經有了其他元素，那麼就向後移動 1 位，看看陣列足標 3 的位置是否有空。

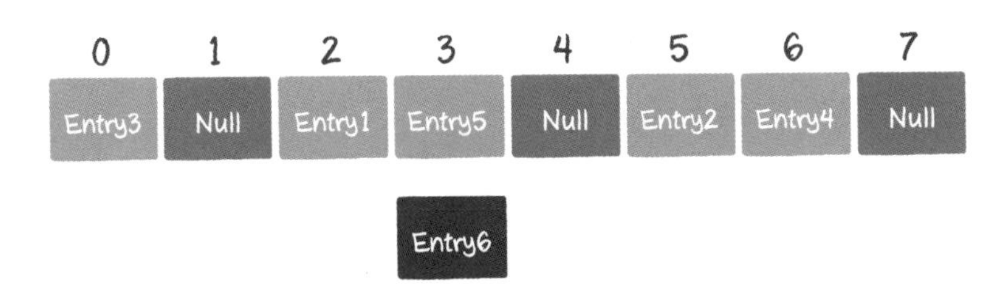

很不巧，足標 3 也已經被佔用，那麼就再向後移動 1 位，看看陣列足標 4 的位置是否有空。

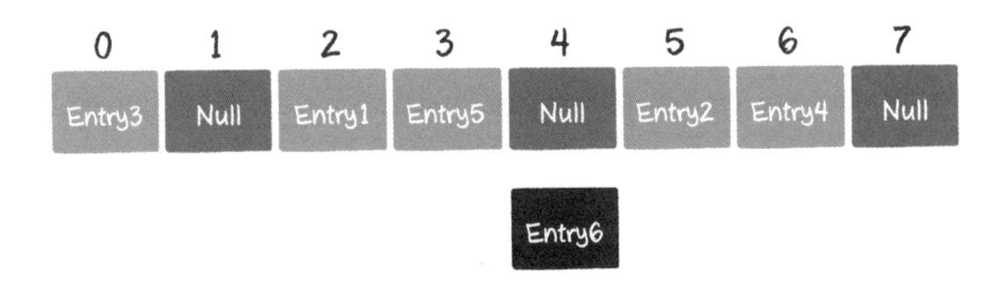

幸運的是，陣列足標 4 的位置還沒有被佔用，因此把 Entry6 存入陣列足標 4 的位置。

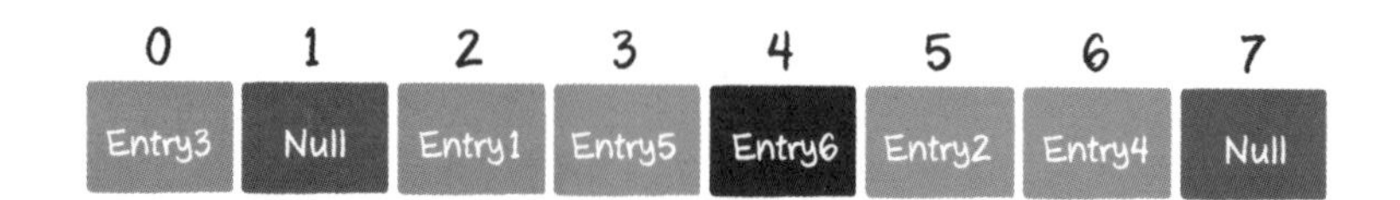

這就是開放定址法的基本思考方式。當然，在遇到雜湊衝突時，定址方式有很多種，並不一定只是簡單地尋找目前元素的後一個元素，這裡只是舉一個簡單的範例而已。

在 Java 中，ThreadLocal 所使用的就是開放定址法。

接下來，重點講一下解決雜湊衝突的另一種方法——鏈結串列法。這種方法被應用在了 Java 的集合類別 HashMap 當中。

HashMap 陣列的每一個元素不僅是一個 Entry 物件，還是一個鏈結串列的頭節點。每一個 Entry 物件透過 next 指標指向它的下一個 Entry 節點。當新來的 Entry 映射到與之衝突的陣列位置時，只需要插入到對應的鏈結串列中即可。

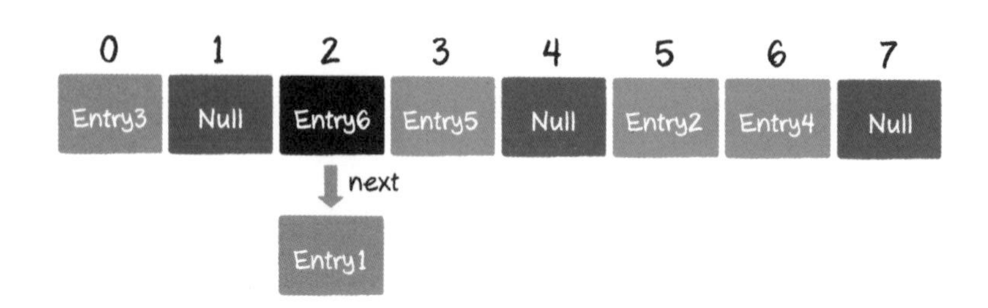

讀取操作（get）

講完了寫入操作，我們再來講一講讀取操作。讀取操作就是透過給定的 Key，在雜湊表中尋找對應的 Value。

例如呼叫 hashMap.get("002936")，意思是尋找 Key 為 002936 的 Entry 在雜湊表中所對應的值。

具體該怎麼做呢？下面以鏈結串列法為例來講一下。

第 1 步，透過雜湊函數，把 Key 轉化成陣列足標 2。

第 2 步，找到陣列足標 2 所對應的元素，如果這個元素的 Key 是 002936，那麼就找到了；如果這個 Key 不是 002936 也沒關係，由於陣列的每個元素都與一個鏈結串列對應，我們可以順著鏈結串列慢慢往下找，看看能否找到與 Key 相匹配的節點。

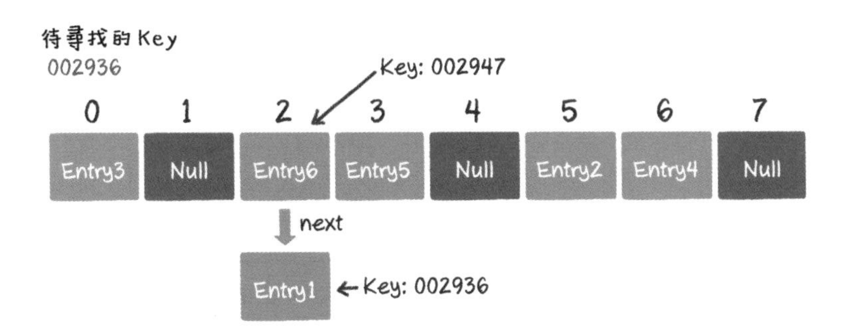

在上圖中，首先查到的節點 Entry6 的 Key 是 002947，和待尋找的 Key 002936 不符。接著定位到鏈結串列下一個節點 Entry1，發現 Entry1 的 Key 002936 正是我們要尋找的，所以返回 Entry1 的 Value 即可。

擴充容量（resize）

在講解陣列時，曾經介紹過陣列的擴充容量。既然雜湊表是以陣列為基礎來實作的，那麼雜湊表也要涉及擴充容量的問題。

首先，什麼時候需要進行擴充容量呢？

當經過多次元素插入，雜湊表達到一定飽和度時，Key 映射位置發生衝突的機率會逐漸提高。這樣一來，大量元素擁擠在相同的陣列足標位置，形成很長的鏈結串列，對後續插入操作和查詢操作的效能都有很大影響。

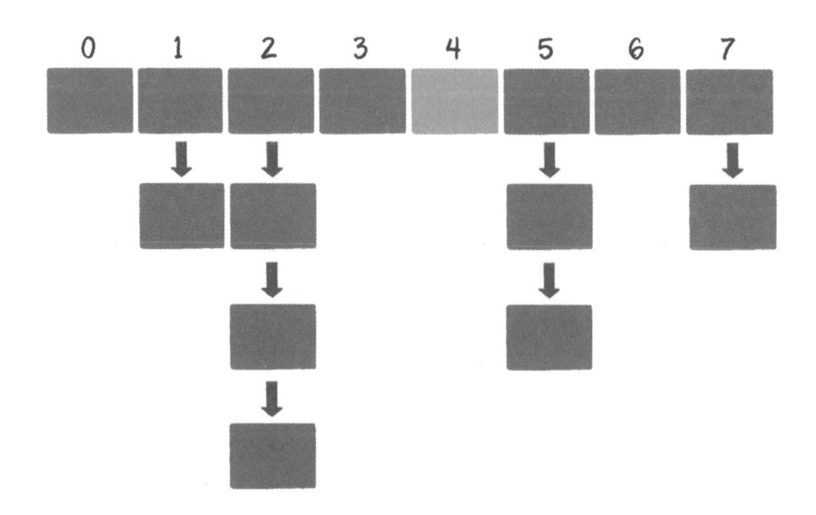

這時，雜湊表就需要擴展它的長度，也就是進行擴充容量。

對於 JDK 中的雜湊表實作類別 HashMap 來說，影響其擴充容量的因素有兩個。

- Capacity，即 HashMap 的目前長度
- LoadFactor，即 HashMap 的負載因數，預設值為 0.75f

衡量 HashMap 需要進行擴充容量的條件如下。

HashMap.Size >= Capacity × LoadFactor

雜湊表的擴充容量操作，實際上做了什麼事情呢？

擴充容量不是簡單地把雜湊表的長度擴大，而是經歷了下面兩個步驟。

1. **擴充容量**，建立一個新的 Entry 空陣列，長度是原陣列的 2 倍。
2. **重新 Hash**，遍訪原 Entry 陣列，把所有的 Entry 重新 Hash 到新陣列中。為什麼要重新 Hash 呢？因為長度擴大以後，Hash 的規則也隨之改變。

經過擴充容量，原本擁擠的雜湊表重新變得稀疏，原有的 Entry 也重新得到了盡可能均勻的分配。

擴充容量前的 HashMap。

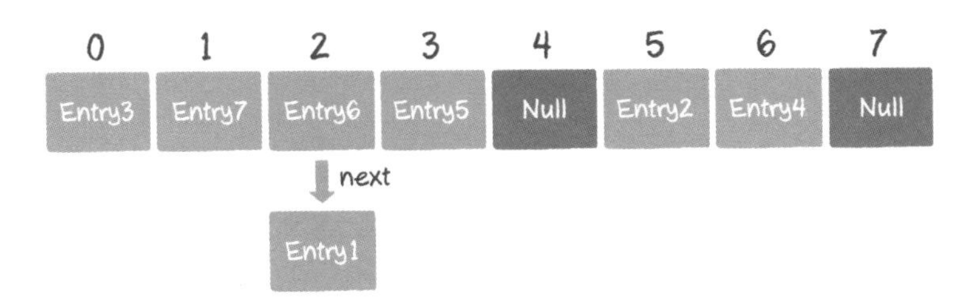

擴充容量後的 HashMap。

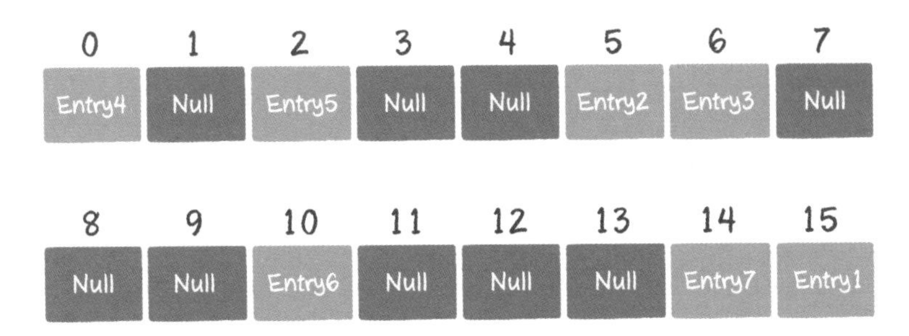

以上就是雜湊表各種基本操作的原理。由於 HashMap 的實作程式碼相對比較複雜，這裡就不直接列出原始碼了，有興趣的讀者可以在 JDK 中直接查閱關於 HashMap 類別的原始碼。

需要注意的是，關於 HashMap 的實作，JDK 8 和以前的版本有著很大的不同。當多個 Entry 被 Hash 到同一個陣列足標位置時，為了提升插入和尋找的效率，HashMap 會把 Entry 的鏈結串列轉化為紅黑樹這種資料結構。建議讀者把兩個版本的實作都認真地看一看，這會讓你受益匪淺。

我大概瞭解了，雜湊表還真是個神奇的資料結構！

雜湊表可以說是陣列和鏈結串列的結合，它在演算法中的應用很普遍，是一種非常重要的資料結構，大家一定要認真學會哦。

這一次就講到這裡，咱們下一章再見。

2.5 小結

■ 什麼是陣列

陣列是由有限個相同類型的變數所組成的有序集合，它的實體儲存方式是循序儲存，存取方式是隨機存取。利用足標尋找陣列元素的時間複雜度是 $O(1)$，中間插入、刪除陣列元素的時間複雜度是 $O(n)$。

■ 什麼是鏈結串列

鏈結串列是一種鏈式資料結構，由若干節點組成，每個節點包含指向下一節點的指標。鏈結串列的實體儲存方式是隨機儲存，存取方式是循序存取。尋找鏈結串列節點的時間複雜度是 $O(n)$，中間插入、刪除節點的時間複雜度是 $O(1)$。

■ 什麼是堆疊

堆疊是一種線性邏輯結構，可以用陣列實作，也可以用鏈結串列實作。堆疊包含推入堆疊和推出堆疊操作，遵循先入後出的原則（FILO）。

■ 什麼是佇列

佇列也是一種線性邏輯結構，可以用陣列實作，也可以用鏈結串列實作。佇列包含入佇列和出佇列操作，遵循先入先出的原則（FIFO）。

■ 什麼是雜湊表

雜湊表也叫散列表，是儲存 Key-Value 映射的集合。對於某一個 Key，雜湊表可以在接近 $O(1)$ 的時間內進行讀寫入操作。雜湊表透過雜湊函數實作 Key 和陣列足標的轉換，透過開放定址法和鏈結串列法來解決雜湊衝突。

第3章
樹

3.1 樹與二元樹

3.1.1 ▸ 什麼是樹

小灰的「家譜」如下頁這般。

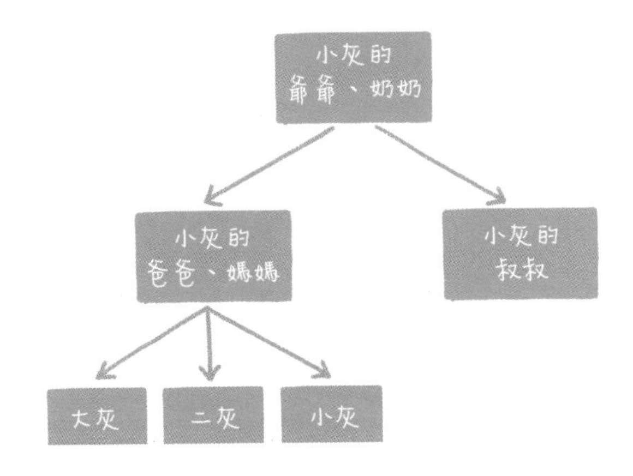

所以說，有許多邏輯關係並不是簡單的線性關係，在現實場合中，常常存在著一對多，甚至是多對多的情況。

其中**樹**和**圖**就是典型的非線性資料結構，我們首先講一講樹的知識。

什麼是樹呢？在現實生活中有很多呈現出樹的邏輯的例子。

例如前面提到的小灰的「家譜」，就是一個「樹」。

再如企業裡的職級關係，也是一個「樹」。

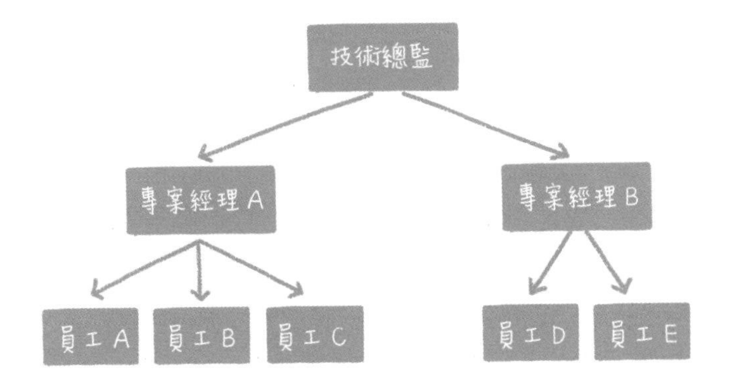

除人與人之間的關係之外，許多抽象的東西也可以成為一個「樹」，如一本書的目錄。

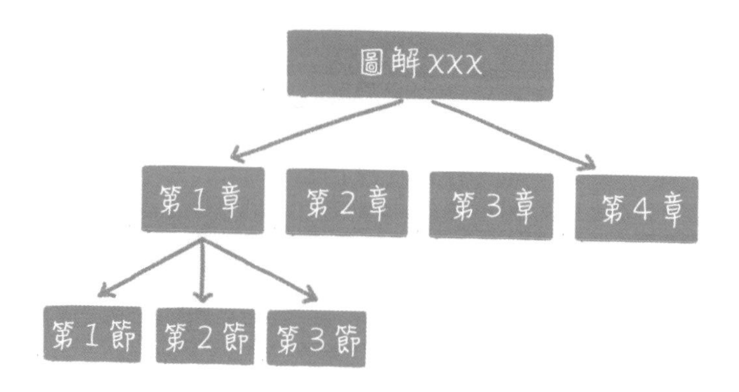

以上這些例子有什麼共同點呢？為什麼可以稱它們為「樹」呢？

因為它們都像自然界中的樹一樣，從同一個「根」衍生出許多「枝幹」，再從每一個「枝幹」衍生出許多更小的「枝幹」，最後衍生出更多的「葉子」。

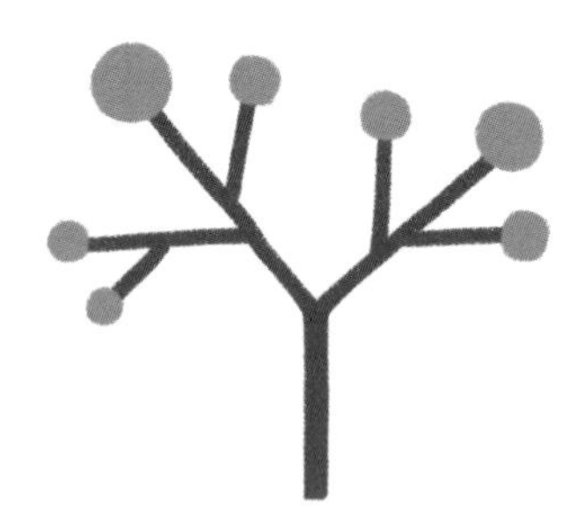

在資料結構中，樹的定義如下。

樹（tree）是 n（$n \geq 0$）個節點的有限集。當 $n = 0$ 時，稱為空樹。在任意一個非空樹中，有如下特點。

1. 有且僅有一個特定的稱為根的節點。

2. 當 $n > 1$ 時，其餘節點可分為 m（$m > 0$）個互不相交的有限集，每一個集合本身又是一個樹，並稱為根的子樹。

下面這張圖，就是一個標準的樹結構。

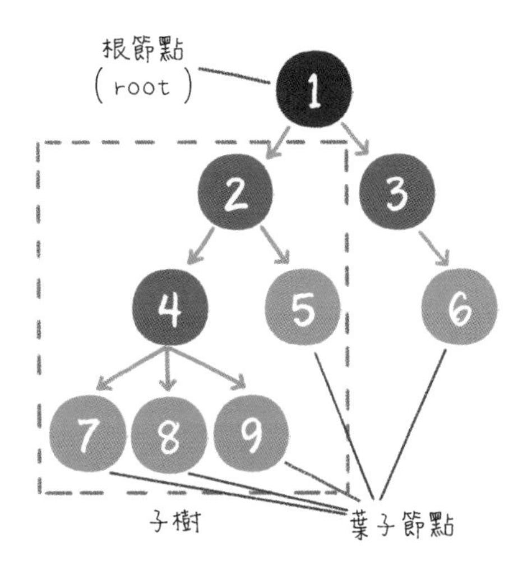

在上圖中，節點 1 是**根節點**(root)；節點 5、6、7、8 是樹的末端，沒有「孩子」，被稱為**葉子節點**(leaf)。圖中的虛線部分，是根節點 1 的其中一個**子樹**。

同時，樹的結構從根節點到葉子節點，分為不同的層級。從一個節點的角度來看，它的上下級和同級節點關係如下。

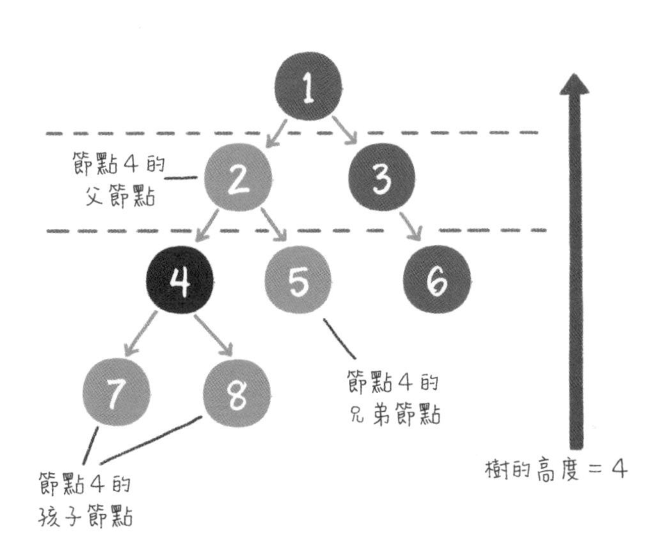

在上圖中，節點 4 的上一級節點，是節點 4 的**父節點**(parent)；從節點 4 衍生出來的節點，是節點 4 的**子節點**(child)；和節點 4 同級，由同一個父節點衍生出來的節點，是節點 4 的**兄弟節點**(sibling)。

樹的最大層級數，被稱為樹的高度或深度。顯然，上圖這個樹的高度是 4。

哎呀，這麼多的概念還真是不好記。

這些都是樹的基本術語，多看幾次就記住啦。
下面我們來介紹一種典型的樹——**二元樹**。

3.1.2　什麼是二元樹

二元樹（binary tree）是樹的一種特殊形式。二元，顧名思義，這種樹的每個節點**最多有 2 個子節點**。注意，這裡是最多有 2 個，也可能只有 1 個，或者沒有子節點。

二元樹的結構如圖所示。

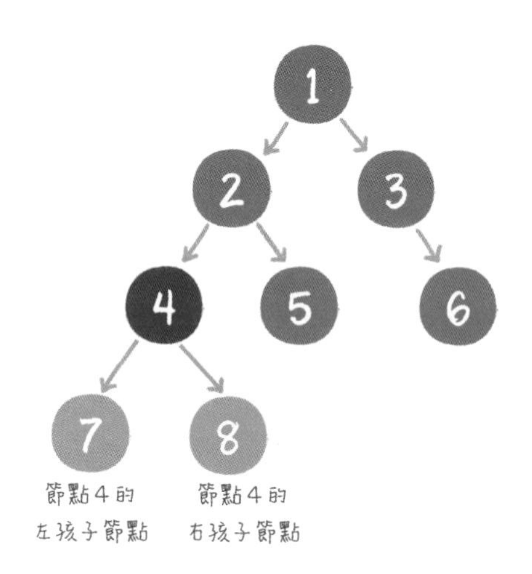

二元樹節點的兩個子節點，一個被稱為**左孩子**（left child），一個被稱為**右孩子**（right child）。這兩個子節點的順序是固定的，就像人的左手就是左手，右手就是右手，不能夠顛倒或混淆。

此外，二元樹還有兩種特殊形式，一個叫作**滿二元樹**，另一個叫作**完全二元樹**。

什麼是滿二元樹呢？

一棵二元樹的所有非葉子節點都存在左右孩子，並且所有葉子節點都在同一層級上，那麼這個樹就是滿二元樹。

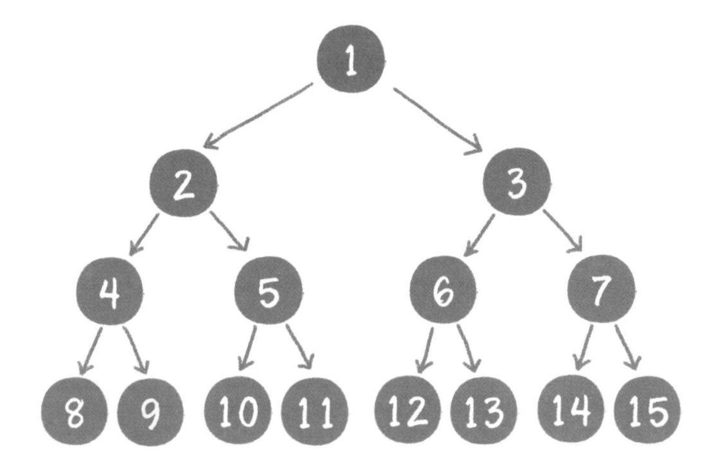

簡單點說，滿二元樹的每一個分支都是滿的。

什麼又是完全二元樹呢？完全二元樹的定義很有意思。

對一個有 n 個節點的二元樹，按層級順序編號，則所有節點的編號為從 1 到 n。如果這個樹所有節點和同樣深度的滿二元樹的編號為從 1 到 n 的節點位置相同，則這個二元樹為完全二元樹。

這個定義有點繞口，但看看下圖就很容易理解了。

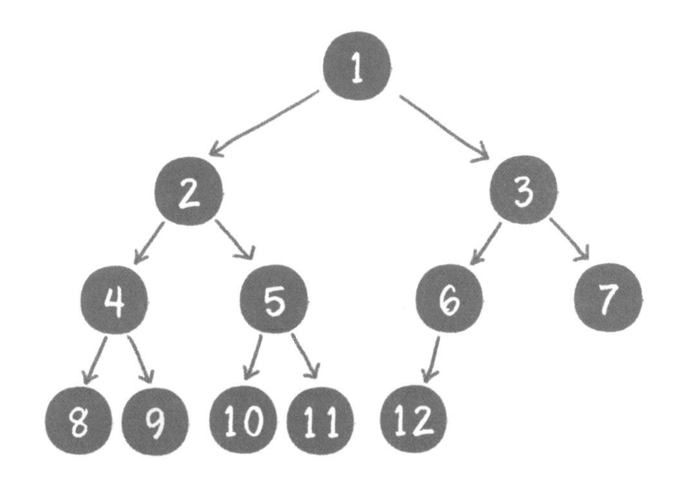

在上圖中，二元樹編號從 1 到 12 的 12 個節點，和前面滿二元樹編號從 1 到 12 的節點位置完全對應。因此這個樹是完全二元樹。

完全二元樹的條件沒有滿二元樹那麼苛刻：滿二元樹要求所有分支都是滿的；而完全二元樹只需保證最後一個節點之前的節點都齊全即可。

那麼，二元樹在記憶體中是怎樣儲存的呢？

上一章講過，資料結構可以劃分為實體結構和邏輯結構。二元樹屬於邏輯結構，它可以透過多種實體結構來表達。

二元樹可以用哪些實體儲存結構來表達呢？

1. 鏈式儲存結構。

2. 陣列。

讓我們分別看看二元樹如何使用這兩種結構進行儲存吧。

首先來看一看**鏈式儲存結構**。

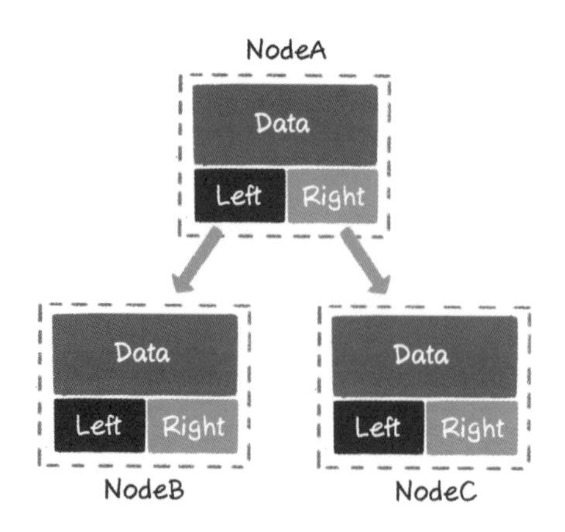

鏈式儲存是二元樹最直觀的儲存方式。

上一章講過鏈結串列，鏈結串列是一對一的儲存方式，每一個鏈結串列節點擁有 data 變數和一個指向下一節點的 next 指標。

而二元樹稍微複雜一些，一個節點最多可以指向左右兩個子節點，所以二元樹的每一個節點包含 3 部分。

- 儲存資料的 data 變數
- 指向左孩子的 left 指標
- 指向右孩子的 right 指標

再來看看用**陣列**是如何儲存的。

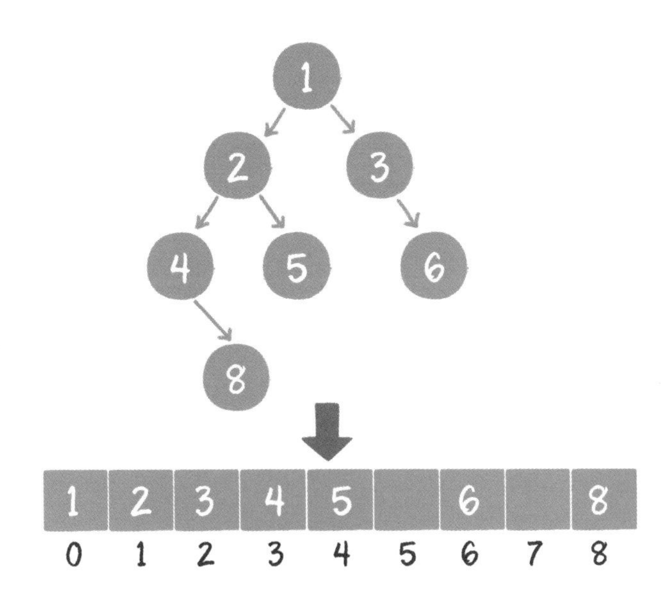

使用陣列儲存時，會按照層級順序把二元樹的節點放到陣列中對應的位置上。如果某一個節點的左孩子或右孩子空缺，則陣列的相對應位置也空出來。

為什麼這樣設計呢？因為這樣可以更方便地在陣列中定位二元樹的子節點和父節點。

假設一個父節點的足標是 parent，那麼它的左子節點足標就是 2×parent ＋ 1；右子節點足標就是 2×parent ＋ 2。

反過來，假設一個左子節點的足標是 leftChild，那麼它的父節點足標就是（leftChild-1）/ 2。

假如節點 4 在陣列中的足標是 3，節點 4 是節點 2 的左孩子，節點 2 的足標可以直接透過計算得出。

$$節點 2 的足標 = (3-1)/2 = 1$$

顯然，對於一個稀疏的二元樹來說，用陣列標記法是非常浪費空間的。

什麼樣的二元樹最適合用陣列表示呢？

我們後面即將學到的二元堆積，一種特殊的完全二元樹，就是用陣列來儲存的。

3.1.3 二元樹的應用

咱們講了這麼多理論，二元樹究竟有什麼用處呢？

二元樹的用處有很多，讓我們來具體看一看。

二元樹包含許多特殊的形式，每一種形式都有自己的作用，但是其最主要的應用還在於進行**尋找操作**和**維持相對順序**這兩個方面。

尋找

二元樹的樹形結構使它很適合扮演索引的角色。

這裡我們介紹一種特殊的二元樹：**二元搜尋樹**（binary search tree）。光看名字就可以知道，這種二元樹的主要作用就是進行搜尋操作。

二元搜尋樹在二元樹的基礎上增加了以下幾個條件。

- **如果左子樹不為空，則左子樹上所有節點的值均小於根節點的值**
- **如果右子樹不為空，則右子樹上所有節點的值均大於根節點的值**
- **左、右子樹也都是二元搜尋樹**

下圖就是一個標準的二元搜尋樹。

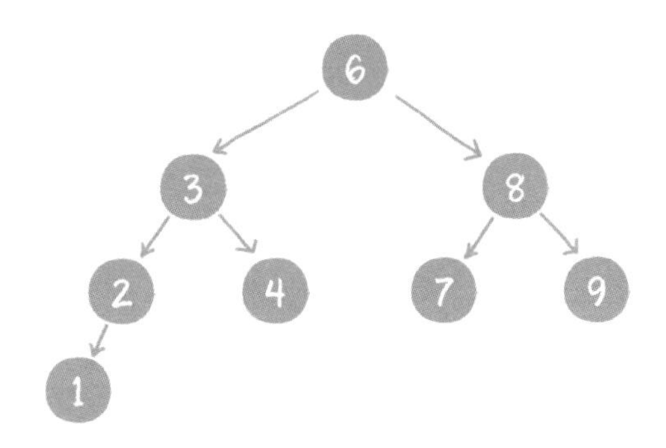

二元搜尋樹的這些條件有什麼用呢？當然是為了搜尋方便。

例如搜尋值為 4 的節點，步驟如下。

1. 存取根節點 6，發現 4<6。

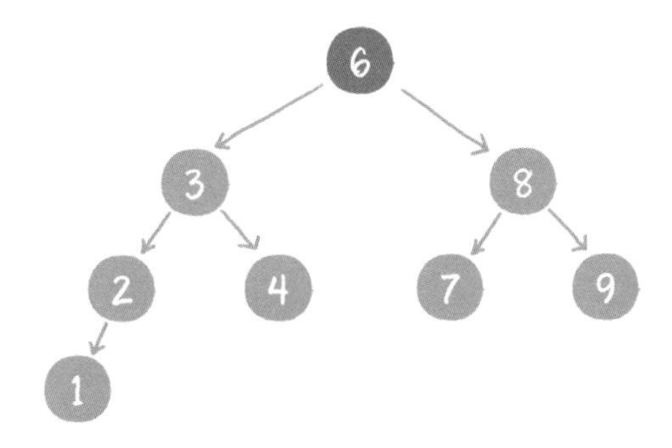

2. 存取節點 6 的左子節點 3，發現 4>3。

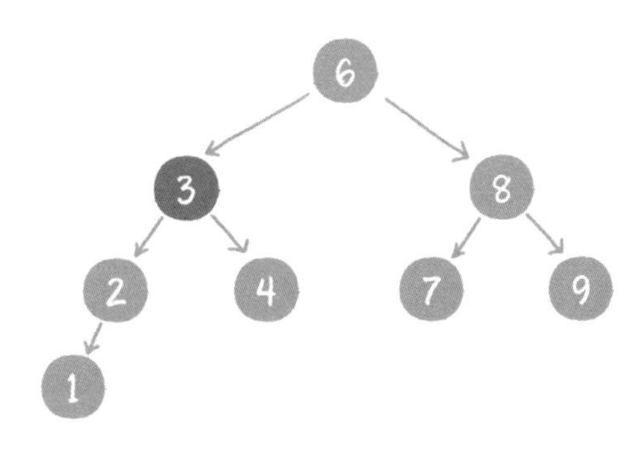

3. 存取節點 3 的右子節點 4，發現 4=4，這正是要尋找的節點。

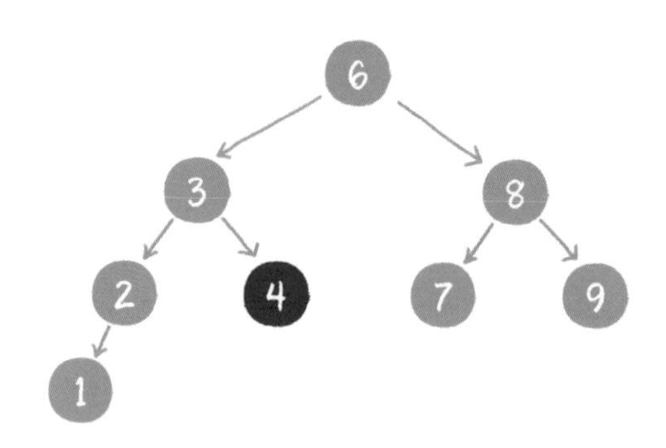

對於一個**節點分佈相對均衡**的二元搜尋樹來說，如果節點總數是 *n*，那麼搜尋節點的時間複雜度就是 ***O*(log*n*)**，和樹的深度是一樣的。

這種依靠比較大小來逐步尋找的方式，和二元尋找演算法非常相似。

維持相對順序

這一點仍然要從二元搜尋樹說起。二元搜尋樹要求左子樹小於父節點，右子樹大於父節點，正是這樣保證了二元樹的有序性。

因此二元搜尋樹還有另一個名字——**二元排序樹**（binary sort tree）。

新插入的節點，同樣要遵循二元排序樹的原則。例如插入新元素 5，由於 5<6，5>3，5>4，所以 5 最終會插入到節點 4 的右孩子位置。

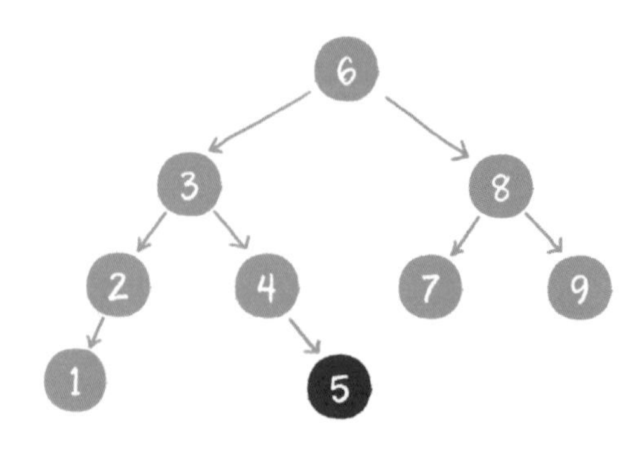

再如插入新元素 10，由於 10>6，10>8，10>9，所以 10 最終會插入到節點 9 的右孩子位置。

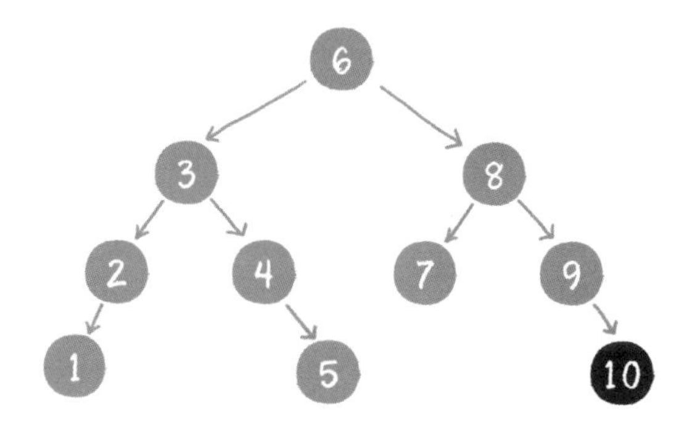

這一切看起來很順利，然而卻隱藏著一個致命的問題。什麼問題呢？下面請試著在二元搜尋樹中依次插入 9、8、7、6、5、4，看看會出現什麼結果。

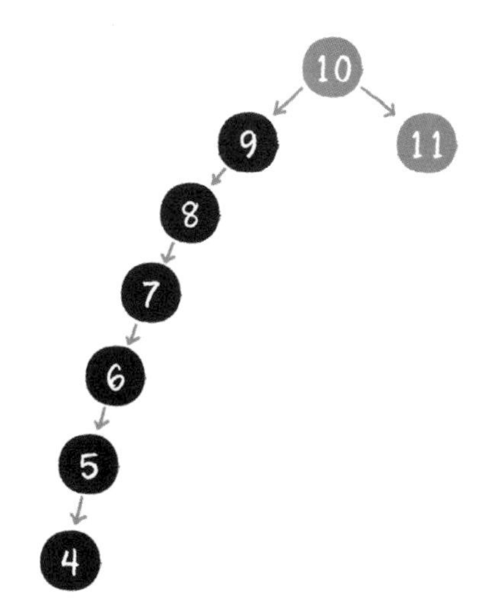

哈哈，好好的一個二元樹，變成「跛腳」啦！

不只是外觀看起來變得怪異了，
查詢節點的時間複雜度也退化成了 $O(n)$。

怎麼解決這個問題呢？這就涉及二元樹的自平衡了。二元樹自平衡的方式有多種，如紅黑樹、AVL 樹、樹堆積等。由於篇幅有限，本書就不一一詳細講解了，感興趣的讀者可以查一查相關資料。

除二元搜尋樹以外，**二元堆積**也維持著相對的順序。不過二元堆積的條件要寬鬆一些，只要求父節點比它的左右孩子都大，這一點在後面的章節中我們會詳細講解。

好了，有關樹和二元樹的基本知識，我們就講到這裡。

本節所講的內容偏於理論方面，沒有涉及程式碼。但是下一節講解二元樹的遍訪時，會涉及大量程式碼，大家要做好準備哦！

3.2 二元樹的遍訪

3.2.1 ▸ 為什麼要研究遍訪

當我們介紹陣列、鏈結串列時，為什麼沒有著重研究他們的遍訪過程呢？

二元樹的遍訪又有什麼特殊之處？

在電腦程式中，遍訪本身是一個線性操作。所以遍訪同樣具有線性結構的陣列或鏈結串列，是一件輕而易舉的事情。

9	2	3	8	4	7

遍訪序列：9、2、3、8、4、7

遍訪序列：6、3、4、5、1

反觀二元樹，是典型的非線性資料結構，遍訪時需要把非線性關聯的節點轉化成一個線性的序列，以不同的方式來遍訪，遍訪出的序列順序也不同。

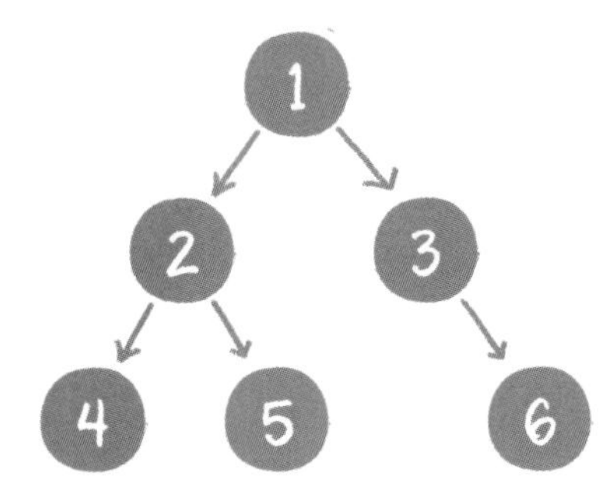

遍訪序列：？？？？？

那麼，二元樹都有哪些遍訪方式呢？

從節點之間位置關係的角度來看，二元樹的遍訪分為 4 種。

1. 前序遍訪。

2. 中序遍訪。

3. 後序遍訪。

4. 層序遍訪。

從更宏觀的角度來看，二元樹的遍訪歸結為兩大類。

1. **深度優先遍訪**（前序遍訪、中序遍訪、後序遍訪）。

2. **廣度優先遍訪**（層序遍訪）。

下面就來具體看一看這些不同的遍訪方式。

3.2.2 ▸ 深度優先遍訪

深度優先和廣度優先這兩個概念不止局限於二元樹，它們更是一種抽象的演算法思想，決定了存取某些複雜資料結構的順序。在存取樹、圖，或其他一些複雜資料結構時，這兩個概念常常被使用到。

所謂深度優先，顧名思義，就是偏向於縱深，「一頭紮到底」的存取方式。可能這種說法有些抽象，下面就透過二元樹的前序遍訪、中序遍訪、後序遍訪，來看一看深度優先是怎麼回事吧。

前序遍訪

二元樹的前序遍訪，輸出順序是根節點、左子樹、右子樹。

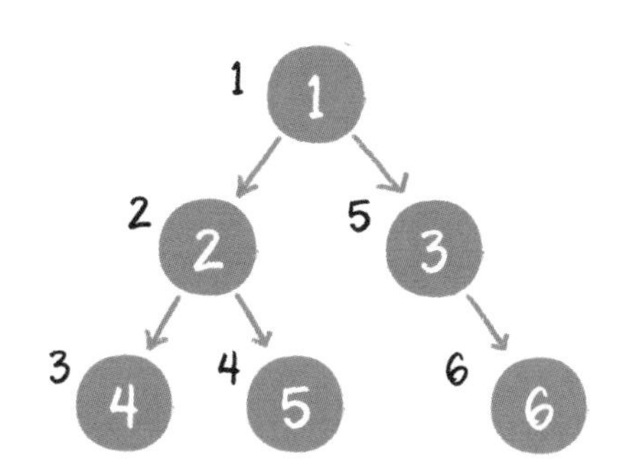

上圖就是一個二元樹的前序遍訪，每個節點左側的序號代表該節點的輸出順序，詳細步驟如下。

1.　首先輸出的是根節點 1。

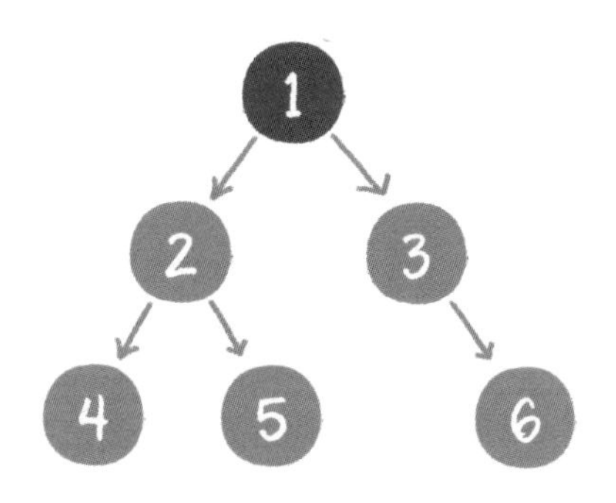

2. 由於根節點 1 存在左孩子，輸出左子節點 2。

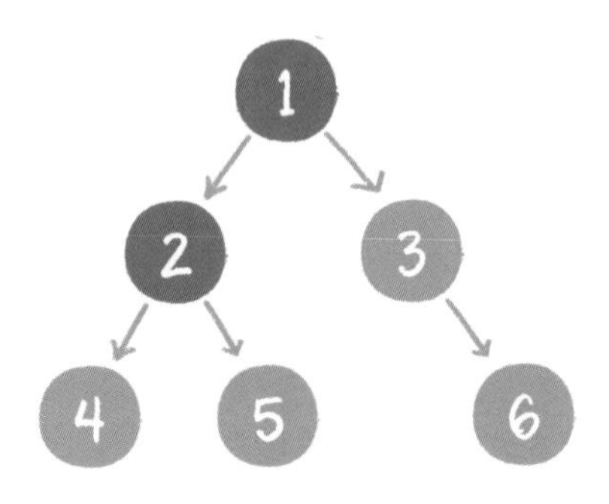

3. 由於節點 2 也存在左孩子，輸出左子節點 4。

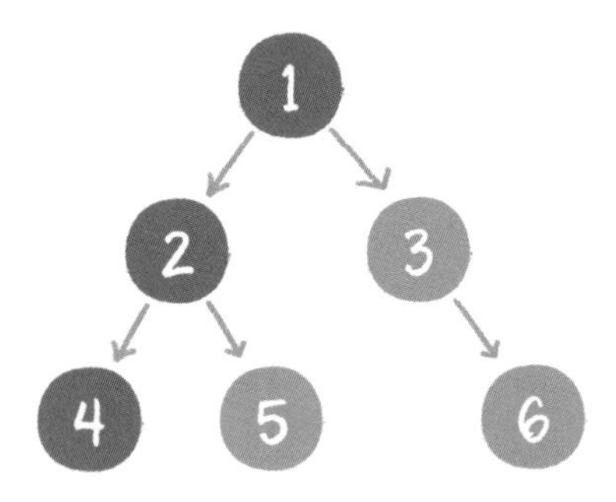

4. 節點 4 既沒有左孩子，也沒有右孩子，那麼回到節點 2，輸出節點 2 的右子節點 5。

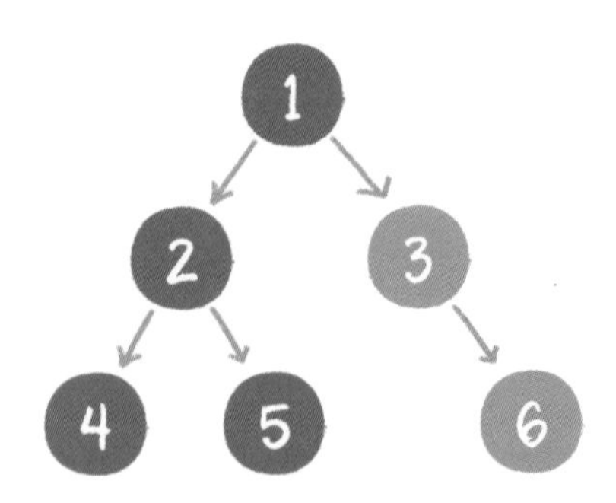

5. 節點 5 既沒有左孩子，也沒有右孩子，那麼回到節點 1，輸出節點 1 的右子節點 3。

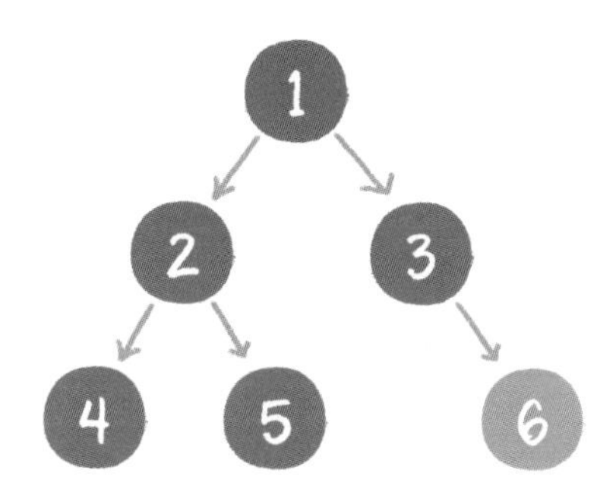

6.　節點 3 沒有左孩子，但是有右孩子，因此輸出節點 3 的右子節點 6。

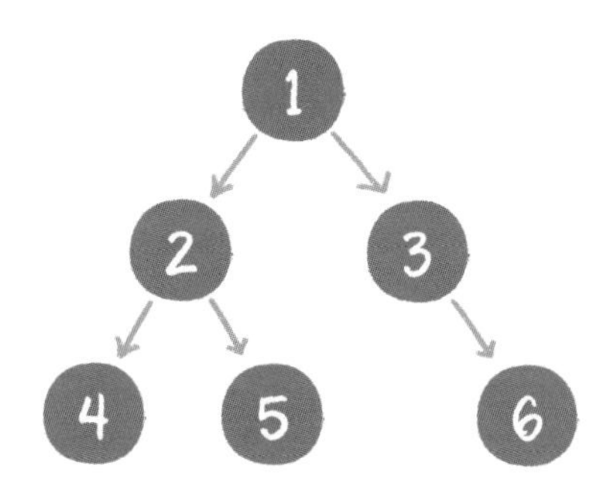

到此為止，所有的節點都遍訪輸出完畢。

中序遍訪

二元樹的中序遍訪，輸出順序是左子樹、根節點、右子樹。

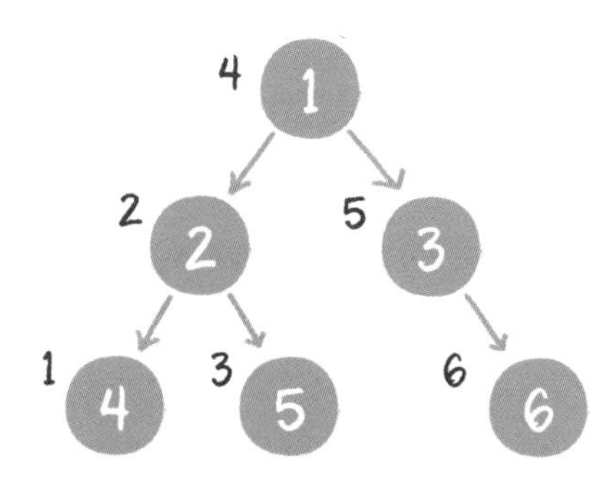

上圖就是一個二元樹的中序遍訪，每個節點左側的序號代表該節點的輸出順序，詳細步驟如下。

1. 首先造訪根節點的左孩子，如果這個左孩子還擁有左孩子，則繼續深入造訪下去，一直找到不再有左孩子的節點，並輸出該節點。顯然，第一個沒有左孩子的節點是節點 4。

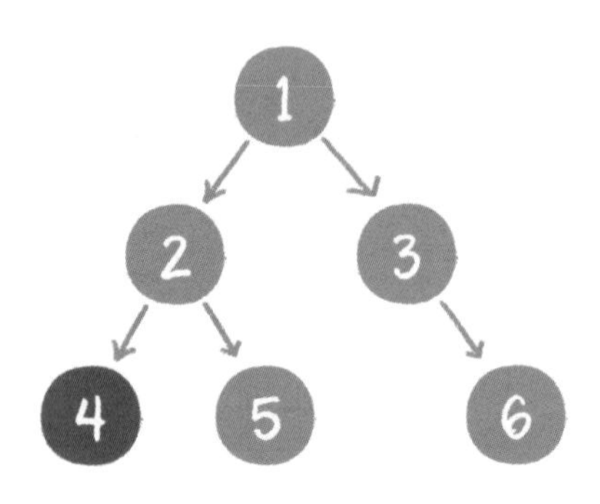

2. 依照中序遍訪的次序，接下來輸出節點 4 的父節點 2。

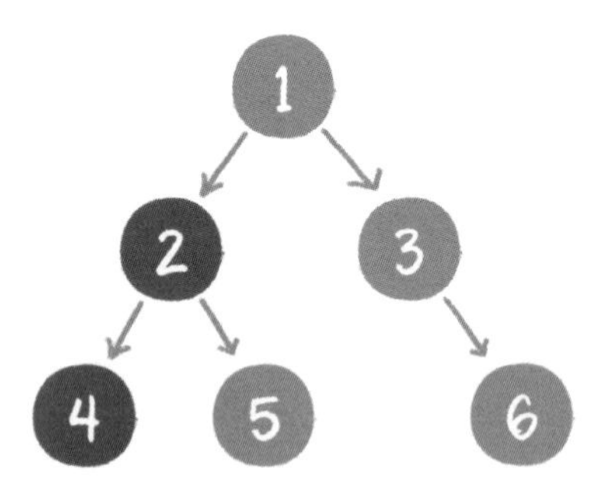

3. 再輸出節點 2 的右子節點 5。

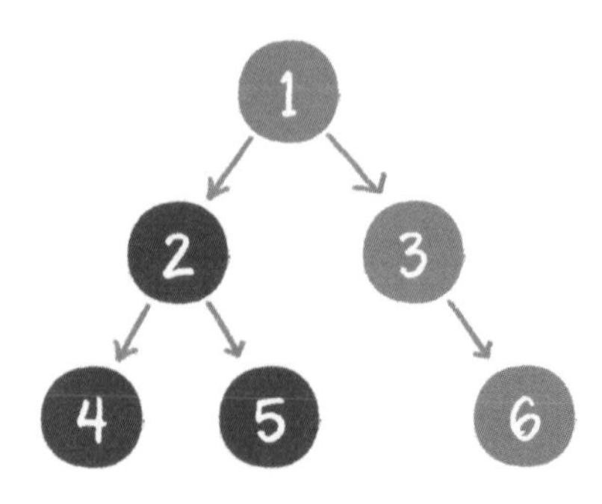

4. 以節點 2 為根的左子樹已經輸出完畢，這時再輸出整個二元樹的根節點 1。

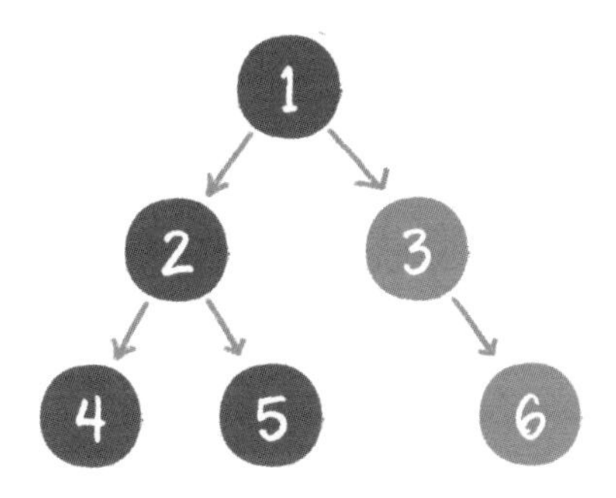

5. 由於節點 3 沒有左孩子，所以直接輸出根節點 1 的右子節點 3。

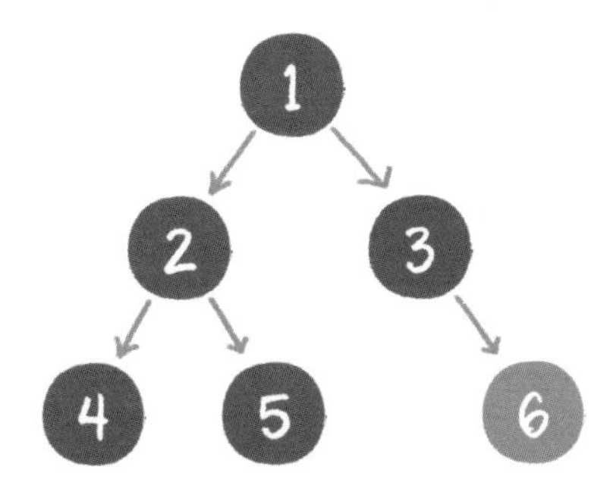

6. 最後輸出節點 3 的右子節點 6。

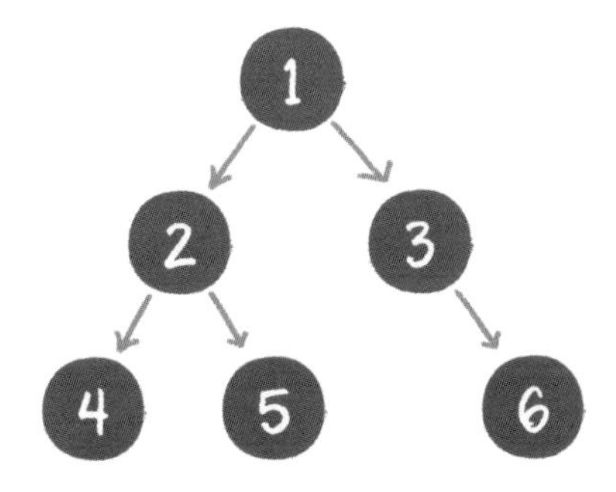

到此為止，所有的節點都遍訪輸出完畢。

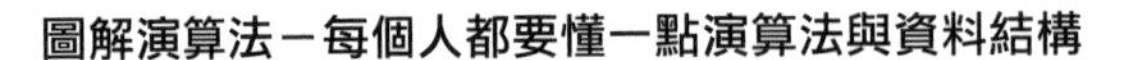

後序遍訪

二元樹的後序遍訪，輸出順序是左子樹、右子樹、根節點。

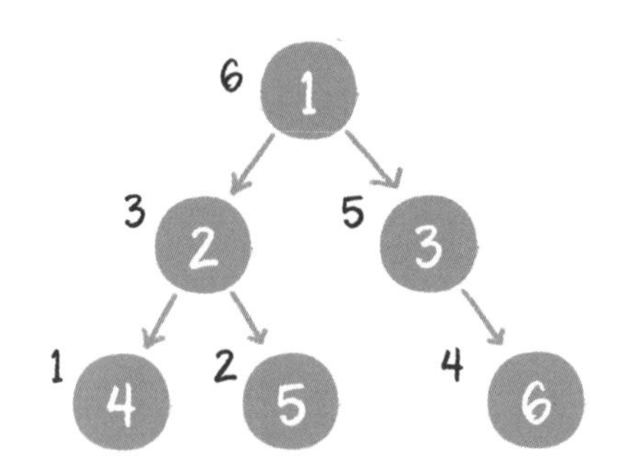

上圖就是一個二元樹的後序遍訪，每個節點左側的序號代表該節點的輸出順序。

由於二元樹的後序遍訪和前序、中序遍訪的思想大致相同，相信聰明的讀者已經可以推測出分解步驟，這裡就不再列舉細節了。

那麼，二元樹的前序、中序、後序遍訪的程式碼怎麼寫呢？

二元樹的這 3 種遍訪方式，用遞迴的思考方式可以非常簡單地實作出來，讓我們看一看程式碼。

```
1. /**
2.  * 建構二元樹
3.  * @param inputList   輸入序列
4.  */
5. public static TreeNode createBinaryTree(LinkedList<Integer>
                    inputList){
6.     TreeNode node = null;
7.     if(inputList==null || inputList.isEmpty()){
8.         return null;
9.     }
10.    Integer data = inputList.removeFirst();
11.    if(data != null){
12.        node = new TreeNode(data);
13.        node.leftChild = createBinaryTree(inputList);
14.        node.rightChild = createBinaryTree(inputList);
15.    }
16.    return node;
17. }
18.
19. /**
```

```
20.  * 二元樹前序遍訪
21.  * @param node   二元樹節點
22.  */
23. public static void preOrderTraveral(TreeNode node){
24.     if(node == null){
25.         return;
26.     }
27.     System.out.println(node.data);
28.     preOrderTraveral(node.leftChild);
29.     preOrderTraveral(node.rightChild);
30. }
31.
32. /**
33.  * 二元樹中序遍訪
34.  * @param node   二元樹節點
35.  */
36. public static void inOrderTraveral(TreeNode node){
37.     if(node == null){
38.         return;
39.     }
40.     inOrderTraveral(node.leftChild);
41.     System.out.println(node.data);
42.     inOrderTraveral(node.rightChild);
43. }
44.
45.
46. /**
47.  * 二元樹後序遍訪
48.  * @param node   二元樹節點
49.  */
50. public static void postOrderTraveral(TreeNode node){
51.     if(node == null){
52.         return;
53.     }
54.     postOrderTraveral(node.leftChild);
55.     postOrderTraveral(node.rightChild);
56.     System.out.println(node.data);
57. }
58.
59.
60. /**
61.  * 二元樹節點
62.  */
63. private static class TreeNode {
64.     int data;
65.     TreeNode leftChild;
66.     TreeNode rightChild;
67.
68.     TreeNode(int data) {
69.         this.data = data;
70.     }
71. }
72.
73. public static void main(String[] args) {
74.     LinkedList<Integer> inputList = new LinkedList<Integer>(Arrays.
```

```
            asList(new Integer[]{3,2,9,null,null,10,null,
            null,8,null,4}));
75.     TreeNode treeNode = createBinaryTree(inputList);
76.     System.out.println("前序遍訪：");
77.     preOrderTraveral(treeNode);
78.     System.out.println("中序遍訪：");
79.     inOrderTraveral(treeNode);
80.     System.out.println("後序遍訪：");
81.     postOrderTraveral(treeNode);
82. }
```

二元樹用遞迴方式來實作前序、中序、後序遍訪，是最為自然的方式，因此程式碼也非常簡單。

這 3 種遍訪方式的區別，僅僅是輸出的執行位置不同：前序遍訪的輸出在前，中序遍訪的輸出在中間，後序遍訪的輸出在最後。

程式碼中值得注意的一點是二元樹的建構。二元樹的建構方法很多，這裡把一個線性的鏈結串列轉化成非線性的二元樹，鏈結串列節點的順序恰好是二元樹前序遍訪的順序。鏈結串列中的空值，代表二元樹節點的左孩子或右孩子為空的情況。

在程式碼的 main 函數內，透過 {3,2,9,null,null,10,null,null,8,null,4} 這樣一個線性序列，建構成的二元樹如下。

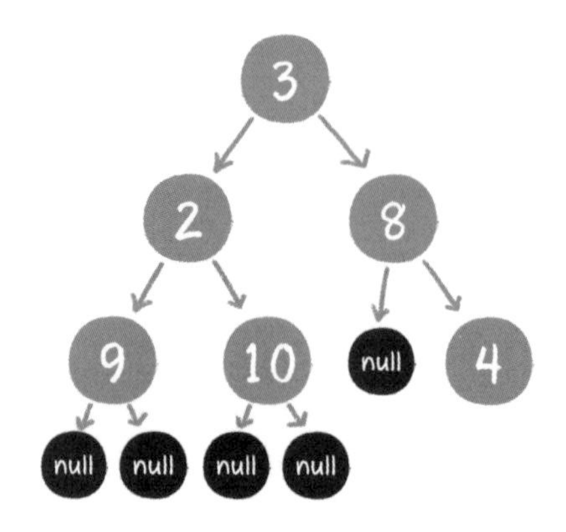

除了用遞迴外，二元樹的深度優先遍訪還能透過其他方式實作嗎？

當然也可以用非遞迴的方式來實作，不過稍微複雜一些。

絕大多數可以用遞迴解決的問題，其實都可以用另一種資料結構來解決，這種資料結構就是堆積疊。因為遞迴和堆積疊都有回溯的特性。

如何借助堆積疊來實作二元樹的非遞迴遍訪呢？下面以二元樹的前序遍訪為例，看一看具體過程。

1.　首先遍訪二元樹的根節點 1，放推入堆積疊中。

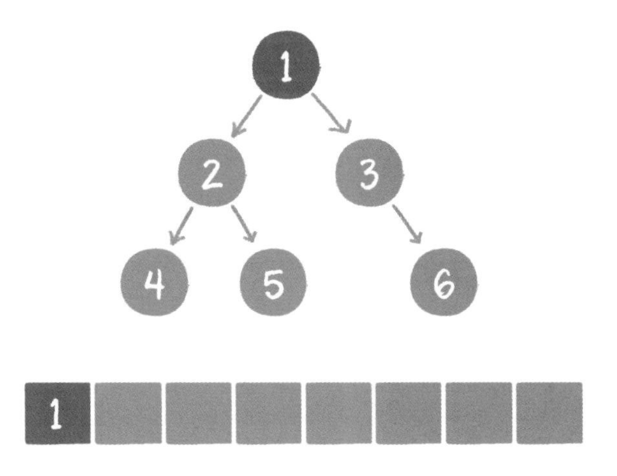

2.　遍訪根節點 1 的左子節點 2，放推入堆積疊中。

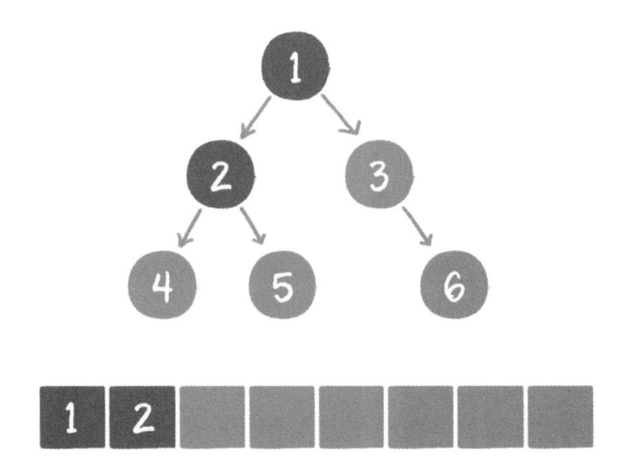

3. 遍訪節點 2 的左子節點 4，放推入堆積疊中。

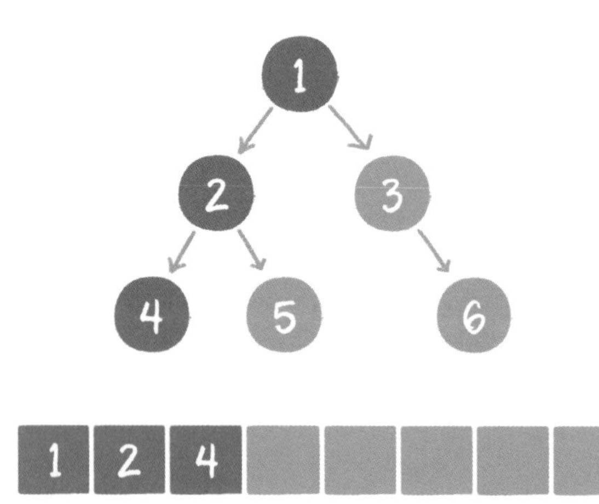

4. 節點 4 既沒有左孩子，也沒有右孩子，我們需要回溯到上一個節點 2。可是現在並不是做遞迴操作，怎麼回溯呢？

   別擔心，堆積疊已經儲存了剛才遍訪的路徑。讓舊的堆積疊頂元素 4 推出堆積疊，就可以重新存取節點 2，得到節點 2 的右子節點 5。

   此時節點 2 已經沒有利用價值（已經存取過左孩子和右孩子），節點 2 推出堆積疊，節點 5 推入堆積疊。

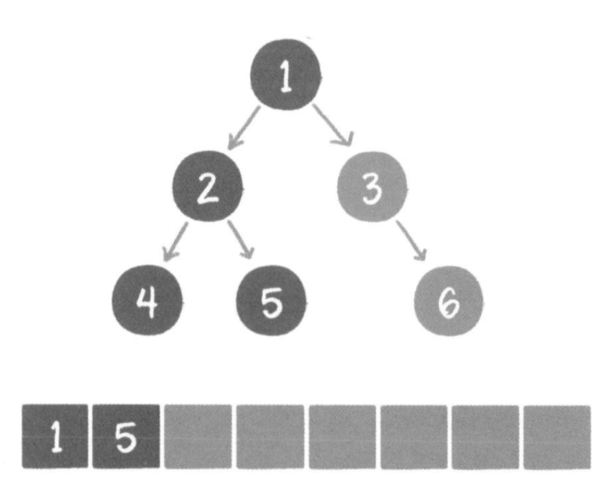

5. 節點 5 既沒有左孩子，也沒有右孩子，我們需要再次回溯，一直回溯到節點 1。所以讓節點 5 推出堆積疊。

   根節點 1 的右孩子是節點 3，節點 1 推出堆積疊，節點 3 推入堆積疊。

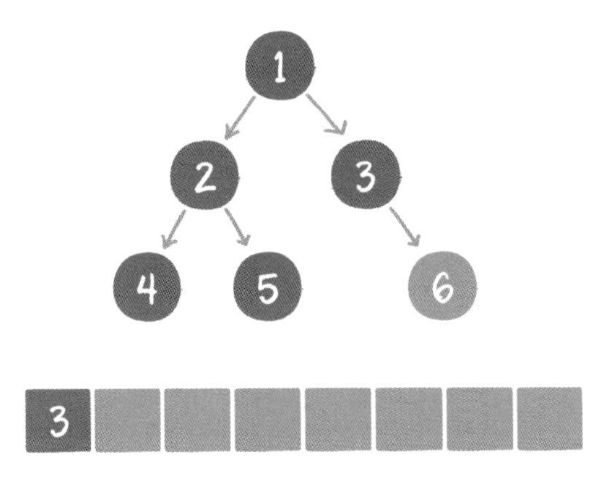

6. 節點 3 的右孩子是節點 6，節點 3 推出堆積疊，節點 6 推入堆積疊。

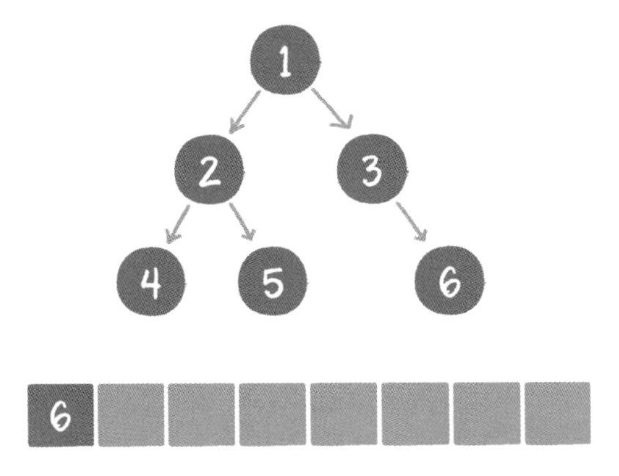

7. 節點 6 既沒有左孩子，也沒有右孩子，所以節點 6 推出堆積疊。此時堆積疊為空，遍訪結束。

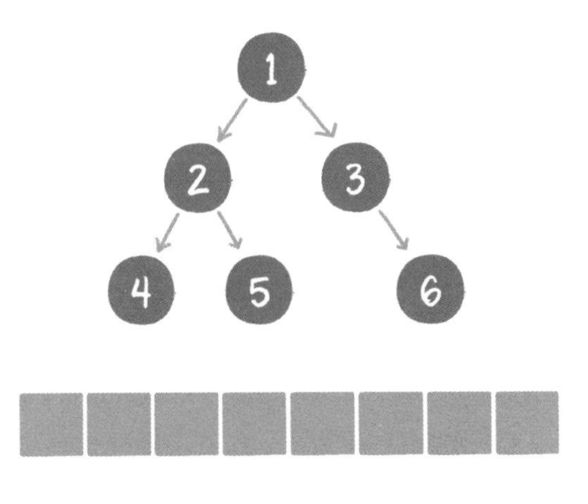

二元樹非遞迴前序遍訪的程式碼已經寫好了，讓我們來看一看。

```
1. /**
2.  * 二元樹非遞迴前序遍訪
3.  * @param root   二元樹根節點
4.  */
5. public static void preOrderTraveralWithStack(TreeNode root){
6.     Stack<TreeNode> stack = new Stack<TreeNode>();
7.     TreeNode treeNode = root;
8.     while(treeNode!=null || !stack.isEmpty()){
9.         //反覆運算存取節點的左孩子，並推入堆積疊
10.        while (treeNode != null){
11.            System.out.println(treeNode.data);
12.            stack.push(treeNode);
13.            treeNode = treeNode.leftChild;
14.        }
15.        //如果節點沒有左孩子，則彈推出堆積疊頂節點，存取節點右孩子
16.        if(!stack.isEmpty()){
17.            treeNode = stack.pop();
18.            treeNode = treeNode.rightChild;
19.        }
20.    }
21.}
```

至於二元樹的中序、後序遍訪的非遞迴實作，思考方式和前序遍訪差不多，都是利用堆積疊來進行回溯。各位讀者要是有興趣的話，可以自己嘗試用程式碼實作一下。

3.2.3 ▸ 廣度優先遍訪

如果說深度優先遍訪是在一個方向上「一頭紮到底」，那麼廣度優先遍訪則恰好相反：先在各個方向上各走出 1 步，再在各個方向上走出第 2 步、第 3 步……一直到各個方向全部走完。聽起來有些抽象，下面讓我們透過二元樹的**層序遍訪**，來看一看廣度優先是怎麼回事。

層序遍訪，顧名思義，就是二元樹按照從根節點到葉子節點的層次關係，一層一層橫向遍訪各個節點。

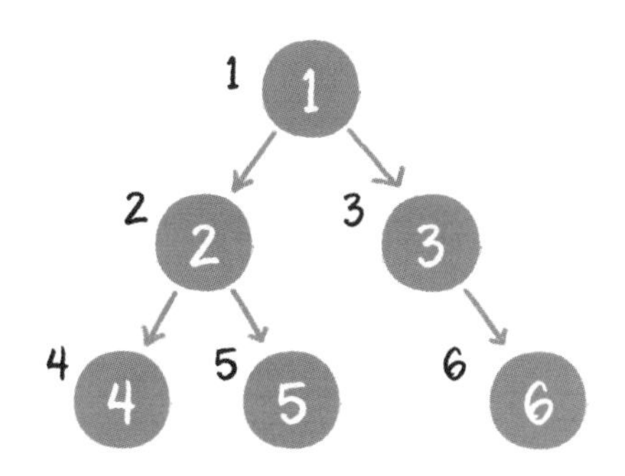

上圖就是一個二元樹的層序遍訪，每個節點左側的序號代表該節點的輸出順序。

可是，二元樹同一層次的節點之間沒有直接關聯，如何實作這種層序遍訪呢？

這裡同樣需要借助一個資料結構來輔助工作，這個資料結構就是佇列。

詳細遍訪步驟如下。

1. 根節點 1 進入佇列。

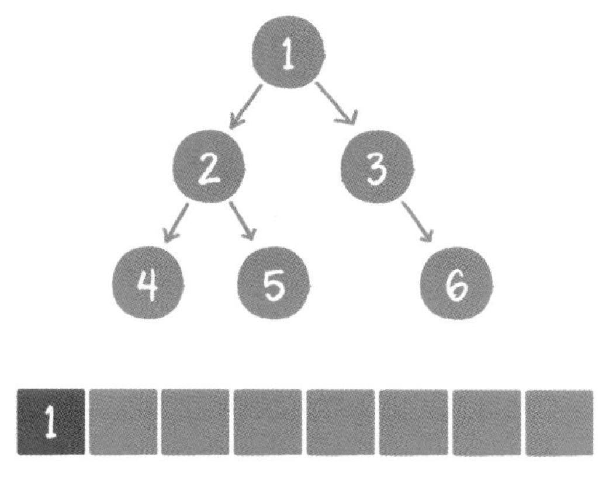

2. 節點 1 出佇列，輸出節點 1，並得到節點 1 的左子節點 2、右子節點 3。讓節點 2 和節點 3 入佇列。

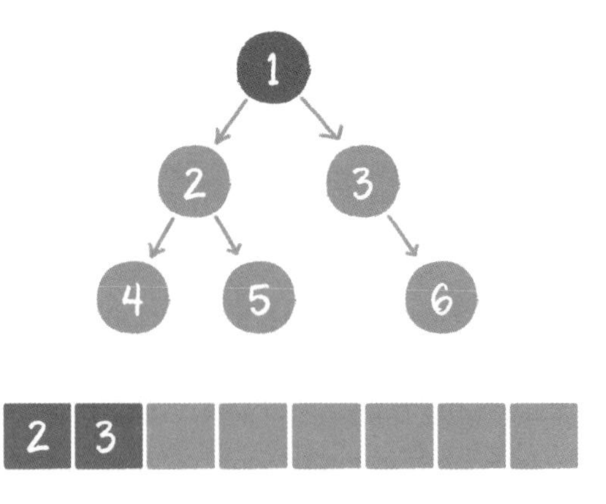

3. 節點 2 出佇列，輸出節點 2，並得到節點 2 的左子節點 4、右子節點 5。讓節點 4 和節點 5 入佇列。

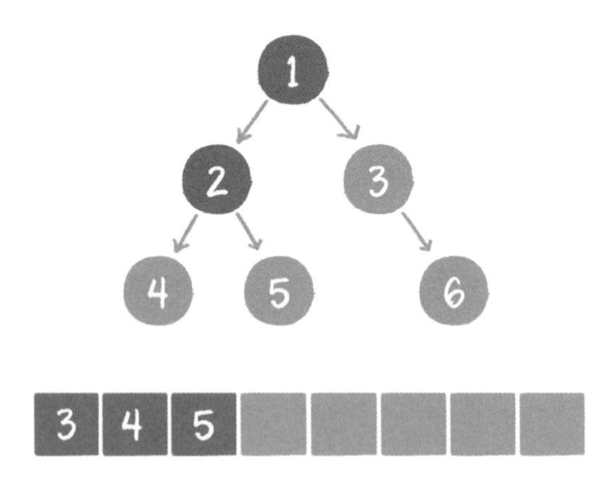

4. 節點 3 出佇列，輸出節點 3，並得到節點 3 的右子節點 6。讓節點 6 進入佇列。

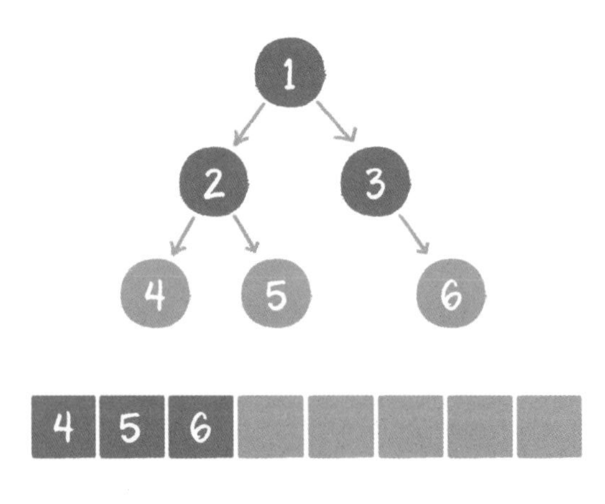

5. 節點 4 出佇列，輸出節點 4，由於節點 4 沒有子節點，所以沒有新節點入佇列。

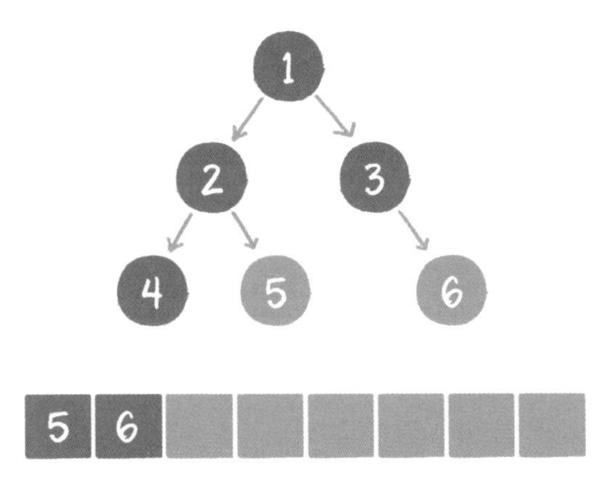

6. 節點 5 出佇列，輸出節點 5，由於節點 5 同樣沒有子節點，所以沒有新節點入佇列。

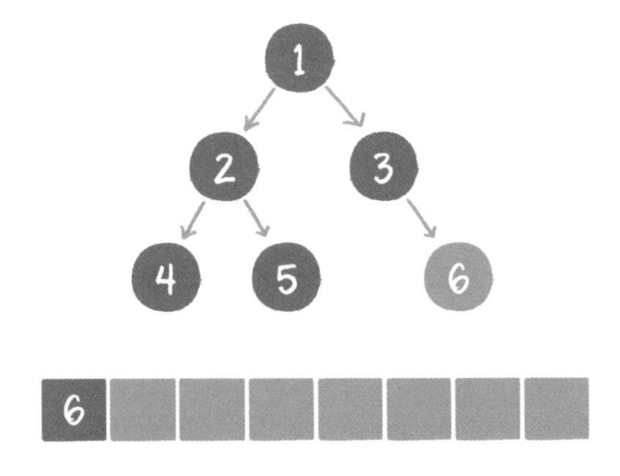

7. 節點 6 出佇列，輸出節點 6，節點 6 沒有子節點，沒有新節點入佇列。

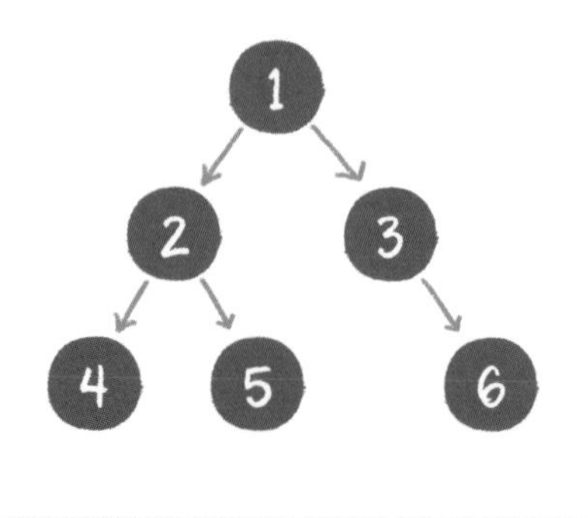

到此為止，所有的節點都遍訪輸出完畢。

這個層序遍訪看起來有點意思，程式碼怎麼寫呢？

程式碼不難寫，讓我們來看一看。

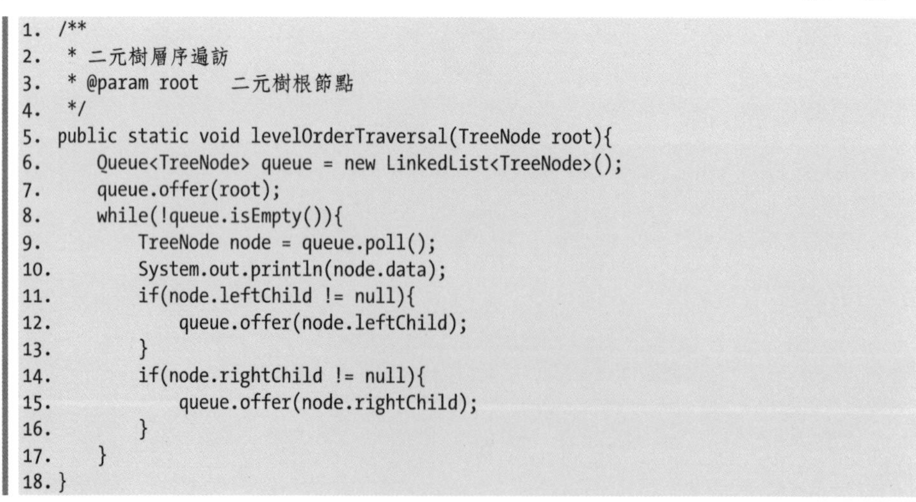

```
1.  /**
2.   * 二元樹層序遍訪
3.   * @param root    二元樹根節點
4.   */
5.  public static void levelOrderTraversal(TreeNode root){
6.      Queue<TreeNode> queue = new LinkedList<TreeNode>();
7.      queue.offer(root);
8.      while(!queue.isEmpty()){
9.          TreeNode node = queue.poll();
10.         System.out.println(node.data);
11.         if(node.leftChild != null){
12.             queue.offer(node.leftChild);
13.         }
14.         if(node.rightChild != null){
15.             queue.offer(node.rightChild);
16.         }
17.     }
18. }
```

基本上明白了，最後想問一下二元樹的層序遍訪可用遞迴來實作嗎？

可以，不過在思考方式上有一點繞。我們把這個作為思考題，聰明的讀者如果有興趣，可以想一想層序遍訪的遞迴實作方法哦！

好了，有關二元樹的遍訪問題，就講到這裡，我們下一節再見！

3.3 什麼是二元堆積

3.3.1 ▸ 初識二元堆積

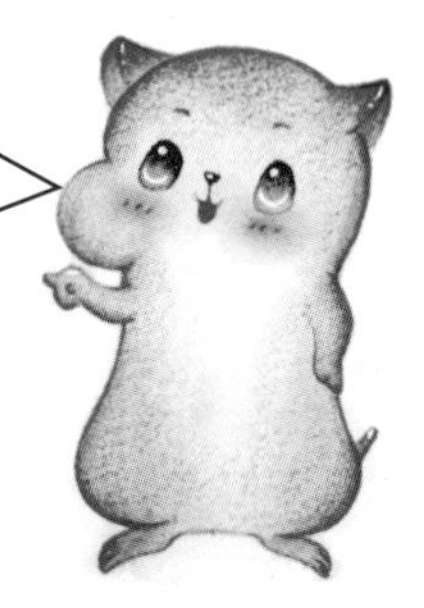

什麼是二元堆積？

二元堆積（binary heap）本質上是一種完全二元樹，它分為兩個類型。

1. 最大堆積。

2. 最小堆積。

什麼是最大堆積呢？最大堆積的任何一個父節點的值，都**大於或等於**它左、右子節點的值。

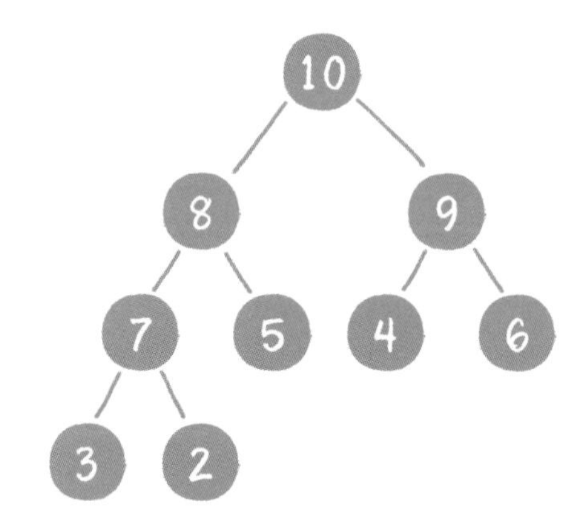

什麼是最小堆積呢？最小堆積的任何一個父節點的值，都小於或等於它左、右子節點的值。

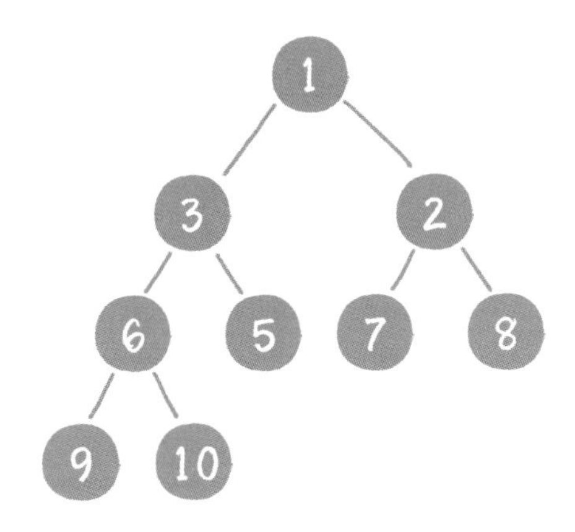

二元堆積的根節點叫作**堆積頂**。

最大堆積和最小堆積的特點決定了：最大堆積的堆積頂是整個堆積中的**最大元素**；最小堆積的堆積頂是整個堆積中的**最小元素**。

那麼，我們如何建構一個堆積呢？

這就需要依靠二元堆積的自我調整了。

3.3.2 ▸ 二元堆積的自我調整

對於二元堆積，有如下幾種操作。

1. **插入節點。**

2. **刪除節點。**

3. **建構二元堆積。**

這幾種操作都基於堆積的自我調整。所謂堆積的自我調整，就是把一個不符合堆積性質的完全二元樹，調整成一個堆積。下面讓我們以最小堆積為例，看一看二元堆積是如何進行自我調整的。

插入節點

當二元堆積插入節點時，插入位置是完全二元樹的最後一個位置。例如插入一個新節點，值是 0。

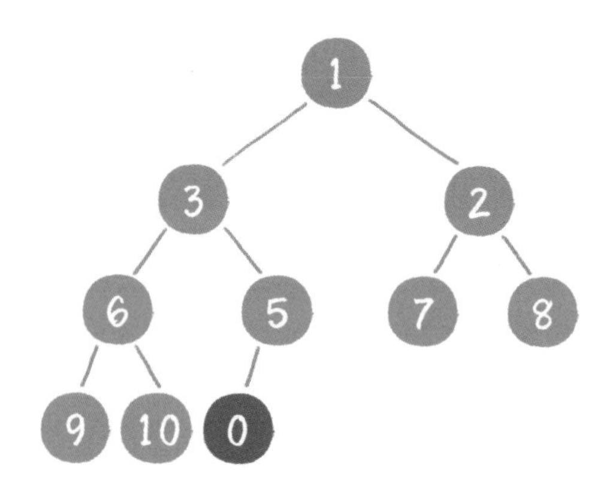

這時，新節點的父節點 5 比 0 大，顯然不符合最小堆積的性質。於是讓新節點「上浮」，和父節點交換位置。

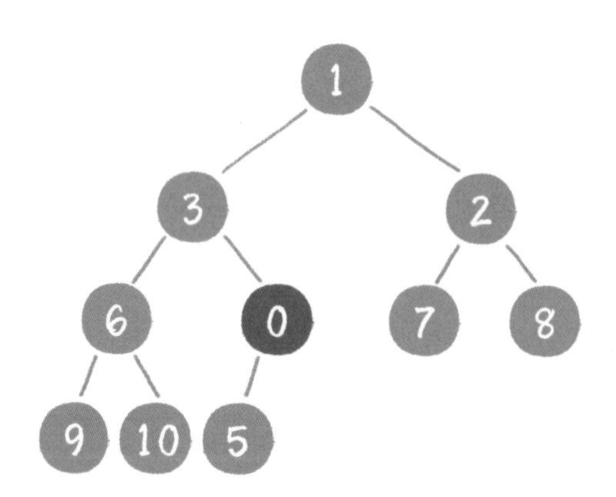

繼續用節點 0 和父節點 3 做比較，因為 0 小於 3，則讓新節點繼續「上浮」。

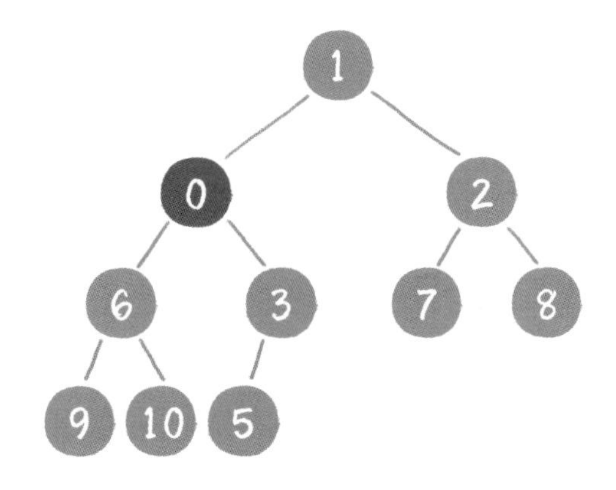

繼續比較，最終新節點 0「上浮」到了堆積頂位置。

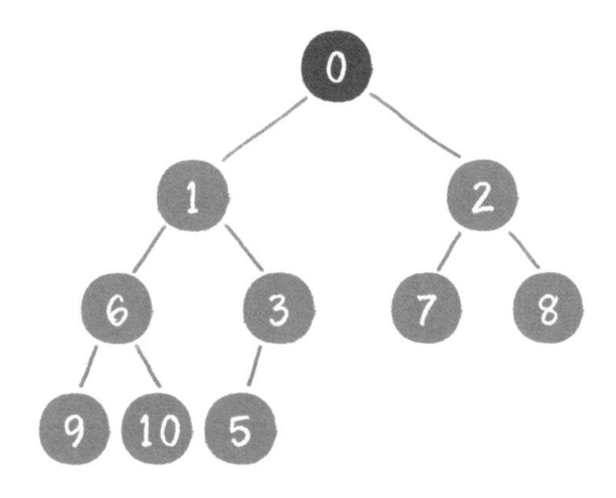

刪除節點

二元堆積刪除節點的過程和插入節點的過程正好相反，所刪除的是處於堆積頂的節點。例如刪除最小堆積的堆積頂節點 1。

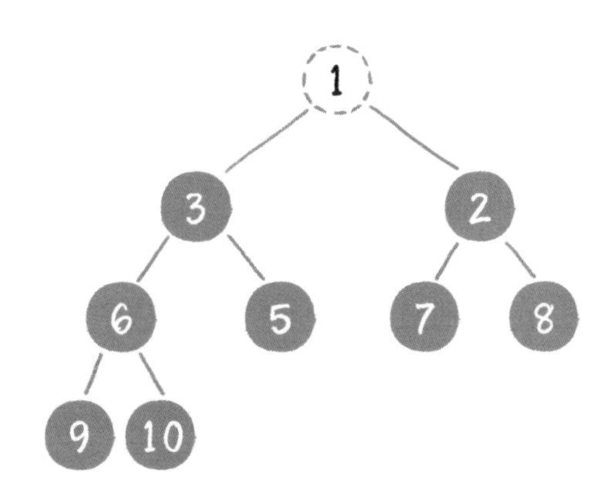

這時，為了繼續維持完全二元樹的結構，我們把堆積的最後一個節點 10 臨時補到原本堆積頂的位置。

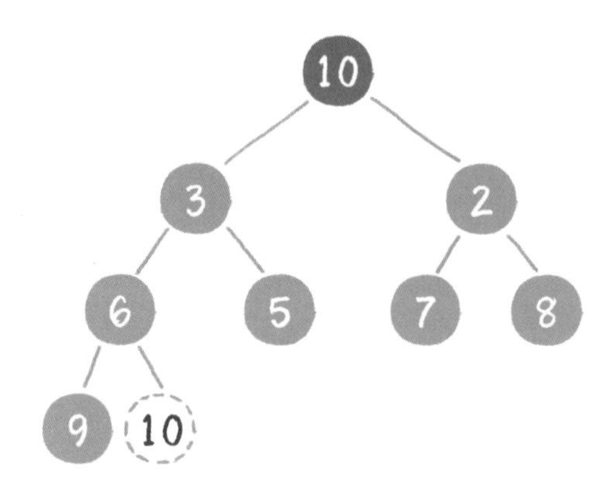

接下來，讓暫處堆積頂位置的節點 10 和它的左、右孩子進行比較，如果左、右子節點中最小的一個（顯然是節點 2）比節點 10 小，那麼讓節點 10「下沉」。

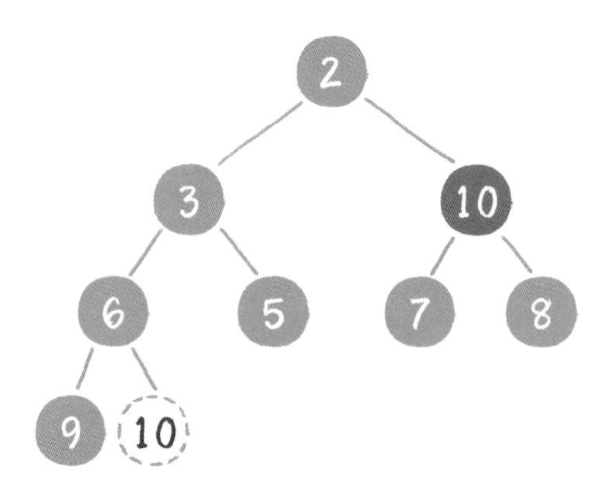

繼續讓節點 10 和它的左、右孩子做比較，左、右孩子中最小的是節點 7，由於 10 大於 7，讓節點 10 繼續「下沉」。

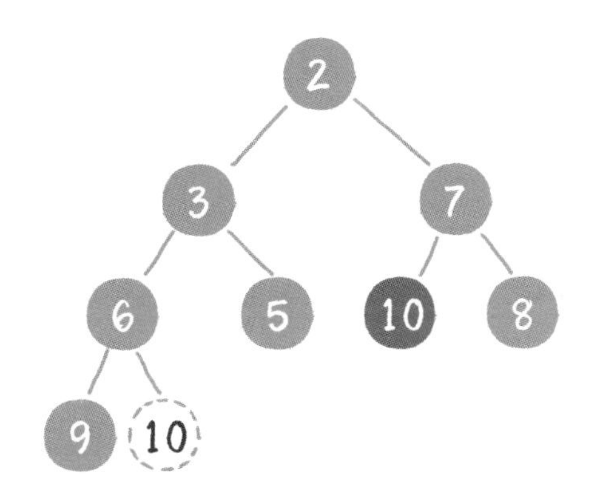

這樣一來，二元堆積重新得到了調整。

建構二元堆積

建構二元堆積，也就是把一個無序的完全二元樹調整為二元堆積，本質就是讓所有非葉子節點依次「下沉」。

下面舉一個無序完全二元樹的例子，如下圖所示。

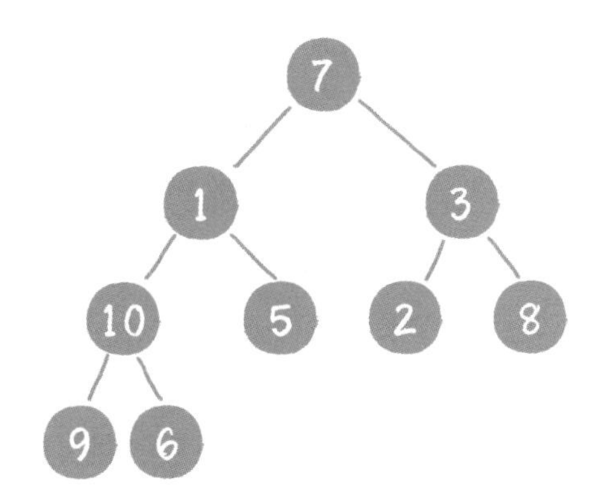

首先，從最後一個非葉子節點開始，也就是從節點 10 開始。如果節點 10 大於它左、右子節點中最小的一個，則節點 10「下沉」。

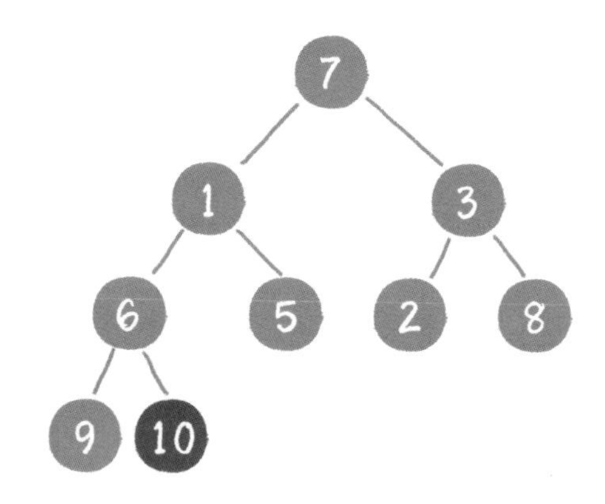

接下來輪到節點3，如果節點3大於它左、右子節點中最小的一個，則節點3「下沉」。

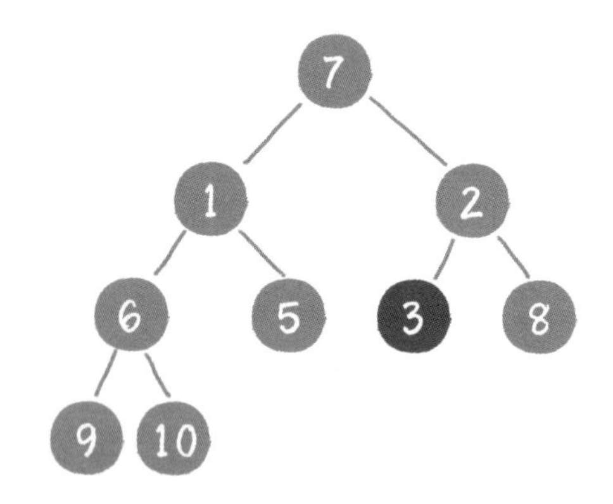

然後輪到節點 1，如果節點 1 大於它左、右子節點中最小的一個，則節點 1「下沉」。事實上節點 1 小於它的左、右孩子，所以不用改變。

接下來輪到節點7，如果節點7大於它左、右子節點中最小的一個，則節點7「下沉」。

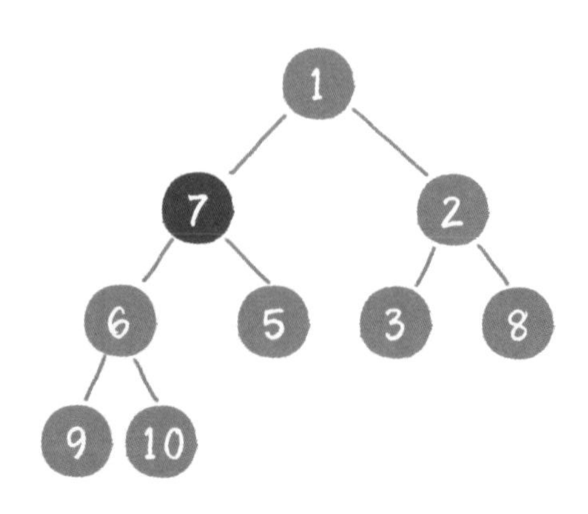

節點 7 繼續比較，繼續「下沉」。

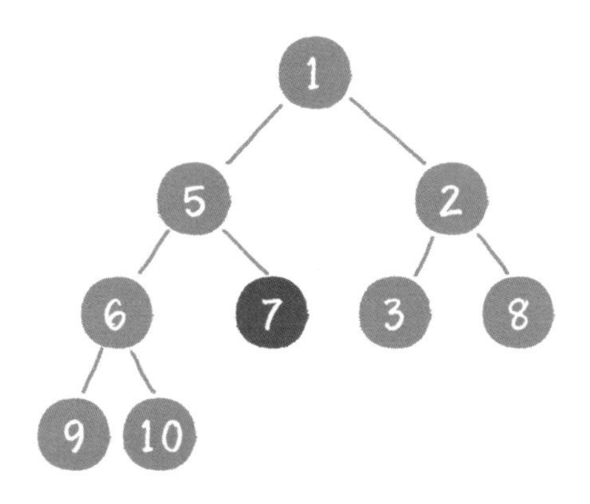

經過上述幾輪比較和「下沉」操作，最終每一節點都小於它的左、右子節點，一個無序的完全二元樹就被建構成了一個最小堆積。

小灰，你思考一下，堆積的插入、刪除、建構操作的時間複雜度各是多少？

堆積的插入操作是單一節點的「上浮」，堆積的刪除操作是單一節點的「下沉」，這兩個操作的平均交換次數都是堆積高度的一半，所以時間複雜度是 $O(\log n)$。至於堆積的建構，需要所有非葉子節點依次「下沉」，所以我覺得時間複雜度應該是 $O(n\log n)$ 吧？

關於堆積的插入和刪除操作，你說的沒有錯，時間複雜度確實是 $O(\log n)$。但建構堆積的時間複雜度卻並不是 $O(n\log n)$，而是 $O(n)$。這涉及數學推導過程，有興趣的話，你可以自己琢磨一下哦。

這二元堆積還真有點意思，要怎麼用程式碼來實作呢？

3.3.3 ▶ 二元堆積的程式碼實作

在展示程式碼之前，我們還需要明確一點：二元堆積雖然是一個完全二元樹，但它的儲存方式並不是鏈式儲存，而是循序儲存。換句話說，二元堆積的所有節點都儲存在陣列中。

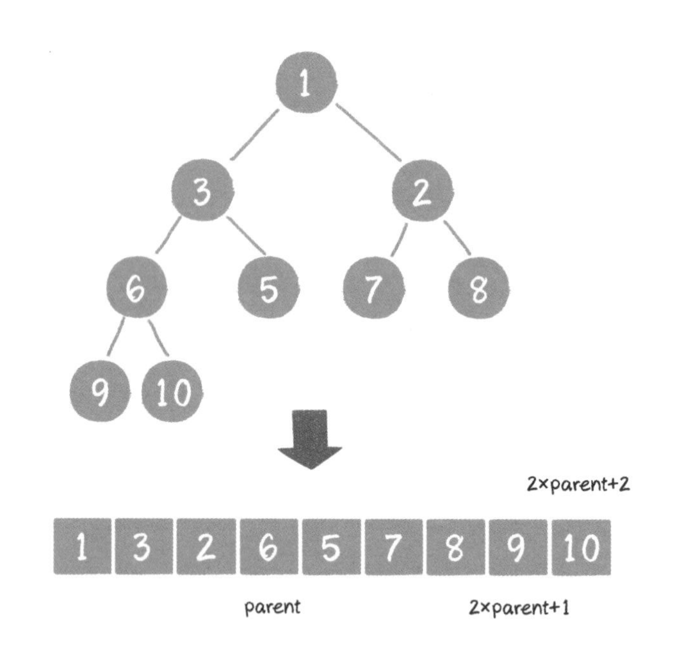

陣列中，在沒有左、右指標的情況下，如何定位一個父節點的左孩子和右孩子呢？

像上圖那樣，可以依靠陣列足標來計算。

假設父節點的足標是 parent，那麼它的左孩子足標就是 2×parent+1；右孩子足標就是 2×parent+2。

例如上面的例子中，節點 6 包含 9 和 10 兩個子節點，節點 6 在陣列中的足標是 3，節點 9 在陣列中的足標是 7，節點 10 在陣列中的足標是 8。

那麼，

7 = 3×2+1，
8 = 3×2+2，

剛好符合規律。

有了這個前提，下面的程式碼就更好理解了。

```
1. /**
2.  * 「上浮」調整
3.  * @param array     待調整的堆積
4.  */
5. public static void upAdjust(int[] array) {
6.     int childIndex = array.length-1;
7.     int parentIndex = (childIndex-1)/2;
8.     // temp 保存插入的葉子節點值，用於最後的指定值
9.     int temp = array[childIndex];
10.    while (childIndex > 0 && temp < array[parentIndex])
11.    {
12.    //無須真正交換，單向指定值即可
13.        array[childIndex] = array[parentIndex];
14.        childIndex = parentIndex;
15.        parentIndex = (parentIndex-1) / 2;
16.    }
17.    array[childIndex] = temp;
18. }
19.
20.
21. /**
22.  * 「下沉」調整
23.  * @param array          待調整的堆積
24.  * @param parentIndex          要「下沉」的父節點
25.  * @param length               堆積的有效大小
26.  */
27. public static void downAdjust(int[] array, int parentIndex,
                              int length) {
28.    // temp 保存父節點值，用於最後的指定值
29.    int temp = array[parentIndex];
30.    int childIndex = 2 * parentIndex + 1;
31.    while (childIndex < length) {
32.    // 如果有右孩子，且右孩子小於左孩子的值，則定位到右孩子
33.        if (childIndex + 1 < length && array[childIndex + 1] <
                                 array[childIndex]) {
34.            childIndex++;
35.        }
36.    // 如果父節點小於任何一個孩子的值，則直接跳出
37.        if (temp <= array[childIndex])
38.            break;
39.    //無須真正交換，單向指定值即可
40.        array[parentIndex] = array[childIndex];
41.        parentIndex = childIndex;
42.        childIndex = 2 * childIndex + 1;
43.    }
44.    array[parentIndex] = temp;
45. }
46.
47. /**
48.  * 建構堆積
49.  * @param array     待調整的堆積
50.  */
51. public static void buildHeap(int[] array) {
```

```
52.     // 從最後一個非葉子節點開始，依次做「下沉」調整
53.     for (int i = (array.length-2)/2; i>=0; i--) {
54.         downAdjust(array, i, array.length);
55.     }
56. }
57.
58. public static void main(String[] args) {
59.     int[] array = new int[] {1,3,2,6,5,7,8,9,10,0};
60.     upAdjust(array);
61.     System.out.println(Arrays.toString(array));
62.
63.     array = new int[] {7,1,3,10,5,2,8,9,6};
64.     buildHeap(array);
65.     System.out.println(Arrays.toString(array));
66. }
```

程式碼中有一個優化的點，就是在父節點和子節點做連續交換時，並不一定要真的交換，只需要先把交換一方的值存入 temp 變數，做單向覆蓋，迴圈結束後，再把 temp 的值存入交換後的最終位置即可。

說明了這麼多關於二元堆積的知識，二元堆積究竟有什麼用處呢？

二元堆積是實作堆積排序及優先佇列的基礎。
關於這兩者，我們會在後續的章節中詳細介紹。

3.4 什麼是優先佇列

3.4.1 ▸ 優先佇列的特點

佇列的特點是什麼？

在之前的章節中已經講過，佇列的特點是**先進先出（FIFO）**。

入佇列，將新元素置於佇列尾：

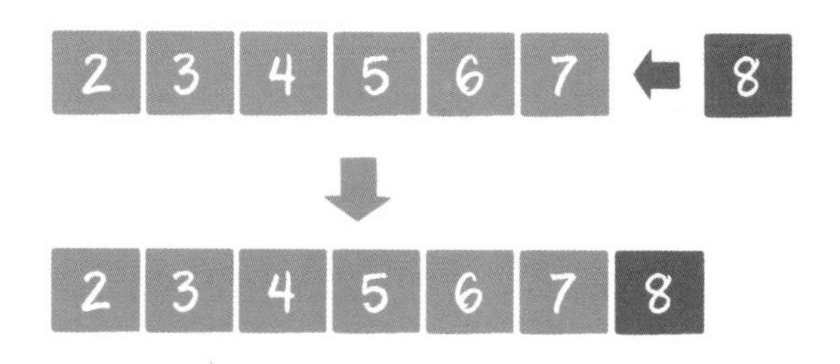

出佇列，佇列頭元素最先被移出：

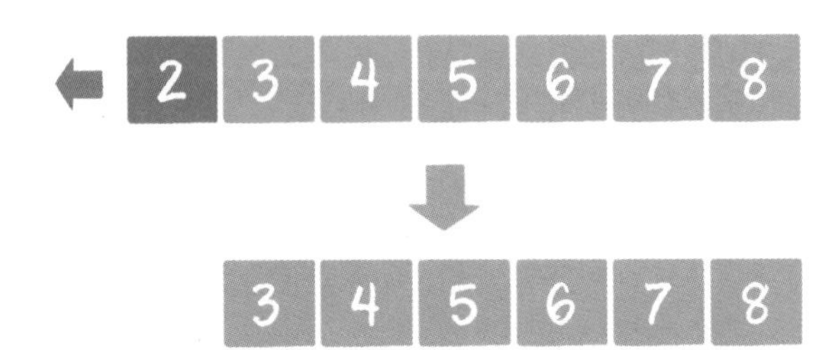

那麼，優先佇列又是什麼樣子呢？

優先佇列不再遵循先入先出的原則，而是分為兩種情況。

- **最大優先佇列，無論入佇列順序如何，都是目前最大的元素優先出佇列**
- **最小優先佇列，無論入佇列順序如何，都是目前最小的元素優先出佇列**

例如有一個最大優先佇列，其中的最大元素是 8，那麼雖然 8 並不是佇列頭元素，但出佇列時仍然讓元素 8 首先出佇列。

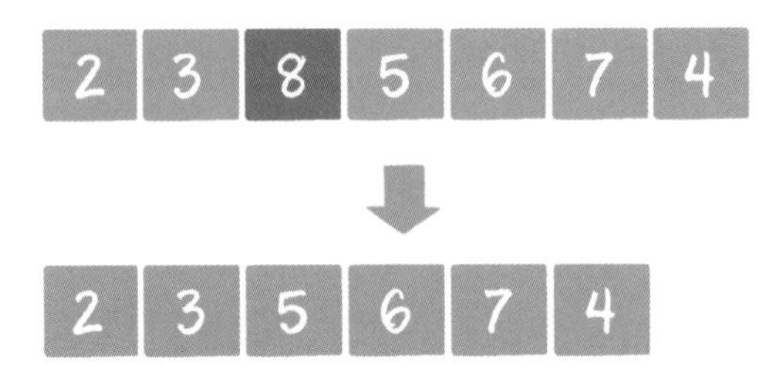

要實作以上需求，利用線性資料結構並非不能實作，但是時間複雜度較高。

哎呀，那該怎麼辦呢？

別擔心，這時候我們的二元堆積就派上用場了。

3.4.2 ▶ 優先佇列的實作

先來回顧一下二元堆積的特性。

1. 最大堆積的堆積頂是整個堆積中的最大元素。

2. 最小堆積的堆積頂是整個堆積中的最小元素。

因此，可以用最大堆積來實作最大優先佇列，這樣的話，每一次入佇列操作就是堆積的插入操作，每一次出佇列操作就是刪除堆積頂節點。

入佇列操作具體步驟如下。

1. 插入新節點 5。

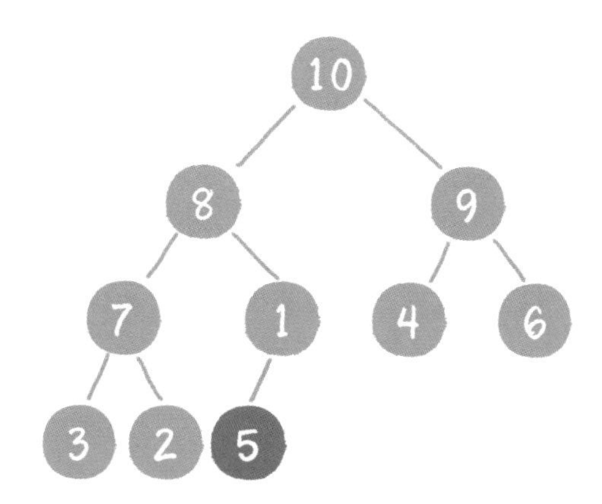

2. 新節點 5「上浮」到合適位置。

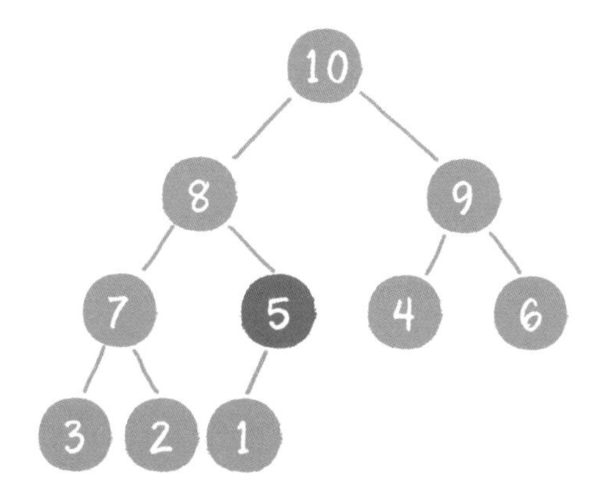

出佇列操作具體步驟如下。

1. 讓原堆積頂節點 10 出佇列。

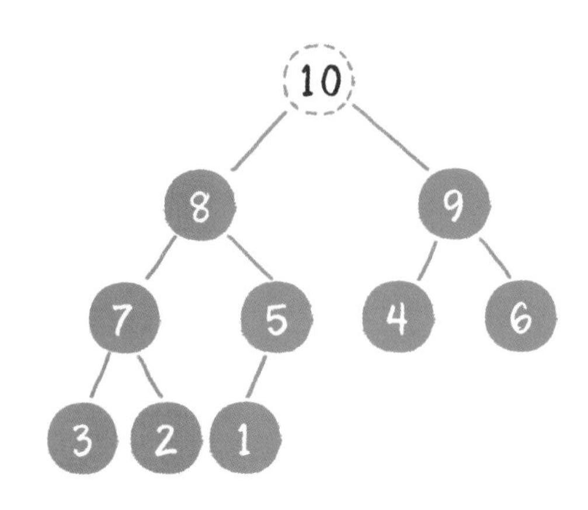

2. 把最後一個節點 1 替換到堆積頂位置。

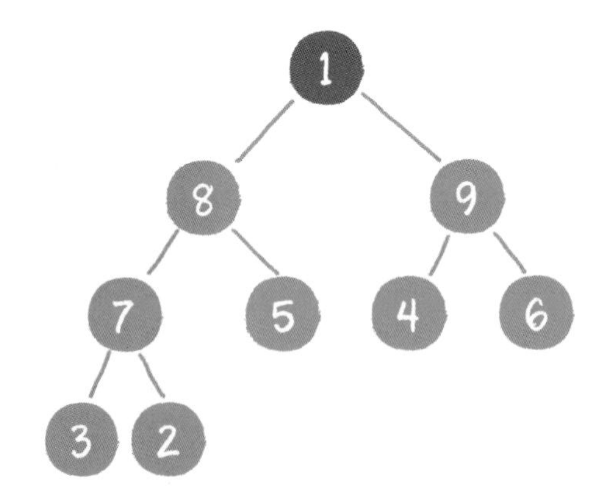

3.　節點 1「下沉」，節點 9 成為新堆積頂。

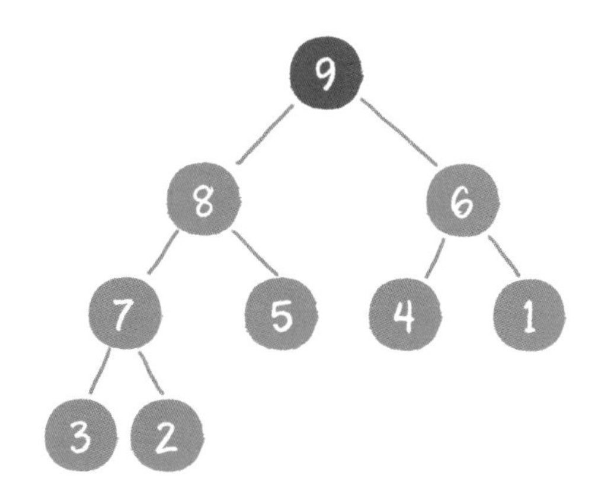

小灰，你說說這個優先佇列的入佇列和出佇列操作，時間複雜度分別是多少？

二元堆積節點「上浮」和「下沉」的時間複雜度都是 ***O*(log*n*)**，所以優先隊列入佇列和出佇列的時間複雜度也是 ***O*(log*n*)**！

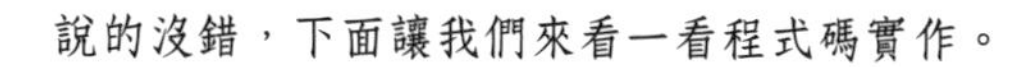

說的沒錯，下面讓我們來看一看程式碼實作。

```
1. private int[] array;
2. private int size;
3. public PriorityQueue(){
4.     //佇列初始長度為 32
5.     array = new int[32];
6. }
7. /**
8.  * 入佇列
9.  * @param key  入佇列元素
10. */
11. public void enQueue(int key) {
12.     //佇列長度超出範圍，擴充容量
13.     if(size >= array.length){
14.         resize();
15.     }
16.     array[size++] = key;
17.     upAdjust();
18. }
19.
```

```
20. /**
21.  * 出佇列
22.  */
23. public int deQueue() throws Exception {
24.     if(size <= 0){
25.         throw new Exception("the queue is empty !");
26.     }
27.     //獲取堆積頂元素
28.     int head = array[0];
29.     //讓最後一個元素移動到堆積頂
30.     array[0] = array[--size];
31.     downAdjust();
32.     return head;
33. }
34. /**
35.  * 「上浮」調整
36.  */
37. private void upAdjust() {
38.     int childIndex = size-1;
39.     int parentIndex = (childIndex-1)/2;
40.     // temp 保存插入的葉子節點值，用於最後的指定值
41.     int temp = array[childIndex];
42.     while (childIndex > 0 && temp > array[parentIndex])
43.     {
44.         //無須真正交換，單向指定值即可
45.         array[childIndex] = array[parentIndex];
46.         childIndex = parentIndex;
47.         parentIndex = parentIndex / 2;
48.     }
49.     array[childIndex] = temp;
50. }
51. /**
52.  * 「下沉」調整
53.  */
54. private void downAdjust() {
55.     // temp 保存父節點的值，用於最後的指定值
56.     int parentIndex = 0;
57.     int temp = array[parentIndex];
58.     int childIndex = 1;
59.     while (childIndex < size) {
60.         // 如果有右孩子，且右孩子大於左孩子的值，則定位到右孩子
61.         if (childIndex + 1 < size && array[childIndex + 1] >
                                        array[childIndex]) {
62.             childIndex++;
63.         }
64.         // 如果父節點大於任何一個孩子的值，直接跳出
65.         if (temp >= array[childIndex])
66.             break;
67.         //無須真正交換，單向指定值即可
68.         array[parentIndex] = array[childIndex];
69.         parentIndex = childIndex;
70.         childIndex = 2 * childIndex + 1;
71.     }
72.     array[parentIndex] = temp;
73. }
```

```
74.
75. /**
76.  * 佇列擴充容量
77.  */
78. private void resize() {
79.     //佇列容量翻倍
80.     int newSize = this.size * 2;
81.     this.array = Arrays.copyOf(this.array, newSize);
82. }
83.
84. public static void main(String[] args) throws Exception {
85.     PriorityQueue priorityQueue = new PriorityQueue();
86.     priorityQueue.enQueue(3);
87.     priorityQueue.enQueue(5);
88.     priorityQueue.enQueue(10);
89.     priorityQueue.enQueue(2);
90.     priorityQueue.enQueue(7);
91.     System.out.println("出佇列元素：" + priorityQueue.deQueue());
92.     System.out.println("出佇列元素：" + priorityQueue.deQueue());
93. }
```

上述程式碼採用陣列來儲存二元堆積的元素，因此當元素數量超過陣列長度時，需要進行擴充容量來擴大陣列長度。

好了，關於優先佇列我們就介紹到這裡，下一章再見！

3.5 小結

■ 什麼是樹

樹是 n 個節點的有限集，有且僅有一個特定的稱為根的節點。當 $n > 1$ 時，其餘節點可分為 m 個互不相交的有限集，每一個集合本身又是一個樹，並稱為根的子樹。

■ 什麼是二元樹

二元樹是樹的一種特殊形式，每一個節點最多有兩個子節點。二元樹包含完全二元樹和滿二元樹兩種特殊形式。

■ 二元樹的遍訪方式有幾種

根據遍訪節點之間的關係，可以分為前序遍訪、中序遍訪、後序遍訪、層序遍訪這 4 種方式；從更宏觀的角度劃分，可以劃分為深度優先遍訪和廣度優先遍訪兩大類。

■ 什麼是二元堆積

二元堆積是一種特殊的完全二元樹，分為最大堆積和最小堆積。

在最大堆積中，任何一個父節點的值，都大於或等於它左、右子節點的值。

在最小堆積中，任何一個父節點的值，都小於或等於它左、右子節點的值。

■ 什麼是優先佇列

優先佇列分為最大優先佇列和最小優先佇列。

在最大優先佇列中，無論入佇列順序如何，目前最大的元素都會優先出佇列，這是基於最大堆積實作的。

在最小優先佇列中，無論入佇列順序如何，目前最小的元素都會優先出佇列，這是基於最小堆積實作的。

第 4 章

排序演算法

4.1 引言

生活中離不開排序。例如上體育課時，同學們會按照身高順序進行排隊；又如每一場考試後，老師會按照考試成績排名次。

在程式設計的世界中，應用到排序的場合比比皆是。例如當開發一個學生管理系統時，需要按照學號從小到大進行排序；當開發一個電商平臺時，需要把同類商品按價格從低到高進行排序；當開發一款遊戲時，需要按照遊戲得分從多到少進行排序，排名第一的玩家就是本場比賽的 MVP；上市遊戲的人氣排行…等等。

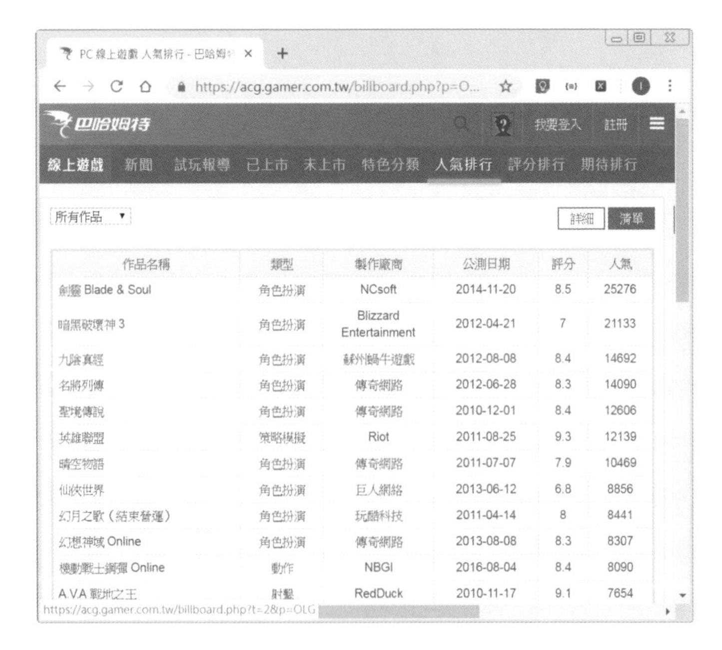

作品名稱	類型	製作廠商	公測日期	評分	人氣
劍靈 Blade & Soul	角色扮演	NCsoft	2014-11-20	8.5	25276
暗黑破壞神 3	角色扮演	Blizzard Entertainment	2012-04-21	7	21133
九陰真經	角色扮演	蘇州蝸牛遊戲	2012-08-08	8.4	14692
名將列傳	角色扮演	傳奇網路	2012-06-28	8.3	14090
聖境傳說	角色扮演	傳奇網路	2010-12-01	8.4	12606
英雄聯盟	策略模擬	Riot	2011-08-25	9.3	12139
晴空物語	角色扮演	傳奇網路	2011-07-07	7.9	10469
仙俠世界	角色扮演	巨人網絡	2013-06-12	6.8	8856
幻月之歌（結束營運）	角色扮演	玩酷科技	2011-04-14	8	8441
幻想神域 Online	角色扮演	傳奇網路	2013-08-08	8.3	8307
機動戰士鋼彈 Online	動作	NBGI	2016-08-04	8.4	8090
A.V.A 戰地之王	射擊	RedDuck	2010-11-17	9.1	7654

由此可見，排序無處不在。

排序看似簡單，它的背後卻隱藏著多種多樣的演算法和思維。那麼常用的排序演算法都有哪些呢？

根據時間複雜度的不同，主流的排序演算法可以分為 3 大類。

時間複雜度為 $O(n^2)$ 的排序演算法

- 氣泡排序
- 選擇排序
- 插入排序
- 希爾排序（希爾排序比較特殊，它的效能略優於 $O(n^2)$，但又比不上 $O(n\log n)$，姑且把它歸入本類）

時間複雜度為 $O(n\log n)$ 的排序演算法

- 快速排序
- 歸併排序
- 堆積排序

時間複雜度為線性的排序演算法

- 計數排序
- 桶排序
- 基數排序

當然，以上列舉的只是最主流的排序演算法，在演算法界還存在著更多五花八門的排序，它們有些基於傳統排序變形而來；有些則是腦洞大開，如雞尾酒排序、猴子排序、睡眠排序等。

此外，排序演算法還可以根據其穩定性，分為**穩定排序**和**不穩定排序**。

即如果值相同的元素在排序後仍然保持著排序前的順序，則這樣的排序演算法是穩定排序；如果值相同的元素在排序後打亂了排序前的順序，則這樣的排序演算法是不穩定排序。例如下面的例子。

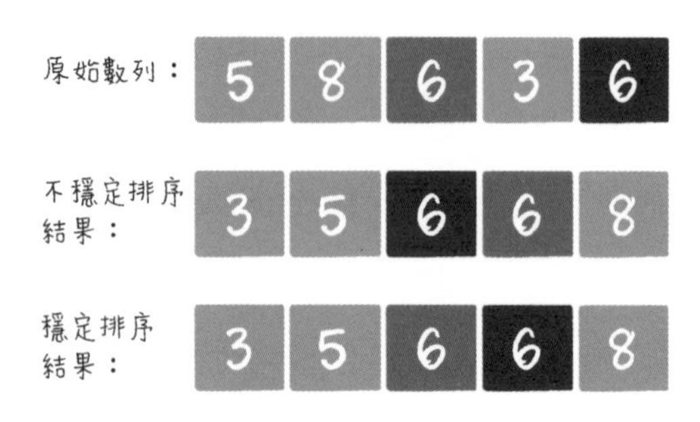

大多數場合中，值相同的元素誰先誰後都無妨。但是在某些場合下，值相同的元素必須保持原有的順序。

由於篇幅所限，我們無法把所有的排序演算法都一一詳細講述。在本章中，將只講述幾個具有代表性的排序演算法：氣泡排序、快速排序、堆積排序、計數排序、桶排序。

下面就要帶領大家進入有趣的排序世界了，請「坐穩扶好」！

4.2 什麼是氣泡排序

4.2.1 ▸ 初識氣泡排序

什麼是氣泡排序？

氣泡排序的英文是 bubble sort，它是一種基礎的**交換排序**。

大家一定都喝過汽水，汽水中常常有許多小小的氣泡嘩啦嘩啦飄到上面來。這是因為組成小氣泡的二氧化碳比水輕，所以小氣泡可以一點一點地向上浮動。

氣泡排序之所以叫氣泡排序，正是因為這種排序演算法的每一個元素都可以像小氣泡一樣，根據自身大小，一點一點地向著陣列的一側移動。

具體如何移動呢？讓我們先來看一個例子。

有 8 個數字組成一個無序數列 {5,8,6,3,9,2,1,7}，希望按照從小到大的順序對其進行排序。

按照氣泡排序的思考方式，我們要把相鄰的元素兩兩比較，當一個元素大於右側相鄰元素時，交換它們的位置；當一個元素小於或等於右側相鄰元素時，位置不變。詳細過程如下。

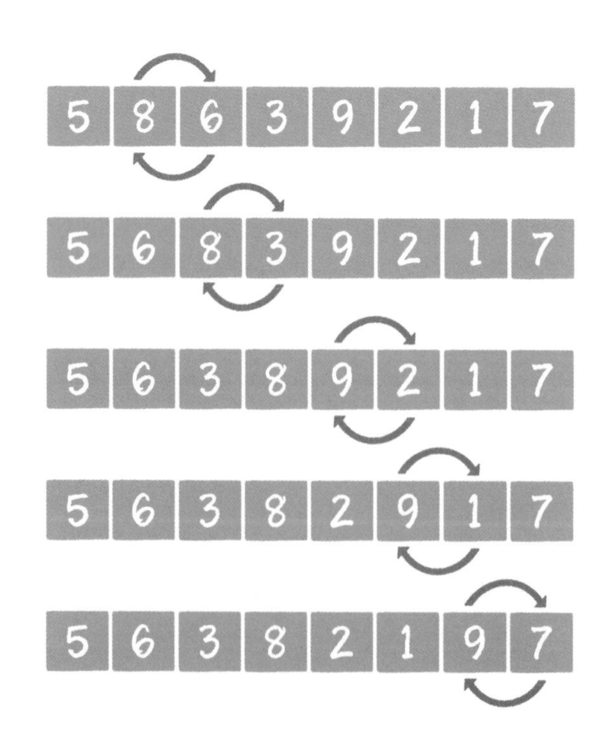

這樣一來，元素 9 作為數列中最大的元素，就像是汽水裡的小氣泡一樣，「浮」到了最右側。

這時，氣泡排序的第 1 輪就結束了。數列最右側元素 9 的位置可以認為是一個有序區域，有序區域目前只有 1 個元素。

下面，讓我們來進行第 2 輪排序。

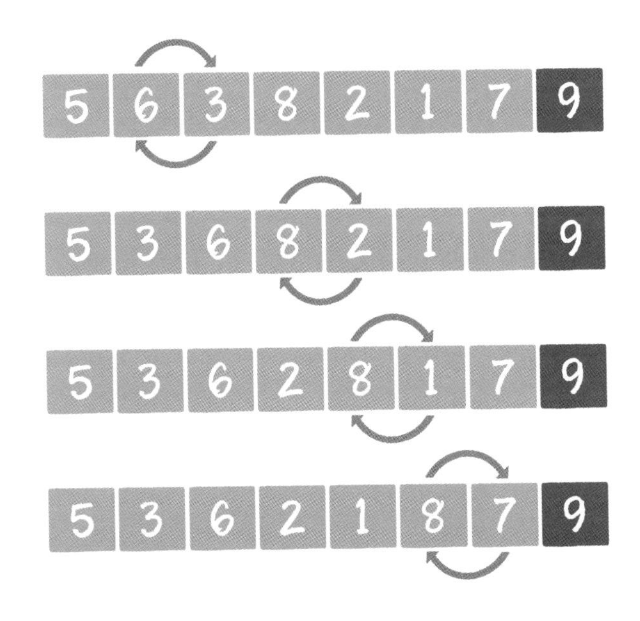

第 2 輪排序結束後，數列右側的有序區有了 2 個元素，順序如下。

5	3	6	2	1	7	8	9

後續的交換細節，這裡就不詳細描述了，第 3 輪到第 7 輪的狀態如下。

3	5	2	1	6	7	8	9	第 3 輪
3	2	1	5	6	7	8	9	第 4 輪
2	1	3	5	6	7	8	9	第 5 輪
1	2	3	5	6	7	8	9	第 6 輪
1	2	3	5	6	7	8	9	第 7 輪

到此為止，所有元素都是有序的了，這就是氣泡排序的整體思考方式。

氣泡排序是一種**穩定排序**，值相等的元素並不會打亂原本的順序。由於該排序演算法的每一輪都要遍訪所有元素，總共遍訪（**元素數量-1**）輪，所以平均時間複雜度是 $O(n^2)$。

OK，氣泡排序的思考方式我大概明白了，那麼，怎麼用程式碼實作呢？

原始的氣泡排序程式碼我寫了一下，你來看一看。

氣泡排序第 1 版程式碼示例如下：

```
1. public static void sort(int array[])
2. {
3.     for(int i = 0; i < array.length - 1; i++)
4.     {
5.         for(int j = 0; j < array.length - i - 1; j++)
6.         {
7.             int tmp  = 0;
8.             if(array[j] > array[j+1])
9.             {
10.                tmp = array[j];
11.                array[j] = array[j+1];
12.                array[j+1] = tmp;
13.            }
14.        }
15.    }
16. }
17.
18. public static void main(String[] args){
19.    int[] array = new int[]{5,8,6,3,9,2,1,7};
20.    sort(array);
21.    System.out.println(Arrays.toString(array));
22. }
```

程式碼非常簡單，使用雙迴圈進行排序。外部迴圈控制所有的回合，內部迴圈實作每一輪的氣泡處理，先進行元素比較，再進行元素交換。

原來如此，氣泡排序的程式碼並不難理解呢。

這只是氣泡排序的原始實作，還存在很大的最佳化空間呢。

4.2.2 ▸ 氣泡排序的最佳化

原始的氣泡排序有哪些地方可以最佳化呢？

讓我們回顧一下剛才描述的排序細節，仍然以 {5,8,6,3,9,2,1,7} 這個數列為例，當排序演算法分別執行到第 6、第 7 輪時，數列狀態如下。

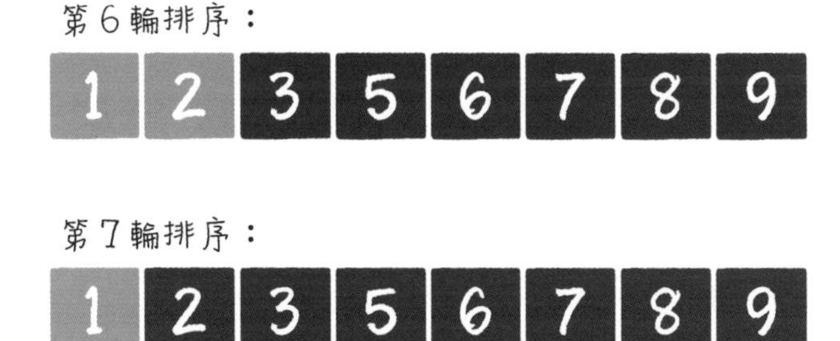

很明顯可以看出，經過第 6 輪排序後，整個數列已然是有序的了。可是排序演算法仍然兢兢業業地繼續執行了第 7 輪排序。

在這種情況下，如果能判斷出數列已經有序，並做出標記，那麼剩下的幾輪排序就不必執行了，可以提前結束工作。

氣泡排序第 2 版程式碼示例如下：

```
1.  public static void sort(int array[])
2.  {
3.      for(int i = 0; i < array.length - 1; i++)
4.      {
5.          //有序標記，每一輪的初始值都是true
6.          boolean isSorted = true;
7.          for(int j = 0; j < array.length - i - 1; j++)
8.          {
9.              int tmp  = 0;
10.             if(array[j] > array[j+1])
11.             {
12.                 tmp = array[j];
13.                 array[j] = array[j+1];
14.                 array[j+1] = tmp;
15.         //因為有元素進行交換，所以不是有序的，標記變為false
16.                 isSorted = false;
17.             }
18.         }
19.         if(isSorted){
20.             break;
```

```
21.         }
22.     }
23. }
24.
25. public static void main(String[] args){
26.     int[] array = new int[]{5,8,6,3,9,2,1,7};
27.     sort(array);
28.     System.out.println(Arrays.toString(array));
29. }
```

與第 1 版程式碼相比，第 2 版程式碼做了小小的改動，利用布林變數 isSorted 作為標記。如果在本輪排序中，元素有交換，則說明數列無序；如果沒有元素交換，則說明數列已然有序，然後直接跳出大迴圈。

不錯呀，原來氣泡排序還可以這樣最佳化。

這只是氣泡排序最佳化的第一步，我們還可以進一步來提升它的效能。

為了說明問題，這次以一個新的數列為例。

3	4	2	1	5	6	7	8

這個數列的特點是前半部分的元素（3、4、2、1）無序，後半部分的元素（5、6、7、8）按昇冪排列，並且後半部分元素中的最小值也大於前半部分元素的最大值。

下面按照氣泡排序的思考方式來進行排序，看一看具體效果。

第 1 輪

元素 4 和 5 比較，發現 4 小於 5，所以位置不變。

元素 5 和 6 比較，發現 5 小於 6，所以位置不變。

元素 6 和 7 比較，發現 6 小於 7，所以位置不變。

元素 7 和 8 比較，發現 7 小於 8，所以位置不變。

第 1 輪結束，數列有序區包含 1 個元素。

第 2 輪

元素 3 和 2 比較，發現 3 大於 2，所以 3 和 2 交換。

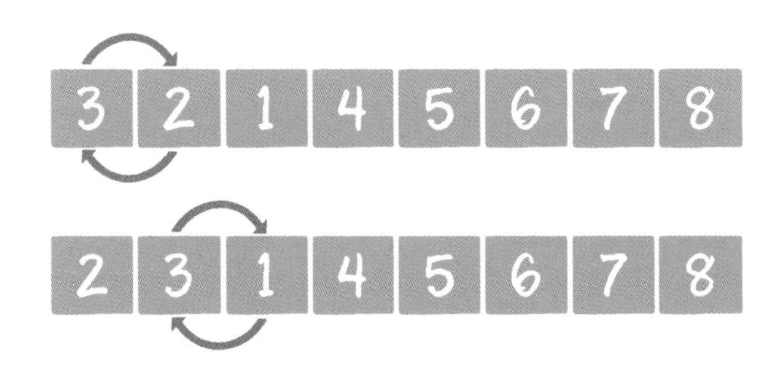

元素 3 和 4 比較，發現 3 小於 4，所以位置不變。

元素 4 和 5 比較，發現 4 小於 5，所以位置不變。

元素 5 和 6 比較，發現 5 小於 6，所位位置不變。

元素 6 和 7 比較，發現 6 小於 7，所以位置不變。

元素 7 和 8 比較，發現 7 小於 8，所以位置不變。

第 2 輪結束，數列有序區包含 2 個元素。

小灰，你發現其中的問題了嗎？

其實右面的許多元素已經是有序的了，可是每一輪還是白白地比較了許多次。

沒錯，這正是氣泡排序中另一個需要最佳化的點。

這個問題的關鍵點在於對數列有序區的界定。

按照現有的邏輯，有序區的長度和排序的輪數是相等的。例如第 1 輪排序過後的有序區長度是 1，第 2 輪排序過後的有序區長度是 2 ……

實際上，數列真正的有序區可能會大於這個長度，如上述例子中在第 2 輪排序時，後面的 5 個元素實際上都已經屬於有序區了。因此後面的多次元素比較是沒有意義的。

那麼，該如何避免這種情況呢？我們可以在每一輪排序後，記錄下來最後一次元素交換的位置，該位置即為無序數列的邊界，再往後就是有序區了。

氣泡排序第 3 版程式碼示例如下：

```
1.  public static void sort(int array[])
2.  {
3.      //記錄最後一次交換的位置
4.      int lastExchangeIndex = 0;
5.      //無序數列的邊界，每次比較只需要比到這裡為止
6.      int sortBorder = array.length - 1;
7.      for(int i = 0; i < array.length - 1; i++)
8.      {
9.          //有序標記，每一輪的初始值都是 true
10.         boolean isSorted = true;
11.         for(int j = 0; j < sortBorder; j++)
12.         {
13.             int tmp  = 0;
14.             if(array[j] > array[j+1])
15.             {
16.                 tmp = array[j];
17.                 array[j] = array[j+1];
18.                 array[j+1] = tmp;
19.                 //因為有元素進行交換，所以不是有序的，標記變為 false
20.                 isSorted = false;
```

```
21.                 //更新為最後一次交換元素的位置
22.                 lastExchangeIndex = j;
23.             }
24.         }
25.         sortBorder = lastExchangeIndex;
26.         if(isSorted){
27.             break;
28.         }
29.     }
30. }
31.
32. public static void main(String[] args){
33.     int[] array = new int[]{3,4,2,1,5,6,7,8};
34.     sort(array);
35.     System.out.println(Arrays.toString(array));
36. }
```

在第 3 版程式碼中，sortBorder 就是無序數列的邊界。在每一輪排序過程中，處於 sortBorder 之後的元素就不需要再進行比較了，一定是有序的。

真是學到了很多知識，想不到氣泡排序可以玩出這麼多花樣！

其實這仍然不是最優的，還有一種排序演算法叫作**雞尾酒排序**，是以氣泡排序為基礎的一種升級排序法。

4.2.3 ▸ 雞尾酒排序

氣泡排序的每一個元素都可以像小氣泡一樣，根據自身的大小，一點一點地向著陣列的一側移動。演算法的每一輪都是**從左到右來比較元素，進行單向的位置交換的**。

那麼雞尾酒排序做了怎樣的最佳化呢？

雞尾酒排序的元素比較和交換過程是**雙向**的。

下面舉一個例子。

由 8 個數字組成一個無序數列 {2,3,4,5,6,7,8,1}，希望對其進行從小到大的排序。

如果按照氣泡排序的思想，排序過程如下。

2	3	4	5	6	7	1	8	第 1 輪
2	3	4	5	6	1	7	8	第 2 輪
2	3	4	5	1	6	7	8	第 3 輪
2	3	4	1	5	6	7	8	第 4 輪
2	3	1	4	5	6	7	8	第 5 輪
2	1	3	4	5	6	7	8	第 6 輪
1	2	3	4	5	6	7	8	第 7 輪

元素 2、3、4、5、6、7、8 已經是有序的了，只有元素 1 的位置不對，卻還要進行 7 輪排序，這也太「委屈」了吧！

沒錯，雞尾酒排序正是要解決這個問題的。

那麼雞尾酒排序是什麼樣子的呢？讓我們來看一看詳細過程。

第 1 輪（和氣泡排序一樣，8 和 1 交換）

2	3	4	5	6	7	1	8

第 2 輪

此時開始不一樣了，我們反過來**從右往左**比較並進行交換。

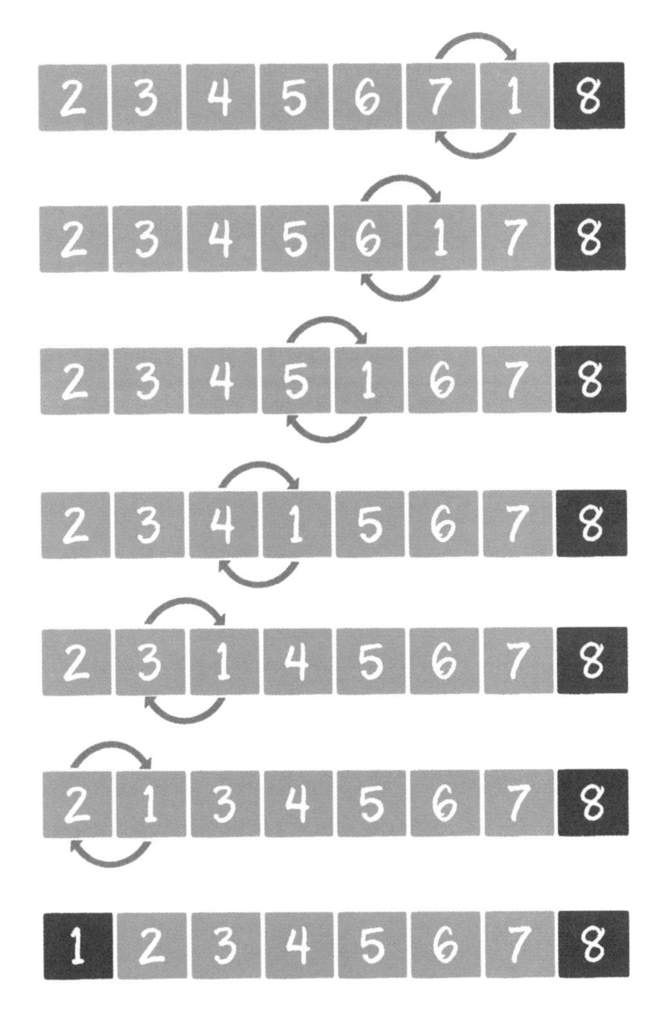

第 3 輪（雖然實際上已經有序，但是流程並沒有結束）

在雞尾酒排序的第 3 輪，需要重新從左向右比較並進行交換。

1 和 2 比較，位置不變；2 和 3 比較，位置不變；3 和 4 比較，位置不變……6 和 7 比較，位置不變。

沒有元素位置進行交換，證明已經有序，排序結束。

這就是雞尾酒排序的思考方式。排序過程就像鐘擺一樣，第 1 輪從左到右，第 2 輪從右到左，第 3 輪再從左到右……

哇，本來要用 7 輪排序的場合，用 3 輪就解決了，雞尾酒排序真是巧妙的演算法！

確實挺巧妙的，讓我們來看一下它的程式碼實作吧。

```
1. public static void sort(int array[])
2. {
3.     int tmp  = 0;
4.     for(int i=0; i<array.length/2; i++)
5.     {
6.         //有序標記，每一輪的初始值都是 true
7.         boolean isSorted = true;
8.         //奇數輪，從左向右比較和交換
9.         for(int j=i; j<array.length-i-1; j++)
10.        {
11.            if(array[j] > array[j+1])
12.            {
13.                tmp = array[j];
14.                array[j] = array[j+1];
15.                array[j+1] = tmp;
16.                //有元素交換，所以不是有序的，標記變為 false
17.                isSorted = false;
18.            }
19.        }
20.        if(isSorted){
21.            break;
22.        }
   //在偶數輪之前，將 isSorted 重新標記為 true
23.        isSorted = true;
24.        //偶數輪，從右向左比較和交換
25.        for(int j=array.length-i-1; j>i; j--)
26.        {
27.            if(array[j] < array[j-1])
28.            {
29.                tmp = array[j];
30.                array[j] = array[j-1];
31.                array[j-1] = tmp;
32.                //因為有元素進行交換，所以不是有序的，標記變為 false
33.                isSorted = false;
34.            }
35.        }
36.        if(isSorted){
37.            break;
38.        }
39.    }
40. }
41.
```

```
42. public static void main(String[] args){
43.     int[] array = new int[]{2,3,4,5,6,7,8,1};
44.     sort(array);
45.     System.out.println(Arrays.toString(array));
46. }
```

這段程式碼是雞尾酒排序的原始實作。程式碼外層的大迴圈控制著所有排序回合，大循環內包含 2 個小迴圈，第 1 個小迴圈從左向右比較並交換元素，第 2 個小迴圈從右向左比較並交換元素。

程式碼大致看明白了。之前講氣泡排序時，有一種針對有序區的最佳化，雞尾酒排序是不是也能用到呢？

當然嘍！雞尾酒排序也可以和之前所學的最佳化方法結合使用，只不過程式碼實作會稍微複雜一些，這裡就不再展開講解了，有興趣的話，可以自己寫一下程式碼實作哦。

OK，最後我想問問，雞尾酒排序的優點和缺點是什麼？適用於什麼樣的場合？

雞尾酒排序的優點是能夠在特定條件下，減少排序的回合數；而缺點也很明顯，就是程式碼量幾乎增加了 1 倍。

至於它能發揮出優勢的場合，是**大部分元素已經有序**的情況。好了，關於氣泡排序和雞尾酒排序，我們就介紹到這裡嘍。下一節再見！

4.3 什麼是快速排序

4.3.1 ▸ 初識快速排序

與氣泡排序一樣，快速排序也屬於**交換排序**，透過元素之間的比較和交換位置來達到排序的目的。

不同的是，氣泡排序在每一輪中只把 1 個元素像氣泡浮到數列的一端，而快速排序則**在每一輪挑選一個基準元素，並讓其他比它大的元素移動到數列一邊，比它小的元素移動到數列的另一邊，從而把數列拆解成兩個部分。**

這種思考方式叫作分治法。

每次把數列分成兩部分，究竟有什麼好處呢？

假如列出一個 8 個元素的數列，一般情況下，使用氣泡排序需要比較 7 輪，每一輪把 1 個元素移動到數列的一端，時間複雜度是 $O(n^2)$。

而快速排序的流程是什麼樣子呢？

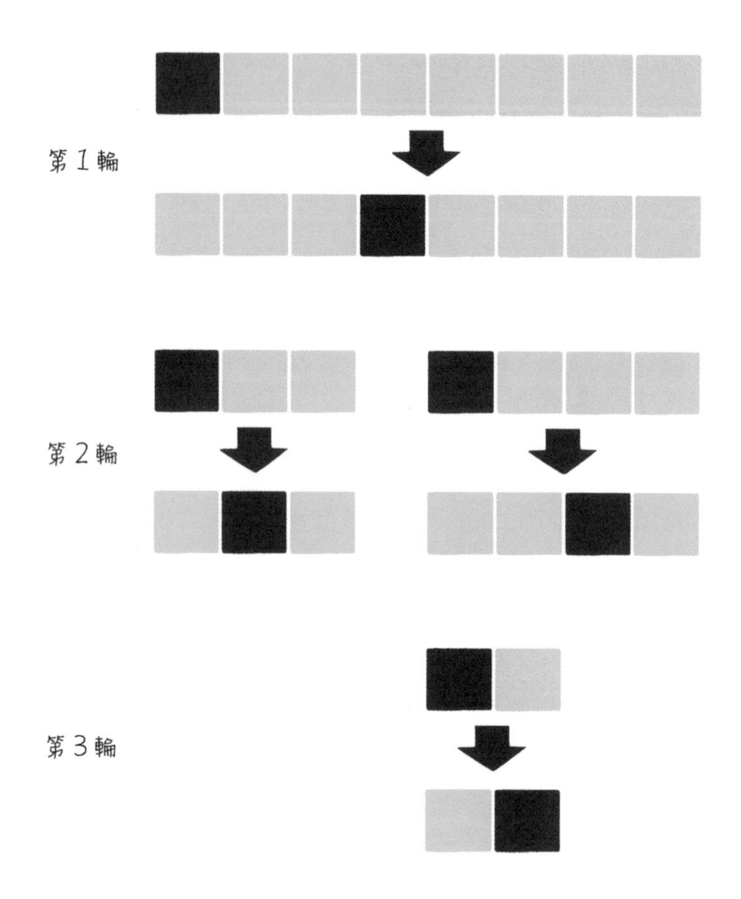

如圖所示，在分治法的思考方式下，原數列在每一輪都被拆分成兩部分，每一部分在下一輪又分別被拆分成兩部分，直到不可再分為止。

每一輪的比較和交換，需要把陣列全部元素都遍訪一遍，時間複雜度是 $O(n)$。這樣的遍訪一共需要多少輪呢？假如元素個數是 n，那麼平均情況下需要 $\log n$ 輪，因此快速排序演算法總體的平均時間複雜度是 $\boldsymbol{O(n\log n)}$。

分治法果然神奇！那麼基準元素是如何選的呢？又如何把其他元素移動到基準元素的兩端？

基準元素的選擇，以及元素的交換，都是快速排序的核心問題。我們先來看看如何選擇基準元素。

4.3.2 ▶ 基準元素的選擇

基準元素，英文是 pivot，在分治過程中，以基準元素為中心，把其他元素移動到它的左右兩邊。

那麼如何選擇基準元素呢？

最簡單的方式是選擇數列的第 1 個元素。

這種選擇在絕大多數情況下沒有問題。但是，假如有一個原本逆序的數列，期望排序成順序數列，那麼會出現什麼情況呢？

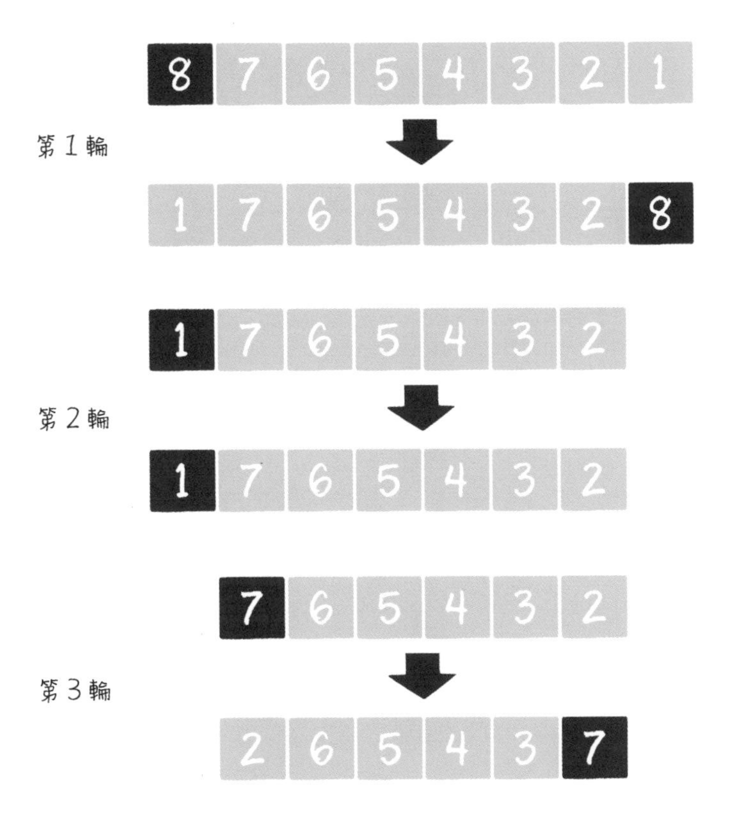

哎呀，整個數列並沒有被分成兩半，每一輪都只確定了基準元素的位置。

是呀，在這種情況下，數列的第 1 個元素要麼是最小值，要麼是最大值，根本無法發揮分治法的優勢。

在這種極端情況下，快速排序需要進行 n 輪，時間複雜度退化成了 $O(n^2)$。

那麼，該怎麼避免這種情況發生呢？

其實很簡單，我們可以**隨機選擇一個元素作為基準元素**，並且讓基準元素和數列首元素交換位置。

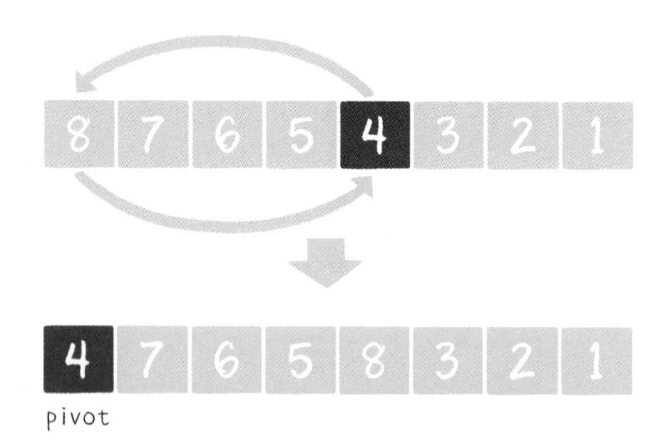

這樣一來，即使在數列完全逆序的情況下，也可以有效地將數列分成兩部分。

當然，即使是隨機選擇基準元素，也會有極小的幾率選到數列的最大值或最小值，同樣會影響分治的效果。

所以，雖然快速排序的平均時間複雜度是 $O(n\log n)$，但最壞情況下的時間複雜度是 $O(n^2)$。

在後文中，為了簡化步驟，省去了隨機選擇基準元素的過程，直接把首元素作為基準元素。

4.3.3 ▸ 元素的交換

選定了基準元素以後，我們要做的就是把其他元素中小於基準元素的都交換到基準元素一邊，大於基準元素的都交換到基準元素另一邊。

具體如何實作呢？有兩種方法。

1. 雙邊循環法。

2. 單邊循環法。

何謂雙邊循環法？下面來看一看詳細過程。

列出原始數列如下，要求對其從小到大進行排序。

4 7 6 5 3 2 8 1

首先，選定基準元素 pivot，並且設置兩個指標 left 和 right，指向數列的最左和最右兩個元素。

接下來進行**第 1 次循環**，從 right 指標開始，讓指標所指向的元素和基準元素做比較。如果**大於或等於** pivot，則指標向**左**移動；如果**小於** pivot，則 right 指標停止移動，切換到 **left** 指標。

在目前數列中，1 < 4，所以 right 直接停止移動，換到 left 指標，進行下一步行動。

輪到 left 指標行動，讓指標指向的元素和基準元素做比較。如果**小於或等於** pivot，則指標向**右**移動；如果**大於** pivot，則 left 指標停止移動。

由於 left 開始指向的是基準元素，判斷一定相等，所以 left 右移 1 位。

由於 7＞4，left 指標在元素 7 的位置停下。這時，讓 **left 和 right 指標所指向的元素進行交換**。

接下來，進入**第 2 次循環**，重新切換到 right 指標，向左移動。right 指標先移動到 8，8>4，繼續左移。由於 2<4，停止在 2 的位置。

按照這個思考方式，後續步驟如圖所示。

大致明白了，那麼快速排序怎樣用程式碼來實作呢？

我們來看一下用雙邊迴圈法實作的快速排序，
程式碼使用了遞迴的方式。

```
1. public static void quickSort(int[] arr, int startIndex,
                              int endIndex) {
2.     // 遞迴結束條件：startIndex 大於或等於 endIndex 時
3.     if (startIndex >= endIndex) {
4.         return;
5.     }
6.     // 得到基準元素位置
7.     int pivotIndex = partition(arr, startIndex, endIndex);
8.     // 根據基準元素，分成兩部分進行遞迴排序
9.     quickSort(arr, startIndex, pivotIndex - 1);
10.    quickSort(arr, pivotIndex + 1, endIndex);
11. }
12.
13. /**
14.  * 分治（雙邊循環法）
15.  * @param arr          待交換的陣列
16.  * @param startIndex   起始足標
17.  * @param endIndex     結束足標
18.  */
19. private static int partition(int[] arr, int startIndex,
                               int endIndex) {
20.     // 取第 1 個位置（也可以選擇隨機位置）的元素作為基準元素
21.     int pivot = arr[startIndex];
22.     int left = startIndex;
23.     int right = endIndex;
24.
25.     while( left != right) {
26.         //控制 right 指標比較並左移
27.         while(left<right && arr[right] > pivot){
28.             right--;
29.         }
30.         //控制 left 指標比較並右移
31.         while( left<right && arr[left] <= pivot) {
32.             left++;
33.         }
34.         //交換 left 和 right 指標所指向的元素
35.         if(left<right) {
36.             int p = arr[left];
37.             arr[left] = arr[right];
38.             arr[right] = p;
39.         }
40.     }
41.
42.     //pivot 和指標重合點交換
43.     arr[startIndex] = arr[left];
```

```
44.     arr[left] = pivot;
45.
46.     return left;
47. }
48.
49. public static void main(String[] args) {
50.     int[] arr = new int[] {4,4,6,5,3,2,8,1};
51.     quickSort(arr, 0, arr.length-1);
52.     System.out.println(Arrays.toString(arr));
53. }
```

在上述的程式碼中，quickSort 方法透過遞迴的方式，實作了分而治之的思考方式。

partition 方法則實作了元素的交換，讓數列中的元素依據自身大小，分別交換到基準元素的左右兩邊。在這裡，我們使用的交換方式是雙邊循環法。

partition 的程式碼實作好複雜啊，在一個大迴圈裡還巢狀嵌套著兩個子迴圈……讓我好好消化消化。

雙邊循環法的程式碼確實有些煩瑣。除了這種方式，要實作元素的交換也可以利用單邊循環法，下一節再詳細說明。

4.3.4 ▸ 單邊循環法

雙邊循環法從陣列的兩邊交替遍訪元素，雖然更加直觀，但是程式碼實作相對煩瑣。而單邊循環法則簡單得多，只從陣列的一邊對元素進行遍訪和交換。我們來看一看詳細過程。

列出原始數列如下，要求對其從小到大進行排序。

4	7	3	5	6	2	8	1

開始和雙邊循環法相似，首先選定基準元素 pivot。同時，設置一個 mark 指標指向數列起始位置，這個 mark 指標代表**小於基準元素的區域邊界**。

pivot=4 4 7 3 5 6 2 8 1
mark

接下來，從基準元素的下一個位置開始遍訪陣列。

如果遍訪到的元素大於基準元素，就繼續往後遍訪。

如果遍訪到的元素小於基準元素，則需要做兩件事：第一，把 mark 指標右移 1 位，因為小於 pivot 的區域邊界增大了 1；第二，讓最新遍訪到的元素和 mark 指標所在位置的元素交換位置，因為最新遍訪的元素歸屬於小於 pivot 的區域。

首先遍訪到元素 7，7 > 4，所以繼續遍訪。

pivot=4 4 7 3 5 6 2 8 1
mark

接下來遍訪到的元素是 3，3 < 4，所以 mark 指標右移 1 位。

pivot=4 4 7 3 5 6 2 8 1
mark

隨後，讓元素 3 和 mark 指標所在位置的元素交換，因為元素 3 歸屬於小於 pivot 的區域。

按照這個思考方式，繼續遍訪，後續步驟如圖所示。

明白了，這個方法只需要單邊循環，確實簡單了許多呢！
要怎麼用程式碼來實作呢？

雙邊循環法和單邊循環法的區別在於 partition 函數的實作，
我們來看一下程式碼。

```
1. public static void quickSort(int[] arr, int startIndex,
                               int endIndex) {
2.     // 遞迴結束條件：startIndex 大於或等於 endIndex 時
3.     if (startIndex >= endIndex) {
```

```
4.          return;
5.      }
6.      // 得到基準元素位置
7.      int pivotIndex = partition(arr, startIndex, endIndex);
8.      // 根據基準元素，分成兩部分進行遞迴排序
9.      quickSort(arr, startIndex, pivotIndex - 1);
10.     quickSort(arr, pivotIndex + 1, endIndex);
11. }
12.
13. /**
14.  * 分治（單邊循環法）
15.  * @param arr           待交換的陣列
16.  * @param startIndex    起始足標
17.  * @param endIndex      結束足標
18.  */
19. private static int partition(int[] arr, int startIndex,
                              int endIndex) {
20.     // 取第 1 個位置（也可以選擇隨機位置）的元素作為基準元素
21.     int pivot = arr[startIndex];
22.     int mark = startIndex;
23.
24.     for(int i=startIndex+1; i<=endIndex; i++){
25.         if(arr[i]<pivot){
26.             mark ++;
27.             int p = arr[mark];
28.             arr[mark] = arr[i];
29.             arr[i] = p;
30.         }
31.     }
32.
33.     arr[startIndex] = arr[mark];
34.     arr[mark] = pivot;
35.     return mark;
36. }
37.
38. public static void main(String[] args) {
39.     int[] arr = new int[] {4,4,6,5,3,2,8,1};
40.     quickSort(arr, 0, arr.length-1);
41.     System.out.println(Arrays.toString(arr));
42. }
```

可以很明顯看出，partition 方法只要一個大循環就搞定了，的確比雙邊循環法簡單多了。

以上所講的快速排序實作方法，都是以遞迴為基礎的。
其實快速排序也可以基於非遞迴的方式來實作。

4.3.5 ▸ 非遞迴實作

怎麼樣用非遞迴的方式來實作呢？

絕大多數的遞迴邏輯，都可以用堆疊的方式來代替。

為什麼這樣說呢？

在第 1 章介紹空間複雜度時我們曾經提到過，程式碼中一層一層的方法呼叫，本身就使用了一個方法呼叫堆疊。每次進入一個新方法，就相當於推入堆疊；每次有方法返回，就相當於推出堆疊。

所以，可以把原本的遞迴實作轉化成一個堆疊的實作，在堆疊中儲存每一次方法呼叫的參數。

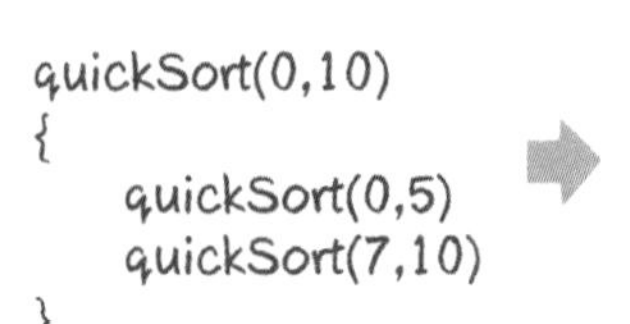

QuickSortStack:

startIndex 7
endIndex 10

......

startIndex 0
endIndex 5

startIndex 0
endIndex 10

看一下程式碼：

```
1. public static void quickSort(int[] arr, int startIndex,
                               int endIndex) {
2.     // 用一個集合堆疊來代替遞迴的函數堆疊
3.     Stack<Map<String, Integer>> quickSortStack = new
                    Stack<Map<String, Integer>>();
4.     // 整個數列的起止足標，以雜湊的形式推入堆疊
5.     Map rootParam = new HashMap();
6.     rootParam.put("startIndex", startIndex);
7.     rootParam.put("endIndex", endIndex);
8.     quickSortStack.push(rootParam);
9.
10.    // 迴圈結束條件：堆疊為空時
11.    while (!quickSortStack.isEmpty()) {
12.        // 堆疊頂元素推出堆疊，得到起止足標
13.        Map<String, Integer> param = quickSortStack.pop();
14.        // 得到基準元素位置
15.        int pivotIndex = partition(arr, param.get("startIndex"),
                         param.get("endIndex"));
16.        // 根據基準元素分成兩部分, 把每一部分的起止足標推入堆疊
17.        if(param.get("startIndex") <  pivotIndex -1){
18.            Map<String, Integer> leftParam = new HashMap<String,
                                       Integer>();
19.            leftParam.put("startIndex", param.get("startIndex"));
20.            leftParam.put("endIndex", pivotIndex-1);
21.            quickSortStack.push(leftParam);
22.        }
23.        if(pivotIndex + 1 < param.get("endIndex")){
24.            Map<String, Integer> rightParam = new HashMap<String,
                 Integer>();
25.            rightParam.put("startIndex", pivotIndex + 1);
26.            rightParam.put("endIndex", param.get("endIndex"));
27.            quickSortStack.push(rightParam);
28.        }
29.    }
30. }
31.
32. /**
33.  * 分治（單邊循環法）
34.  * @param arr            待交換的陣列
35.  * @param startIndex     起始足標
36.  * @param endIndex       結束足標
37.  */
38. private static int partition(int[] arr, int startIndex,
                               int endIndex) {
39.     // 取第 1 個位置（也可以選擇隨機位置）的元素作為基準元素
40.     int pivot = arr[startIndex];
41.     int mark = startIndex;
42.
43.     for(int i=startIndex+1; i<=endIndex; i++){
44.         if(arr[i]<pivot){
45.             mark ++;
46.             int p = arr[mark];
47.             arr[mark] = arr[i];
```

```
48.             arr[i] = p;
49.         }
50.     }
51.
52.     arr[startIndex] = arr[mark];
53.     arr[mark] = pivot;
54.     return mark;
55. }
56.
57. public static void main(String[] args) {
58.     int[] arr = new int[] {4,7,6,5,3,2,8,1};
59.     quickSort(arr, 0, arr.length-1);
60.     System.out.println(Arrays.toString(arr));
61. }
```

和剛才的遞迴實作相比，非遞迴方式程式碼的變動只發生在 quickSort 方法中。該方法引入了一個儲存 Map 類型元素的堆疊，用於儲存每一次交換時的起始足標和結束足標。

每一次迴圈，都會讓堆疊頂元素推出堆疊，透過 partition 方法進行分治，並且按照基準元素的位置分成左右兩部分，左右兩部分再分別推入堆疊。當堆疊為空時，說明排序已經完畢，退出迴圈。

居然真的實作了非遞迴方法，好棒！

嘿嘿，快速排序是很重要的演算法，
與傅里葉變換等演算法並稱為二十世紀十大演算法。

有關快速排序的知識我們就介紹到這裡，
希望大家把這個演算法理解透徹，未來會受益無窮！

4.4 什麼是堆積排序

4.4.1 傳說中的堆積排序

還記得二元堆積的特性是什麼嗎?

1. 最大堆積的堆積頂是整個堆積中的最大元素。

2. 最小堆積的堆積頂是整個堆積中的最小元素。

以最大堆積為例，如果刪除一個最大堆積的堆積頂（並不是完全刪除，而是跟末尾的節點交換位置），經過自我調整，第 2 大的元素就會被交換上來，成為最大堆積的新堆積頂。

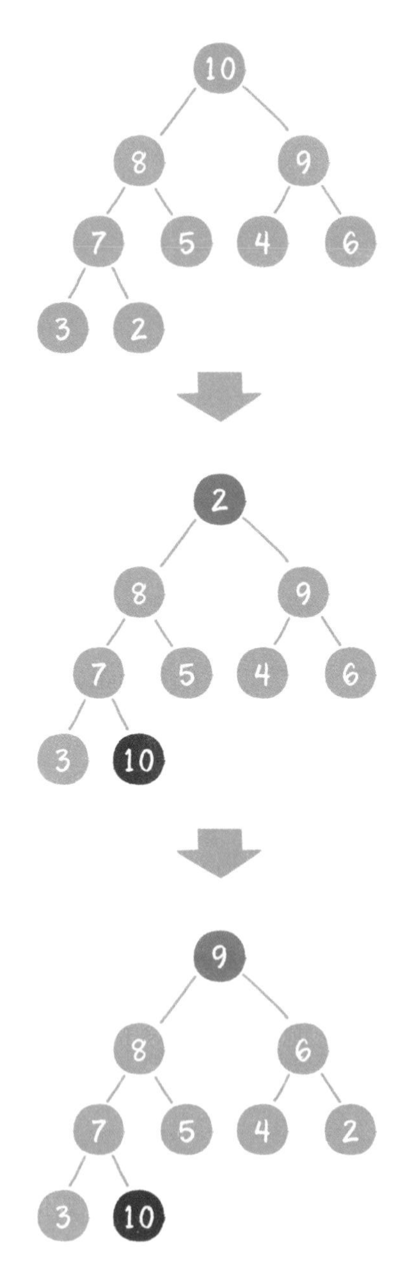

正如上圖所示，在刪除值為 10 的堆積頂節點後，經過調整，值為 9 的新節點就會頂替上來；在刪除值為 9 的堆積頂節點後，經過調整，值為 8 的新節點就會頂替上來……

由於二元堆積的這個特性，每一次刪除舊堆積頂，調整後的新堆積頂都是大小僅次於舊堆積頂的節點。那麼只要反復刪除堆積頂，反復調整二元堆積，所得到的集合就會成為一個有序集合，過程如下。

刪除節點 9，節點 8 成為新堆積頂。

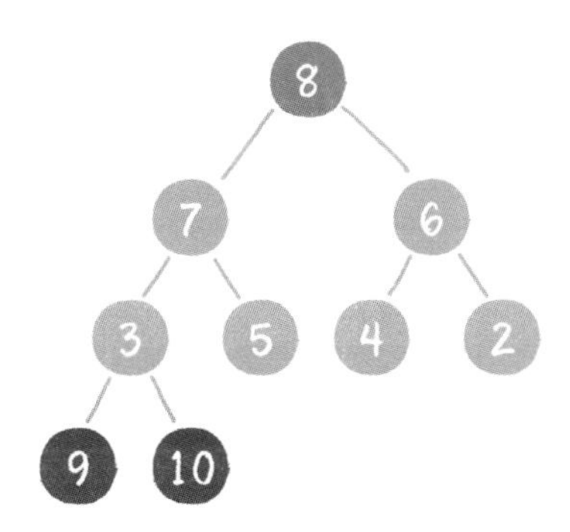

刪除節點 8，節點 7 成為新堆積頂。

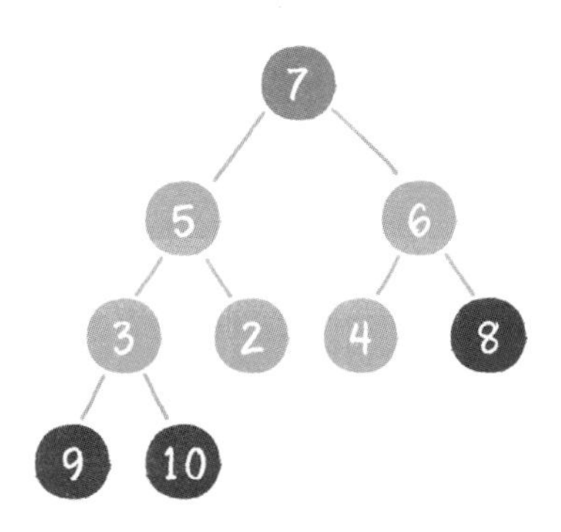

刪除節點 7，節點 6 成為新堆積頂。

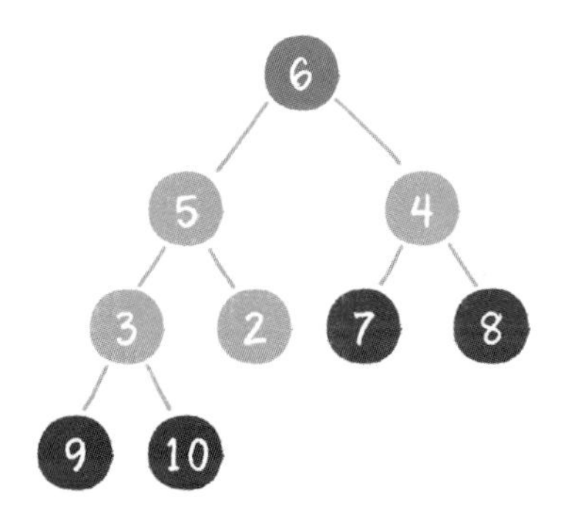

刪除節點 6，節點 5 成為新堆積頂。

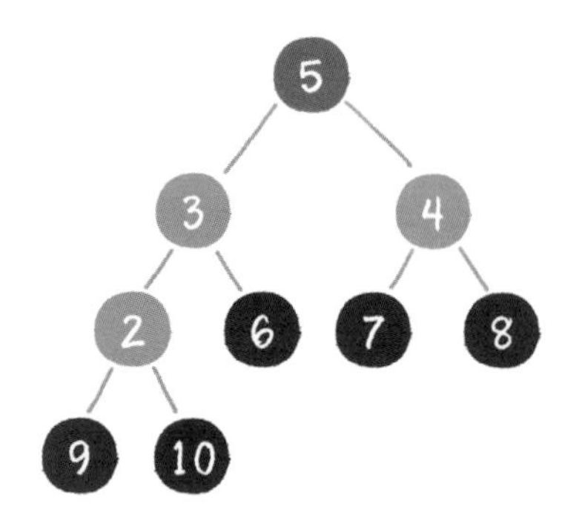

刪除節點 5，節點 4 成為新堆積頂。

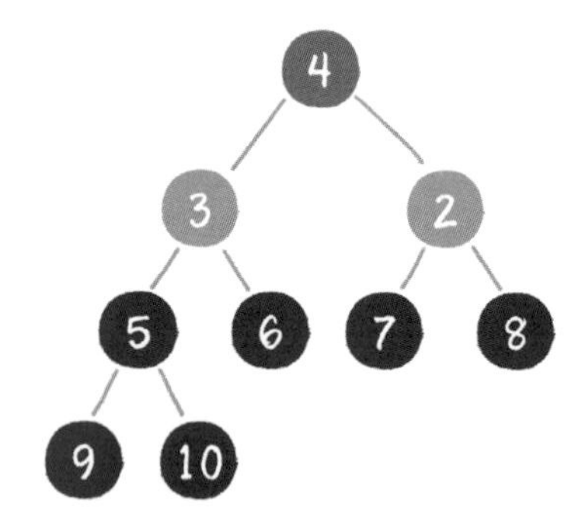

刪除節點 4，節點 3 成為新堆積頂。

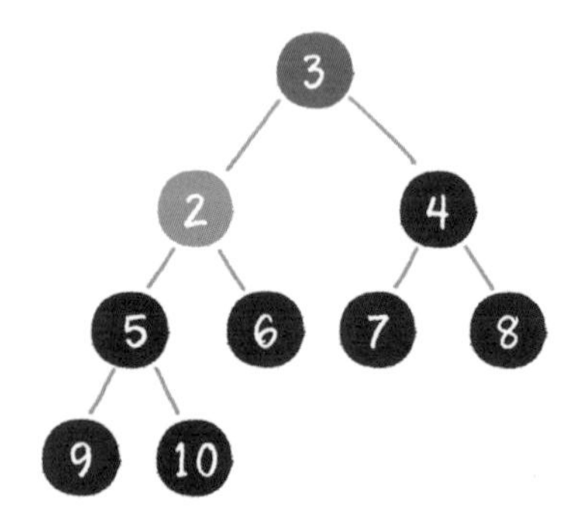

刪除節點 3，節點 2 成為新堆積頂。

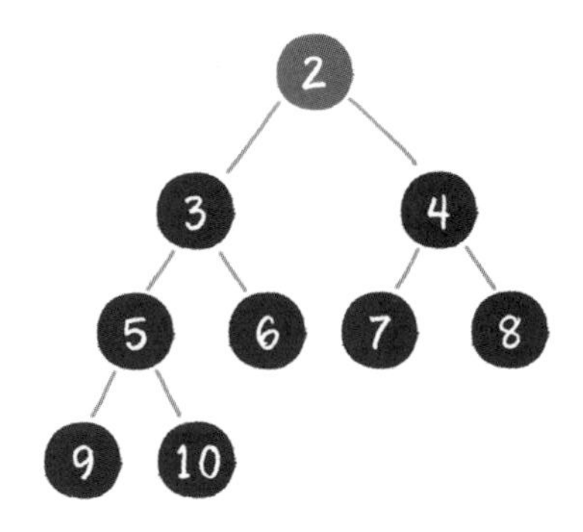

到此為止，原本的最大二元堆積已經變成了一個從小到大的有序集合。之前說過，二元堆積實際儲存在陣列中，陣列中的元素排列如下。

2	3	4	5	6	7	8	9	10

由此，可以歸納出堆積排序演算法的步驟。

1. **把無序數組建構成二元堆積。需要從小到大排序，則建構成最大堆積；需要從大到小排序，則建構成最小堆積。**
2. **迴圈刪除堆積頂元素，替換到二元堆積的末尾，調整堆積產生新的堆積頂。**

嗯，那麼該如何用程式碼來實作呢?

在談二元堆積時，我們寫了二元堆積操作的相關程式碼。
現在只要在原程式碼的基礎上稍微改動一點點，
就可以實作堆積排序了。

4.4.2 ▸ 堆積排序的程式碼實作

```
1. /**
2.  * 「下沉」調整
3.  * @param array     待調整的堆積
4.  * @param parentIndex         要「下沉」的父節點
5.  * @param length              堆積的有效大小
6.  */
7. public static void downAdjust(int[] array, int parentIndex,
                                 int length) {
```

```
8.      // temp 保存父節點值，用於最後的指定值
9.      int temp = array[parentIndex];
10.     int childIndex = 2 * parentIndex + 1;
11.     while (childIndex < length) {
12.     // 如果有右孩子，且右孩子大於左孩子的值，則定位到右孩子
13.         if (childIndex + 1 < length && array[childIndex + 1] >
                array[childIndex]) {
14.             childIndex++;
15.         }
16.     // 如果父節點大於任何一個孩子的值，則直接跳出
17.         if (temp >= array[childIndex])
18.             break;
19.         //無須真正交換，單向指定值即可
20.         array[parentIndex] = array[childIndex];
21.         parentIndex = childIndex;
22.         childIndex = 2 * childIndex + 1;
23.     }
24.     array[parentIndex] = temp;
25. }
26.
27.
28. /**
29.  * 堆積排序（昇冪）
30.  * @param array     待調整的堆積
31.  */
32. public static void heapSort(int[] array) {
33.     // 1.把無序數組建構成最大堆積
34.     for (int i = (array.length-2)/2; i >= 0; i--) {
35.         downAdjust(array, i, array.length);
36.     }
37.     System.out.println(Arrays.toString(array));
38.     // 2.迴圈刪除堆積頂元素，移到集合尾部，調整堆積產生新的堆積頂
39.     for (int i = array.length - 1; i > 0; i--) {
40.     // 最後 1 個元素和第 1 個元素進行交換
41.         int temp = array[i];
42.         array[i] = array[0];
43.         array[0] = temp;
44.     // 「下沉」調整最大堆積
45.         downAdjust(array, 0, i);
46.     }
47. }
48.
49.
50. public static void main(String[] args) {
51.     int[] arr = new int[] {1,3,2,6,5,7,8,9,10,0};
52.     heapSort(arr);
53.     System.out.println(Arrays.toString(arr));
54. }
```

原來如此，現在明白了！那麼堆積排序的時間複雜度和空間複雜度各是多少呢?

毫無疑問，空間複雜度是 $O(1)$，因為並沒有開闢額外的集合空間。至於時間複雜度，我們來分析一下。

二元堆積的節點「下沉」調整（downAdjust 方法）是堆積排序演算法的基礎，這個調節操作本身的時間複雜度在上一章講過，是 O(log n)。

我們再來回顧一下堆積排序演算法的步驟。

1. 把無序數組建構成二元堆積。
2. 迴圈刪除堆積頂元素，並將該元素移到集合尾部，調整堆積產生新的堆積頂。

第 1 步，把無序數組建構成二元堆積，這一步的時間複雜度是 $\boldsymbol{O(n)}$。

第 2 步，需要進行 n-1 次迴圈。每次迴圈呼叫一次 downAdjust 方法，所以第 2 步的計算規模是 $(n-1)\times \log n$，時間複雜度為 $\boldsymbol{O(n\log n)}$。

兩個步驟是並列關係，所以整體的時間複雜度是 $\boldsymbol{O(n\log n)}$。

最後一個問題，從宏觀上看，堆積排序和快速排序相比，有什麼區別和聯繫呢？

先說說相同點，堆積排序和快速排序的平均時間複雜度都是 $\boldsymbol{O(n\log n)}$，並且都是不穩定排序。至於不同點，快速排序的最壞時間複雜度是 $\boldsymbol{O(n^2)}$，而堆積排序的最壞時間複雜度穩定在 $\boldsymbol{O(n\log n)}$。

此外，快速排序遞迴和非遞迴方法的平均空間複雜度都是 $\boldsymbol{O(\log n)}$，而堆積排序的空間複雜度是 $\boldsymbol{O(1)}$。

堆積排序演算法就介紹到這裡。感謝大家！

4.5 計數排序和桶排序

4.5.1 ▸ 線性時間的排序

哇，什麼樣的排序演算法可以這麼厲害？

讓我們先來回顧一下之前學的排序演算法，無論是氣泡排序，還是快速排序，都是基於元素之間的比較來進行排序的。

例如氣泡排序。

如下圖所示，因為 8 > 3，所以 8 和 3 的位置交換。

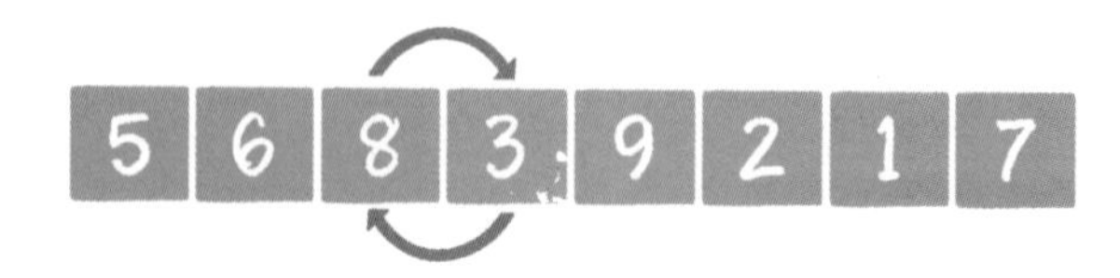

例如堆積排序。

如下圖所示，因為 10 > 7，所以 10 和 7 的位置交換。

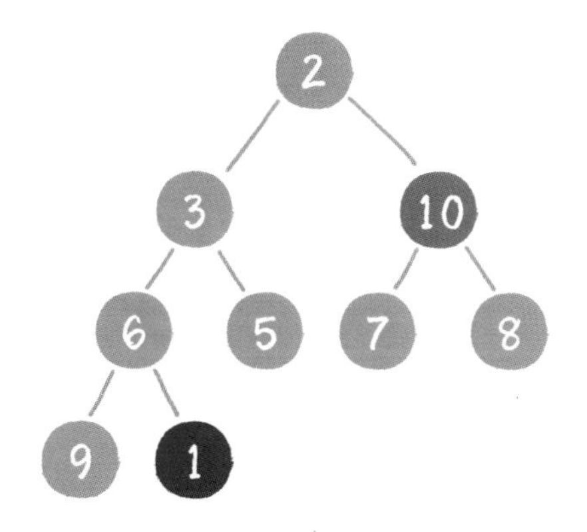

排序當然要先比較呀，難道還有不需要比較的排序演算法？

有一些特殊的排序並不基於元素比較，
如**計數排序**、**桶排序**、**基數排序**。

以計數排序來說，這種排序演算法是利用陣列足標來確定元素的正確位置的。

4.5.2　初識計數排序

還是不明白，元素足標怎麼能用來協助排序呢？

那讓我們來看一個例子。

假設陣列中有 20 個隨機整數，取值範圍為 0～10，要求用最快的速度把這 20 個整數從小到大進行排序。

如何為這些無序的隨機整數進行排序呢？

考慮到這些整數只能夠在 0、1、2、3、4、5、6、7、8、9、10 這 11 個數中取值，取值範圍有限。所以，可以根據這有限的範圍，建立一個長度為 11 的陣列。陣列足標從 0 到 10，元素初始值全為 0。

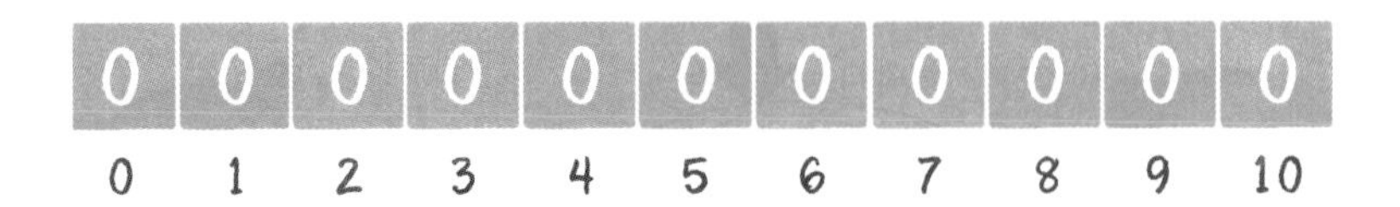

假設 20 個隨機整數的值如下所示。

9，3，5，4，9，1，2，7，8，1，3，6，5，3，4，0，10，9 ，7，9

下面就開始遍訪這個無序的亂數列，每一個整數按照其值對號入座，同時，對應陣列足標的元素進行加 1 操作。

例如第 1 個整數是 9，那麼陣列足標為 9 的元素加 1。

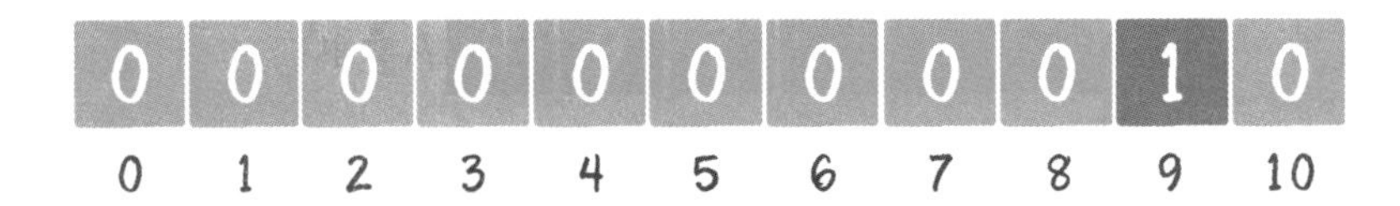

第 2 個整數是 3，那麼陣列足標為 3 的元素加 1。

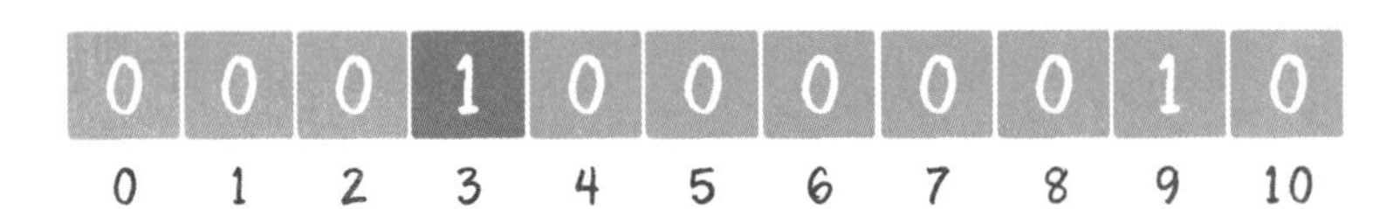

繼續遍訪數列並修改陣列……

最終，當數列遍訪完畢時，陣列的狀態如下。

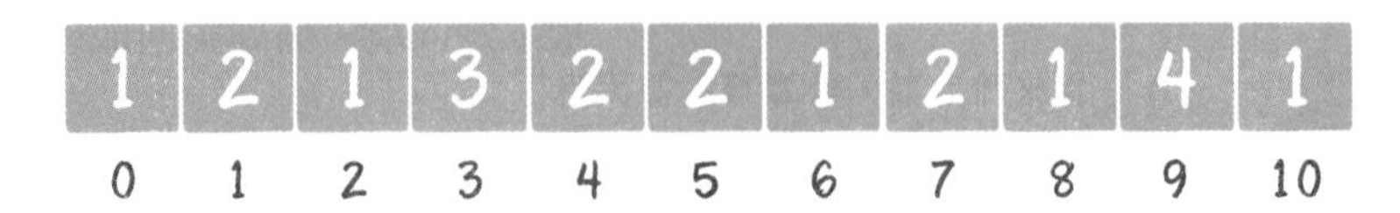

該陣列中每一個足標位置的值代表數列中對應整數出現的次數。

有了這個統計結果，排序就很簡單了。直接遍訪陣列，輸出陣列元素的足標值，元素的值是多少，就輸出多少次。

0，1，1，2，3，3，3，4，4，5，5，6，7，7，8，9，9，9，9，10

顯然，現在輸出的數列已經是有序的了。

這就是計數排序的基本過程，它適用於一定範圍內的整數排序。在取值範圍不是很大的情況下，它的效能甚至快過那些時間複雜度為 $O(n\log n)$ 的排序。

明白了，計數排序還真是個神奇的演算法！那麼，用程式碼怎麼實作呢？

我寫了一個計數排序的初步實作程式碼，我們來看一下。

```
1. public static int[] countSort(int[] array) {
2.     //1.得到數列的最大值
3.     int max = array[0];
4.     for(int i=1; i<array.length; i++){
5.         if(array[i] > max){
6.             max = array[i];
7.         }
8.     }
9.     //2.根據數列最大值確定統計陣列的長度
10.    int[] countArray = new int[max+1];
11.    //3.遍訪數列，填充統計陣列
12.    for(int i=0; i<array.length; i++){
13.        countArray[array[i]]++;
14.    }
15.    //4.遍訪統計陣列，輸出結果
16.    int index = 0;
17.    int[] sortedArray = new int[array.length];
18.    for(int i=0; i<countArray.length; i++){
19.        for(int j=0; j<countArray[i]; j++){
20.            sortedArray[index++] = i;
21.        }
22.    }
23.    return sortedArray;
24. }
25.
26.
27. public static void main(String[] args) {
28.    int[] array = new int[] {4,4,6,5,3,2,8,1,7,5,6,0,10};
29.    int[] sortedArray = countSort(array);
30.    System.out.println(Arrays.toString(sortedArray));
31. }
```

這段程式碼在開頭有一個步驟，就是求數列的最大整數值 max。後面建立的統計陣列 countArray，長度是 max+1，以此來保證陣列的最後一個足標是 max。

4.5.3 ▶ 計數排序的最佳化

從實作功能的角度來看，這段程式碼可以實作整數的排序。
但是這段程式碼也存在一些問題，你發現了嗎？

哦，讓我想想……

對了！我們只以數列的最大值來決定統計陣列的長度，其實並不嚴謹。例如下面的數列：
95，94，91，98，99，90，99，93，91，92

這個數列的最大值是 99，但最小的整數是 90。如果建立長度為 100 的陣列，那麼前面從 0 到 89 的空間位置就都浪費了！

怎麼解決這個問題呢？

很簡單，只要不再以輸入數列的最大值+1 作為統計陣列的長度，而是以數列最大值-最小值+1 作為統計陣列的長度即可。

同時，數列的最小值作為一個偏移量，用於計算整數在統計陣列中的足標。

以剛才的數列為例，統計出陣列的長度為 99-90+1=10，偏移量等於數列的最小值 90。

對於第 1 個整數 95，對應的統計陣列足標是 95-90 = 5，如圖所示。

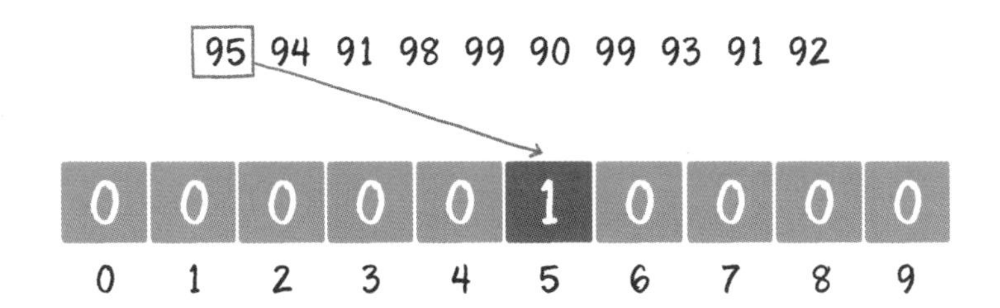

是的，這確實對計數排序進行了最佳化。此外，樸素版的計數排序只是簡單地按照統計陣列的足標輸出元素值，並沒有真正給原始數列進行排序。

如果只是單純地給整數排序，這樣做並沒有問題。但如果在現實業務裡，例如給學生的考試分數進行排序，遇到相同的分數就會分不清誰是誰。

什麼意思呢？讓我們看看下面的例子。

姓名	成績
小灰	90
大黃	99
小紅	95
小白	94
小綠	95

列出一個學生成績表，要求按成績從高到低進行排序，如果成績相同，則遵循原表固有順序。

那麼，當我們填入統計陣列以後，只知道有兩個成績並列為 95 分的同學，卻不知道哪一個是小紅，哪一個是小綠。

有兩個成績為95分的
學生，究竟小紅在前還
是小綠在前呢？

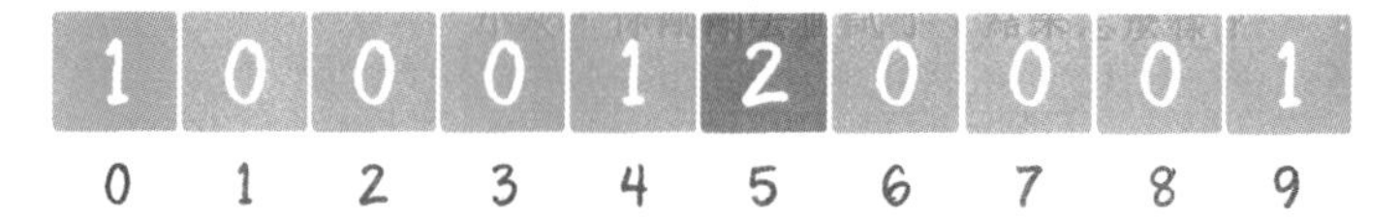

明白你的例子了，但為什麼我的成績最低呀……那麼，這種分數相同的情況要怎麼解決？

在這種情況下，需要稍微改變之前的邏輯，在填入完統計陣列以後，對統計陣列做一下變形。

仍然以剛才的學生成績表為例，將之前的統計陣列變形成下面的樣子。

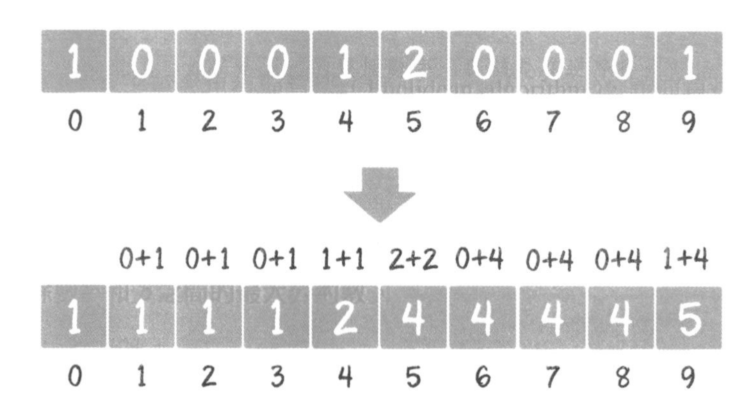

這是如何變形的呢？其實就是從統計陣列的第 2 個元素開始，每一個元素都加上前面所有元素之和。

為什麼要相加呢？初次接觸的讀者可能會覺得莫名其妙。

這樣相加的目的，是讓統計陣列儲存的元素值，等於相應整數最終排序位置的序號。例如足標是 9 的元素值為 5，代表原始數列的整數 9，最終的排序在第 5 位。

接下來，建立輸出陣列 sortedArray，長度和輸入數列一致。然後從後向前遍訪輸入數列。

第 1 步，遍訪成績表最後一行的小綠同學的成績。

小綠的成績是 95 分，找到 countArray 足標是 5 的元素，值是 4，代表小綠的成績排名位置在第 4 位。

同時，給 countArray 足標是 5 的元素值減 1，從 4 變成 3，代表下次再遇到 95 分的成績時，最終排名是第 3。

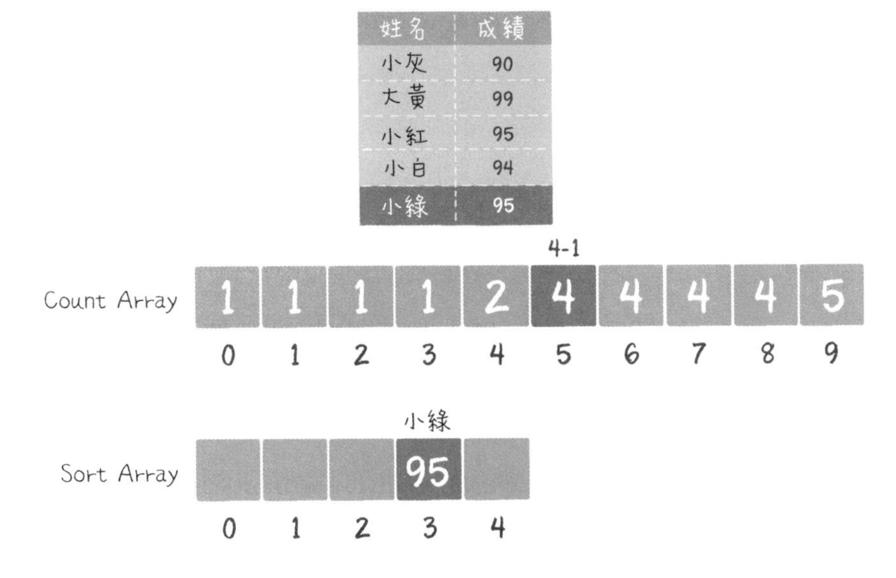

第 2 步，遍訪成績表倒數第 2 行的小白同學的成績。

小白的成績是 94 分，找到 countArray 足標是 4 的元素，值是 2，代表小白的成績排名位置在第 2 位。

同時，給 countArray 足標是 4 的元素值減 1，從 2 變成 1，代表下次再遇到 94 分的成績時（實際上已經遇不到了），最終排名是第 1。

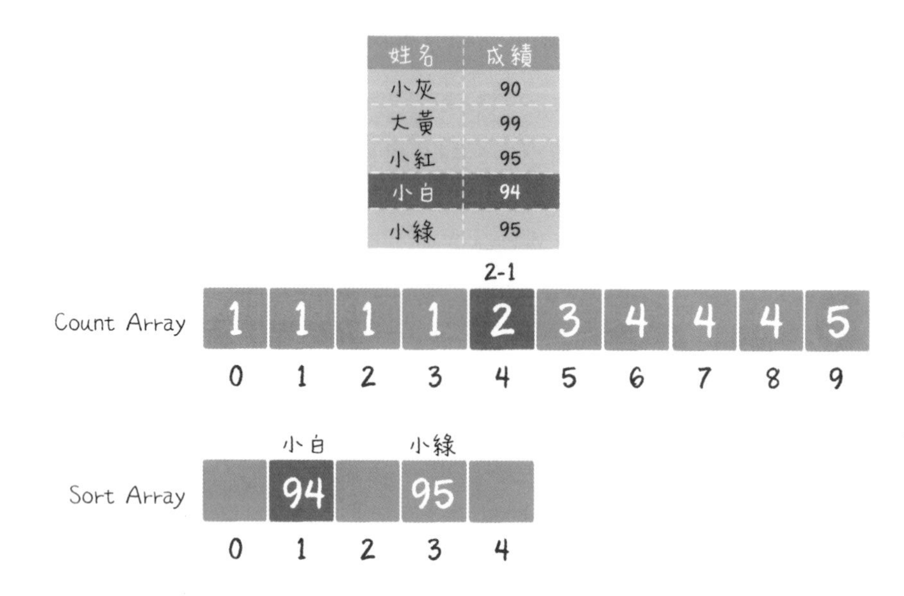

第 3 步，遍訪成績表倒數第 3 行的小紅同學的成績。

小紅的成績是 95 分，找到 countArray 足標是 5 的元素，值是 3（最初是 4，減 1 變成了 3），代表小紅的成績排名位置在第 3 位。

同時，給 countArray 足標是 5 的元素值減 1，從 3 變成 2，代表下次再遇到 95 分的成績時（實際上已經遇不到了），最終排名是第 2。

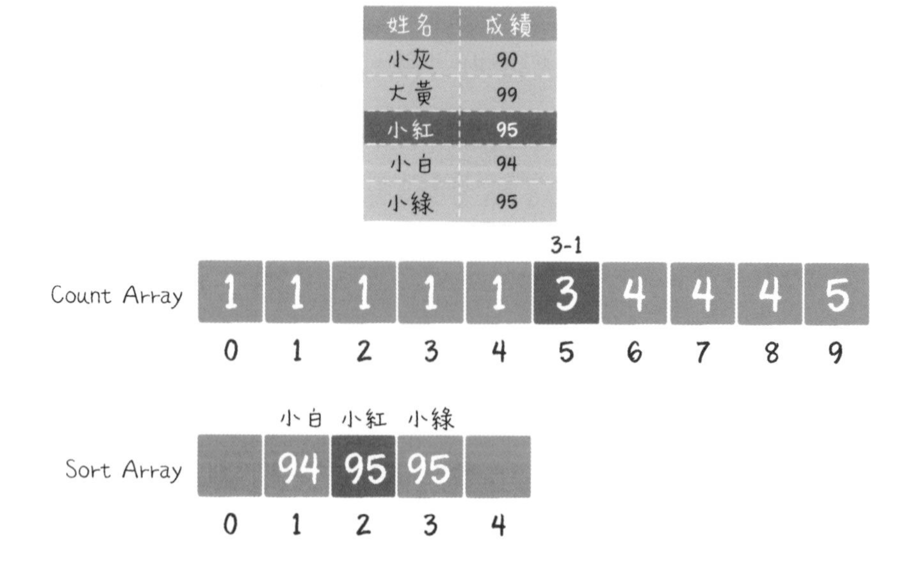

這樣一來，同樣是 95 分的小紅和小綠就能夠清楚地排出順序了，也正因為此，最佳化版本的計數排序屬於**穩定排序**。

後面的遍訪過程以此類推，這裡就不再詳細描述了。

還真是不容易啊，不過大體上明白了。那麼，最佳化之後的計數排序如何用程式碼實作呢？

說起來複雜，其實程式碼很簡潔，讓我們來看一看。

```
1. public static int[] countSort(int[] array) {
2.     //1.得到數列的最大值和最小值，並算出差值d
3.     int max = array[0];
4.     int min = array[0];
5.     for(int i=1; i<array.length; i++) {
6.         if(array[i] > max) {
7.             max = array[i];
8.         }
9.         if(array[i] < min) {
10.            min = array[i];
11.        }
12.    }
13.    int d = max - min;
14.    //2.建立統計陣列並統計對應元素的個數
15.    int[] countArray = new int[d+1];
16.    for(int i=0; i<array.length; i++) {
17.        countArray[array[i]-min]++;
18.    }
19.
20.    //3.統計陣列做變形，後面的元素等於前面的元素之和
21.    for(int i=1;i<countArray.length;i++) {
22.
23.        countArray[i] += countArray[i-1];
24.    }
25.    //4.倒序遍訪原始數列，從統計陣列找到正確位置，輸出到結果陣列
26.    int[] sortedArray = new int[array.length];
27.    for(int i=array.length-1;i>=0;i--) {
28.        sortedArray[countArray[array[i]-min]-1]=array[i];
29.        countArray[array[i]-min]--;
30.    }
31.    return sortedArray;
32. }
33.
34. public static void main(String[] args) {
35.    int[] array = new int[] {95,94,91,98,99,90,99,93,91,92};
36.    int[] sortedArray = countSort(array);
37.    System.out.println(Arrays.toString(sortedArray));
38. }
```

小灰，如果原始數列的規模是 n，最大和最小整數的差值是 m，你說說計數排序的時間複雜度和空間複雜度是多少？

程式碼第 1、2、4 步都涉及遍訪原始數列，運算量都是 n，第 3 步遍訪統計數列，運算量是 m，所以總體運算量是 $3n+m$，去掉係數，時間複雜度是 $O(n+m)$。

至於空間複雜度，如果不考慮結果陣列，只考慮統計陣列大小的話，空間複雜度是 $O(m)$。

不錯哦，回答得很讚！

不過我有一點不太明白，既然計數排序這麼強大，為什麼很少被大家使用呢？

因為計數排序有它的局限性，主要表現為如下兩點。

1. 當數列最大和最小值差距過大時，並不適合用計數排序。

例如列出 20 個隨機整數，範圍在 0 到 1 億之間，這時如果使用計數排序，需要建立長度為 1 億的陣列。不但嚴重浪費空間，而且時間複雜度也會隨之升高。

2. 當數列元素不是整數時，也不適合用計數排序。

如果數列中的元素都是小數，如 25.213，或 0.00000001 這樣的數字，則無法建立對應的統計陣列。這樣顯然無法進行計數排序。

對於這些局限性，另一種線性時間排序演算法做出了彌補，這種排序演算法叫作**桶排序**。

4.5.4 ▸ 什麼是桶排序

桶排序？那又是什麼東西啊？

桶排序同樣是一種線性時間的排序演算法。類似於計數排序所建立的統計陣列，桶排序需要建立若干個桶來協助排序。

那麼，桶排序中所謂的「桶」，又是什麼呢？

每一個桶（bucket）代表一個區間範圍，裡面可以承載一個或多個元素。

假設有一個非整數數列如下：

4.5，0.84，3.25，2.18，0.5

讓我們來看看桶排序的工作原理。

桶排序的第 1 步，就是建立這些桶，並確定每一個桶的區間範圍。

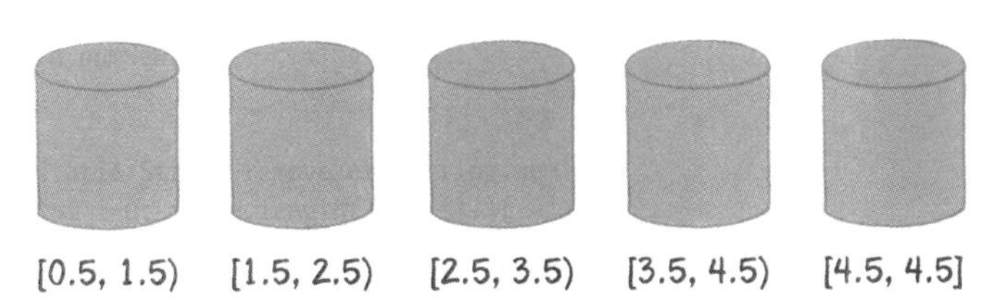

具體需要建立多少個桶，如何確定桶的區間範圍，有很多種不同的方式。我們這裡建立的桶數量等於原始數列的元素數量，除最後一個桶只包含數列最大值外，前面各個桶的區間按照比例來確定。

區間跨度 = （最大值-最小值）/ （桶的數量 - 1）

第 2 步，遍訪原始數列，把元素對號入座放入各個桶中。

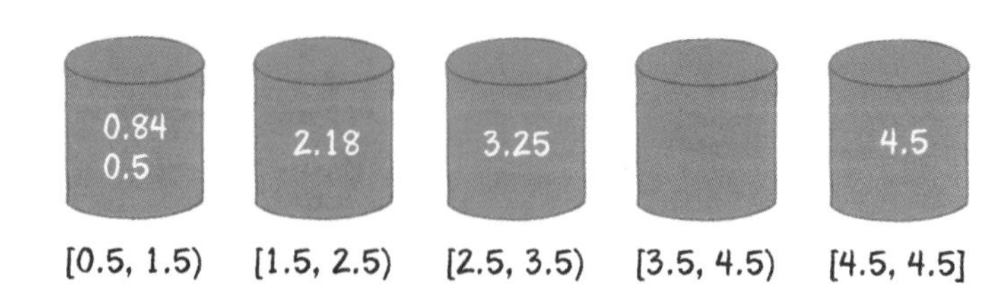

第 3 步，對每個桶內部的元素分別進行排序（顯然，只有第 1 個桶需要排序）。

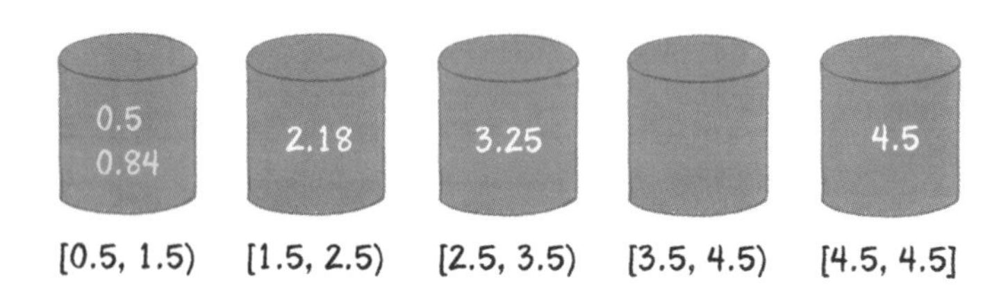

第 4 步，遍訪所有的桶，輸出所有元素。

0.5，0.84，2.18，3.25，4.5

到此為止，排序結束。

原來如此，那麼，程式碼怎麼寫呢？

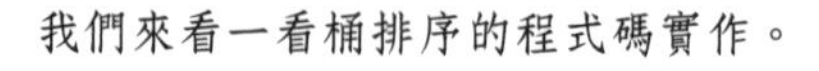

```
1. public static double[] bucketSort(double[] array){
2.
3.     //1.得到數列的最大值和最小值，並算出差值 d
4.     double max = array[0];
5.     double min = array[0];
6.     for(int i=1; i<array.length; i++) {
7.         if(array[i] > max) {
8.             max = array[i];
9.         }
10.        if(array[i] < min) {
11.            min = array[i];
12.        }
13.    }
14.    double d = max - min;
15.
16.    //2.初始化桶
17.    int bucketNum = array.length;
18.    ArrayList<LinkedList<Double>> bucketList = new
```

```
                                ArrayList<LinkedList<Double>>(bucketNum);
19.     for(int i = 0; i < bucketNum; i++){
20.         bucketList.add(new LinkedList<Double>());
21.     }
22.
23.     //3.遍訪原始陣列，將每個元素放入桶中
24.     for(int i = 0; i < array.length; i++){
25.         int num = (int)((array[i] - min)  * (bucketNum-1) / d);
26.         bucketList.get(num).add(array[i]);
27.     }
28.
29.     //4.對每個桶內部進行排序
30.     for(int i = 0; i < bucketList.size(); i++){
31.         //JDK 底層採用了歸併排序或歸併的最佳化版本
32.         Collections.sort(bucketList.get(i));
33.     }
34.
35.     //5.輸出全部元素
36.     double[] sortedArray = new double[array.length];
37.     int index = 0;
38.     for(LinkedList<Double> list : bucketList){
39.         for(double element : list){
40.             sortedArray[index] = element;
41.             index++;
42.         }
43.     }
44.     return sortedArray;
45. }
46.
47. public static void main(String[] args) {
48.     double[] array = new double[]
                    {4.12,6.421,0.0023,3.0,2.123,8.122,4.12, 10.09};
49.     double[] sortedArray = bucketSort(array);
50.     System.out.println(Arrays.toString(sortedArray));
51. }
```

在上述程式碼中，所有的桶都保存在 ArrayList 集合中，每一個桶都被定義成一個鏈結串列（LinkedList<Double>），這樣便於在尾部插入元素。

同時，上述程式碼使用了 JDK 的集合工具類別 Collections.sort 來為桶內部的元素進行排序。Collections.sort 底層採用的是歸併排序或 Timsort，各位讀者可以簡單地把它們當作一種時間複雜度為 $O(n\log n)$ 的排序。

那麼，桶排序的時間複雜度是多少呢？

桶排序的時間複雜度有些複雜，我們來計算一下。

假設原始數列有 n 個元素，分成 n 個桶。

下面逐步來分析一下演算法複雜度。

第 1 步，求數列最大、最小值，運算量為 n。

第 2 步，建立空桶，運算量為 n。

第 3 步，把原始數列的元素分配到各個桶中，運算量為 n。

第 4 步，在每個桶內部做排序，在元素分佈相對均勻的情況下，所有桶的運算量之和為 n。

第 5 步，輸出排序數列，運算量為 n。

因此，桶排序的總體時間複雜度為 $O(n)$。

至於空間複雜度就很容易得到了，同樣是 $O(n)$。

桶排序的性能並非絕對穩定。如果元素的分佈極不均衡，在極端情況下，第一個桶中有 n-1 個元素，最後一個桶中有 1 個元素。此時的時間複雜度將退化為 $O(n\log n)$，而且還白白建立了許多空桶。

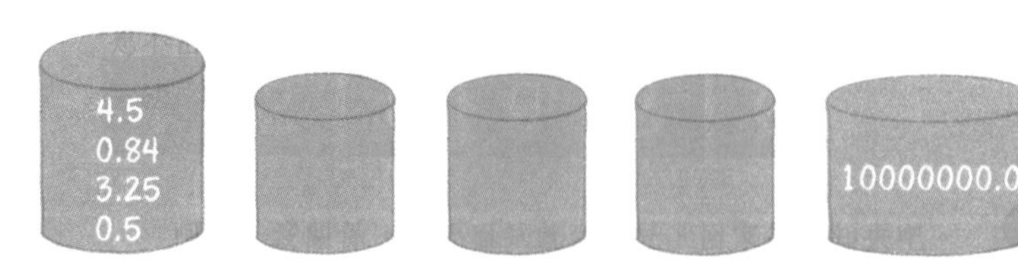

由此可見，並沒有絕對好的演算法，也沒有絕對不好的演算法，要依用途選擇。

關於計數排序和桶排序的知識，我們就介紹到這裡，下一章再見！

4.6 小結

本章我們學習了一些具有代表性的排序演算法。下面根據演算法的時間複雜度、空間複雜度、是否穩定等維度進行歸納。

排序演算法	平均時間複雜度	最壞時間複雜度	空間複雜度	是否穩定排序
氣泡排序	$O(n2)$	$O(n2)$	$O(1)$	穩定
雞尾酒排序	$O(n2)$	$O(n2)$	$O(1)$	穩定
快速排序	$O(n\log n)$	$O(n2)$	$O(\log n)$	不穩定
堆積排序	$O(n\log n)$	$O(n\log n)$	$O(1)$	不穩定
計數排序	$O(n+m)$	$O(n+m)$	$O(m)$	穩定
桶排序	$O(n)$	$O(nlogn)$	$O(n)$	穩定

第 5 章

面試中的演算法

5.1 躊躇滿志的小灰

這一章，我們開始講解形形色色的演算法面試題，其中有許多是面試過程中常常遇到的經典題目。小灰究竟能不能面試成功呢？讓我們為他加油吧！

5.2 如何判斷鏈結串列有環

5.2.1 ▸ 一場與鏈結串列相關的面試

底下考考你一題演算法。

題目

有一個單向鏈結串列，鏈結串列中有可能出現「環」，就像下圖這樣。

那麼，如何用程式來判斷該鏈結串列是否為有環鏈結串列呢？

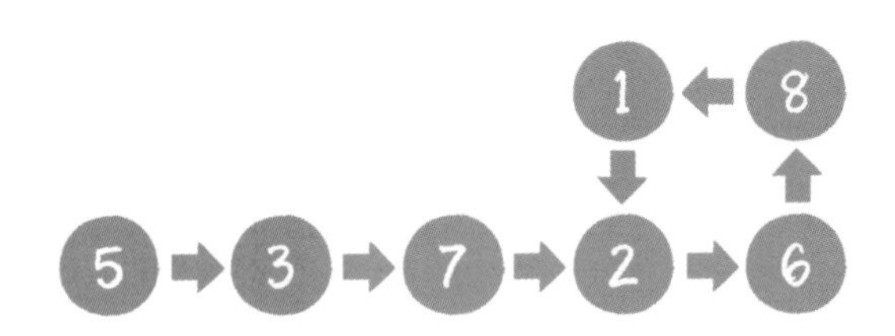

哦，讓我想想啊……

有了！我可以從頭節點開始遍訪整個單鏈結串列……

方法 1：

首先從頭節點開始，依次遍訪單鏈結串列中的每一個節點。每遍訪一個新節點，就從頭檢查新節點之前的所有節點，用新節點和此節點之前所有節點依次做比較。如果發現新節點和之前的某個節點相同，則說明該節點被遍訪過兩次，鏈結串列有環；如果之前的所有節點中不存在與新節點相同的節點，就繼續遍訪下一個新節點，繼續重複剛才的操作。

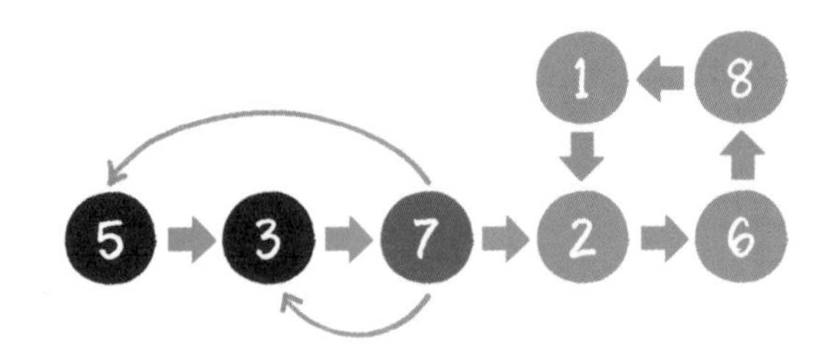

就像圖中這樣，當遍訪鏈結串列節點 7 時，從頭存取節點 5 和節點 3，發現已遍訪的節點中並不存在節點 7，則繼續往下遍訪。

當第 2 次遍訪到節點 2 時，從頭存取曾經遍訪過的節點，發現已經遍訪過節點 2，說明鏈結串列有環。

假設鏈結串列的節點數量為 n，則該解法的時間複雜度為 $O(n^2)$。由於並沒有建立額外的儲存空間，所以空間複雜度為 $O(1)$。

OK，這姑且算是一種方法，有沒有效率更高的解法？

哦，讓我想想啊……

或者，我建立一個雜湊表，然後……

方法 2：

首先建立一個以節點 ID 為 Key 的 HashSet 集合，用來儲存曾經遍訪過的節點。然後同樣從頭節點開始，依次遍訪單鏈結串列中的每一個節點。每遍訪一個新節點，都用新節點和 HashSet 集合中儲存的節點進行比較，如果發現 HashSet 中存在與之相同的節點 ID，則說明鏈結串列有環，如果 HashSet 中不存在與新節點相同的節點 ID，就把這個新節點 ID 存入 HashSet 中，之後進入下一節點，繼續重複剛才的操作。

遍訪過 5、3。

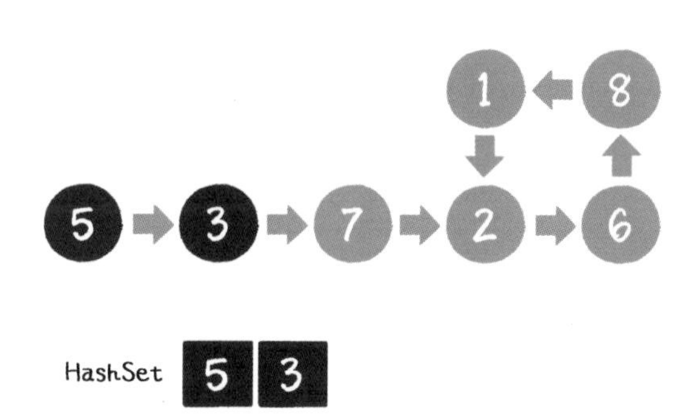

遍訪過 5、3、7、2、6、8、1。

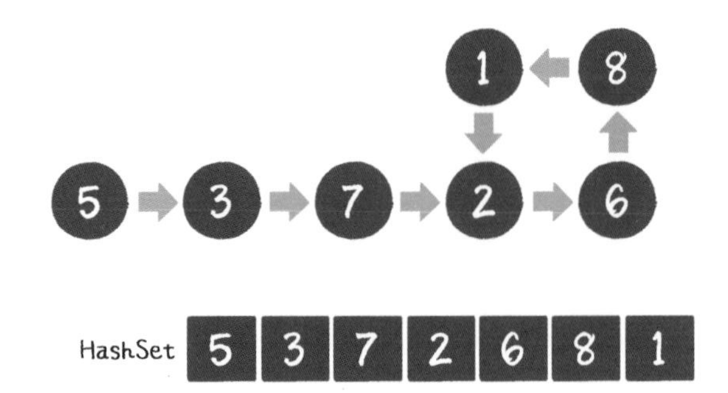

當再一次遍訪節點 2 時，尋找 HashSet，發現節點已存在。

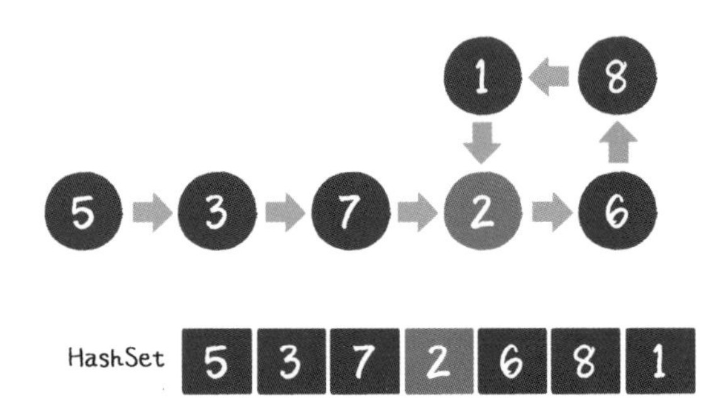

由此可知，鏈結串列有環。

這個方法在流程上和方法 1 類似，區別是使用了 HashSet 作為額外的快取。

假設鏈結串列的節點數量為 n，則該解法的時間複雜度是 $O(n)$。由於使用了額外的儲存空間，所以演算法的空間複雜度同樣是 $O(n)$。

OK，這種方法在時間上已經是最佳了。
有沒有可能在空間上也得到最佳化？

哦，讓我想想啊……

想不出來啊，怎麼讓時間複雜度不變，同時讓空間複雜度降低呢？

呵呵，沒關係，今天就到這裡，你回家等通知吧。

5.2.2 解題思考方式

小灰，你剛剛去面試了？結果怎麼樣？

唉……

大黃，你能教我怎麼才能更有效地判斷一個鏈結串列是否有環呀？

哈哈，小灰，有環鏈結串列的判斷問題是很基礎的演算法題，
許多面試官都喜歡問這個問題，必須要掌握哦！

對於這道題，有一個很巧妙的方法，這個方法利用了兩個指標。

方法 3：

首先建立兩個指標 p1 和 p2（在 Java 裡就是兩個物件參照），讓它們同時指向這個鏈結串列的頭節點。然後開始一個大循環，在循環體中，讓指標 p1 每次向後移動 1 個節點，讓指標 p2 每次向後移動 2 個節點，然後比較兩個指標指向的節點是否相同。如果相同，則可以判斷出鏈結串列有環，如果不同，則繼續下一次迴圈。

第 1 步，p1 和 p2 都指向節點 5。

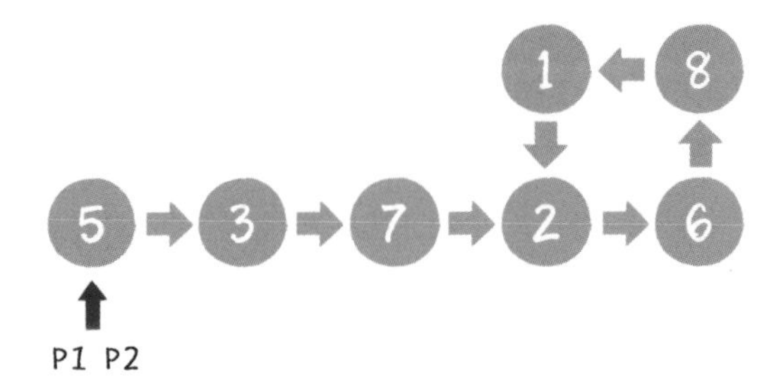

第 2 步，p1 指向節點 3，p2 指向節點 7。

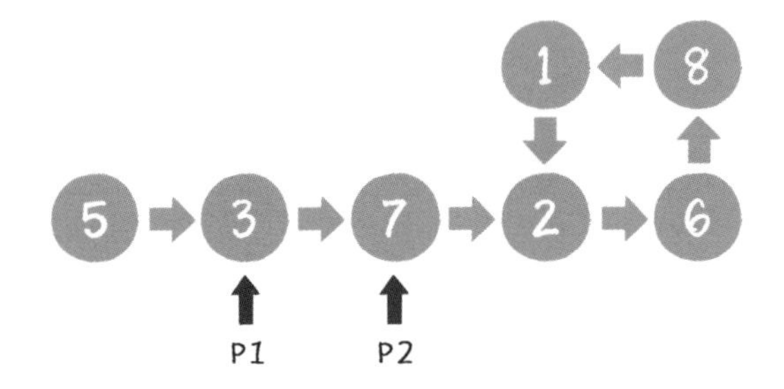

第 3 步，p1 指向節點 7，p2 指向節點 6。

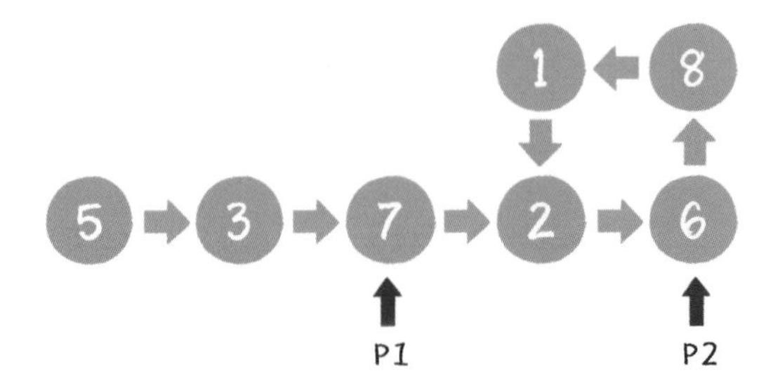

第 4 步，p1 指向節點 2，p2 指向節點 1。

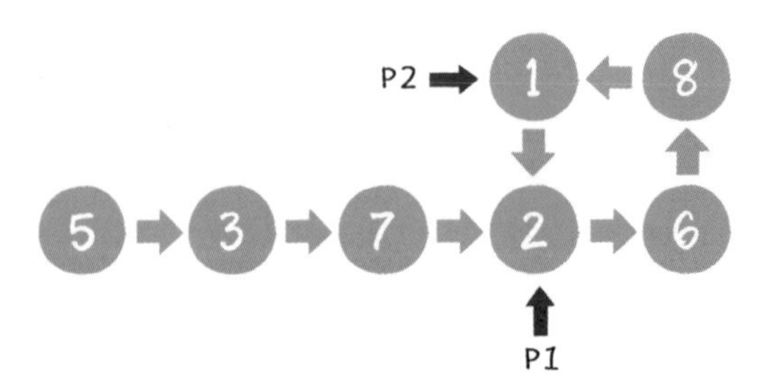

第 5 步，p1 指向節點 6，p2 也指向節點 6，p1 和 p2 所指相同，說明鏈結串列有環。

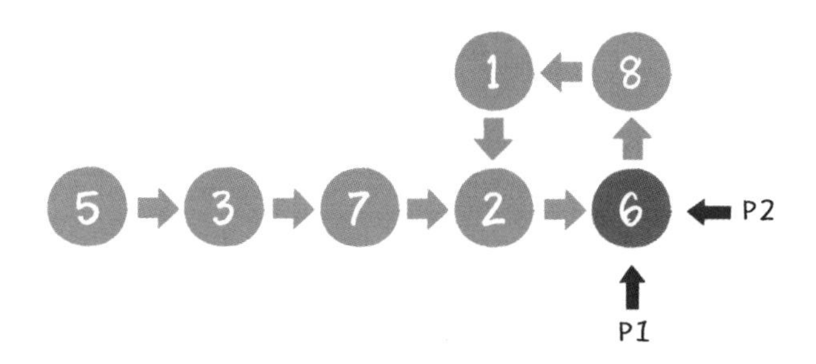

學過小學奧林匹克數學的讀者，一定聽說過數學上的追及問題。此方法就類似於一個追及問題。

在一個環形跑道上，兩個運動員從同一地點起跑，一個運動員速度快，另一個運動員速度慢。當兩人跑了一段時間後，速度快的運動員必然會再次追上並超過速度慢的運動員，原因很簡單，因為跑道是環形的。

假設鏈結串列的節點數量為 n，則該演算法的時間複雜度為 $O(n)$。除兩個指標外，沒有使用任何額外的儲存空間，所以空間複雜度是 $O(1)$。

那麼，這個演算法用程式碼怎麼實作呢？

程式碼實作很簡單，讓我們來看一下。

```
1. /**
2.  * 判斷是否有環
3.  * @param head  鏈結串列頭節點
4.  */
5. public static boolean isCycle(Node head) {
6.     Node p1 = head;
7.     Node p2 = head;
8.     while (p2!=null && p2.next!=null){
9.         p1 = p1.next;
10.         p2 = p2.next.next;
11.         if(p1 == p2){
12.             return true;
13.         }
14.     }
15.     return false;
16. }
```

```
17.
18. /**
19.  * 鏈結串列節點
20.  */
21. private static class Node {
22.     int data;
23.     Node next;
24.     Node(int data) {
25.         this.data = data;
26.     }
27. }
28.
29. public static void main(String[] args) throws Exception {
30.     Node node1 = new Node(5);
31.     Node node2 = new Node(3);
32.     Node node3 = new Node(7);
33.     Node node4 = new Node(2);
34.     Node node5 = new Node(6);
35.     node1.next = node2;
36.     node2.next = node3;
37.     node3.next = node4;
38.     node4.next = node5;
39.     node5.next = node2;
40.
41.     System.out.println(isCycle(node1));
42. }
```

明白了，這真是個好方法！

5.2.3 ▶ 問題擴展

這個題目還可以擴展出許多有意思的問題，例如下面這些。

擴展問題 1：

如果鏈結串列有環，如何求出環的長度？

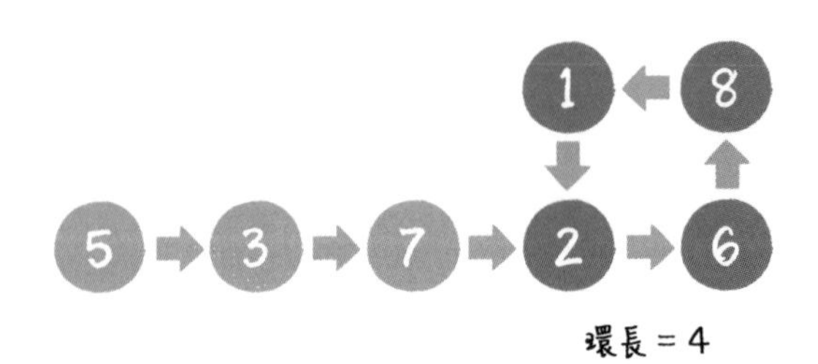

擴展問題 2：

如果鏈結串列有環，如何求出入環節點？

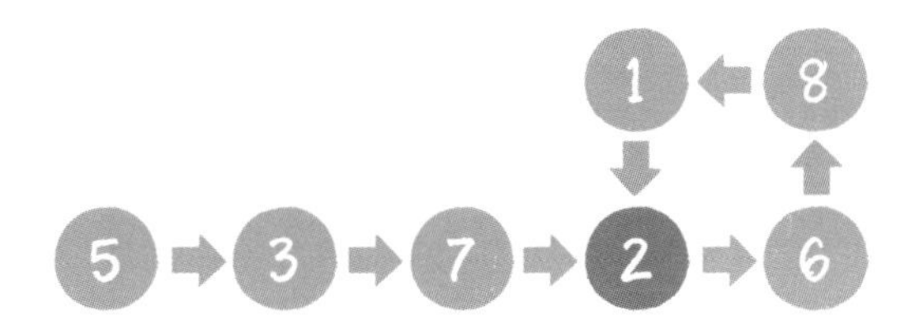

哎呀，這兩個問題怎麼解呢？

第 1 個問題求環長，非常簡單，解法如下。

當兩個指標首次相遇，證明鏈結串列有環的時候，讓兩個指標從相遇點繼續循環前進，並統計前進的循環次數，直到兩個指標第 2 次相遇。此時，統計出來的前進次數就是環長。

因為指標 p1 每次走 1 步，指標 p2 每次走 2 步，兩者的速度差是 1 步。當兩個指標再次相遇時，p2 比 p1 多走了整整 1 圈。

因此，環長 = 每一次速度差 × 前進次數 = 前進次數。

第 2 個問題是求入環點，有些難度，我們可以做一個抽象的推斷。

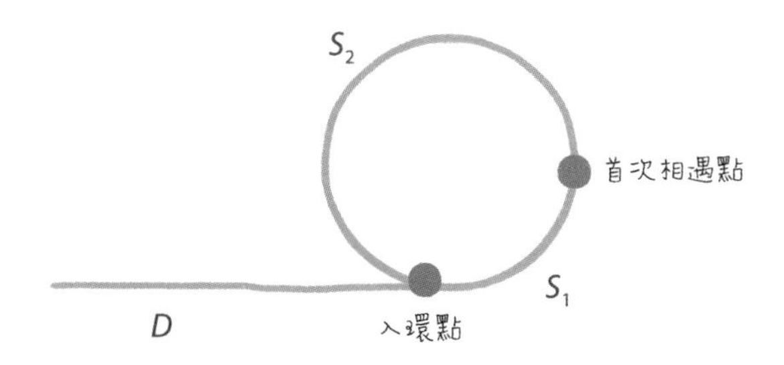

上圖是對有環鏈結串列所做的一個抽象示意圖。假設從鏈結串列頭節點到入環點的距離是 D，從入環點到兩個指標首次相遇點的距離是 S_1，從首次相遇點回到入環點的距離是 S_2。

那麼，當兩個指標首次相遇時，各自所走的距離是多少呢？

指標 p1 一次只走 1 步，所走的距離是 $D+S_1$ 。

指標 p2 一次走 2 步，多走了 $n(n>=1)$整圈，所走的距離是 D+S1+n(S1+S2)。

由於 p2 的速度是 p1 的 2 倍，所以所走距離也是 p1 的 2 倍，因此：

$$2(D+S_1) = D+S_1+n(S_1+S_2)$$

等式經過整理得出：

$$D = (n-1)(S_1+S_2)+S_2$$

也就是說，從鏈結串列頭結點到入環點的距離，等於從首次相遇點繞環 n-1 圈再回到入環點的距離。

這樣一來，只要把其中一個指標放回到頭節點位置，另一個指標保持在首次相遇點，兩個指標都是每次向前走 1 步。那麼，它們最終相遇的節點，就是入環節點。

哇，居然這麼神奇？

我們不妨用原題中鏈結串列的例子來展示一下。

首先，讓指標 p1 回到鏈結串列頭節點，指標 p2 保持在首次相遇點。

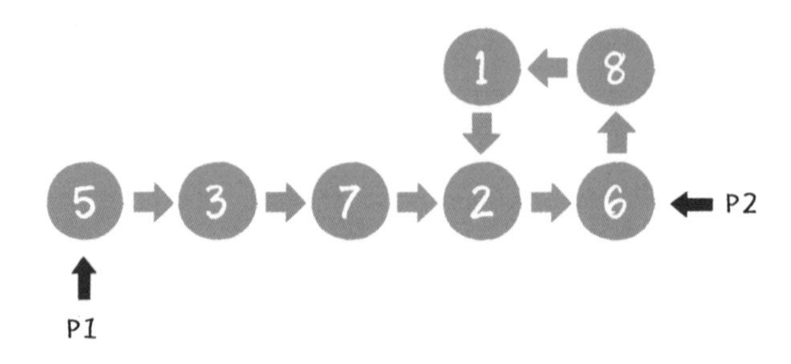

指標 p1 和 p2 各自前進 1 步。

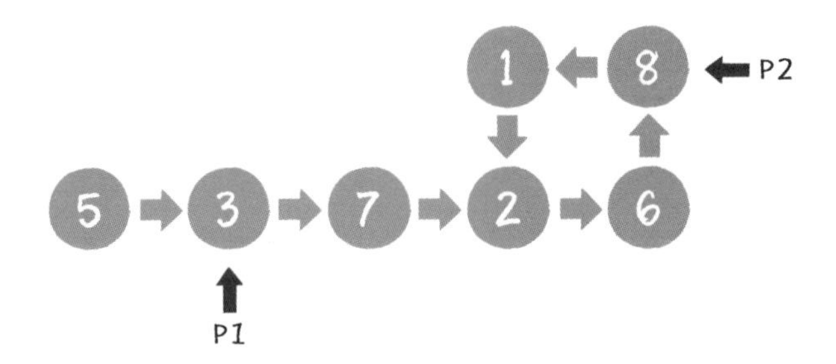

指標 p1 和 p2 第 2 次前進。

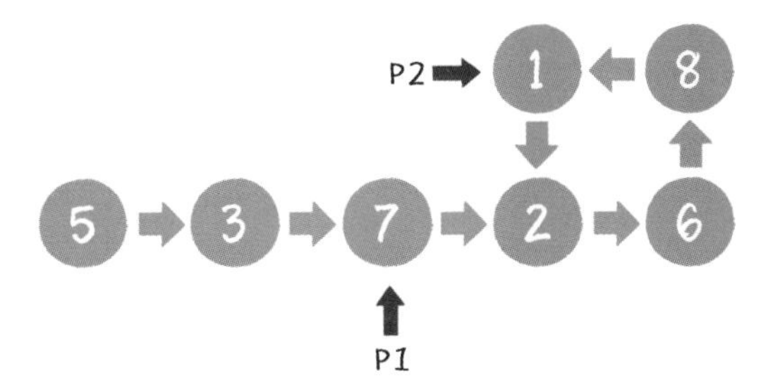

指標 p1 和 p2 第 3 次前進，指向了同一個節點 2，節點 2 正是有環鏈結串列的入環點。

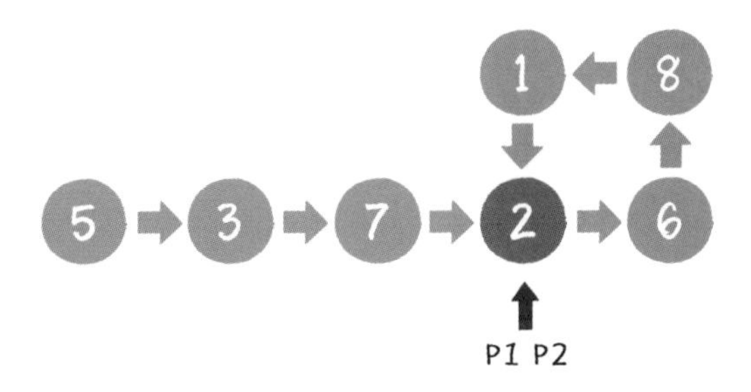

果真在入環點相遇了呢，這下明白了！

好了，關於判斷鏈結串列是否有環及其擴展的題目，
我們就介紹到這裡。咱們下一節再見！

5.3 最小堆疊的實作

5.3.1 ▸ 一場關於堆疊的面試

接下來，考考你一題演算法。

題目

實作一個堆疊，該堆疊帶有推出堆疊（pop）、壓入堆疊（push）、取最小元素（getMin）3 個方法。要保證這 3 個方法的時間複雜度都是 $O(1)$。

呼叫 getMin 方法，返回最小值 3

哦，讓我想想……

我想到啦！可以把堆疊中的最小元素足標暫存起來……

小灰的思考方式如下。

1. 建立一個整數型變數 min，用來儲存堆疊中的最小元素。當第 1 個元素進堆疊時，把進堆疊元素指定值給 min，即把堆疊中唯一的元素當做最小值。

2. 之後每當一個新元素進堆疊，就讓這個新元素和 min 比較大小。如果新元素小於 min，則 min 等於新進堆疊的元素；如果新元素大於或等於 min，則不做改變。

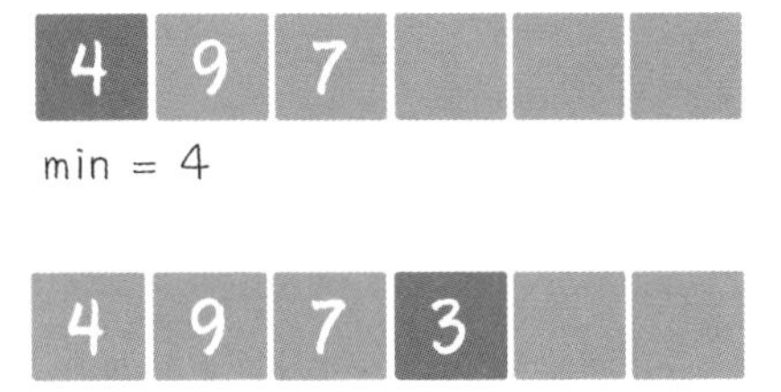

3. 當呼叫 getMin 方法時，直接返回 min 的值即可。

小灰，你有沒有覺得這個思考方式存在什麼問題？

沒有問題呀？這個解法很不錯啊！

呵呵，今天面試就先到這裡，回家等通知去吧！

5.3.2 ▸解題思考方式

小灰，你剛剛去面試了？結果怎麼樣？

唉……

大黃，怎麼才能實作一個最小堆疊呀？我採用臨時變數暫存堆疊的最小值，究竟存在什麼問題呢？

小灰，你想得太簡單啦！你只考慮了進堆疊場合，卻沒有考慮推出堆疊場合。

哦？推出堆疊場合有什麼問題嗎？

讓我來為你示範一下。

原本，堆疊中最小的元素是 3，min 變數記錄的值也是 3。

這時，堆疊頂元素推出堆疊了。

此時的 min 變數應該等於幾呢？

雖然此時的最小元素是 4，但是程式並不知道。

哎呀，還真是……

所以說，只暫存一個最小值是不夠的，
我們需要儲存堆疊中曾經的最小值，作為「備胎」。

詳細的解法步驟如下。

1. 設原有的堆疊叫作堆疊 A，此時建立一個額外的「備胎」堆疊 B，用於輔助堆疊 A。

2. 當第 1 個元素進堆疊 A 時，讓新元素也進堆疊 B。這個唯一的元素是堆疊 A 的目前最小值。

3. 之後，每當新元素進堆疊 A 時，比較新元素和堆疊 A 目前最小值的大小，如果小於堆疊 A 目前最小值，則讓新元素進堆疊 B，此時堆疊 B 的堆疊頂元素就是堆疊 A 目前最小值。

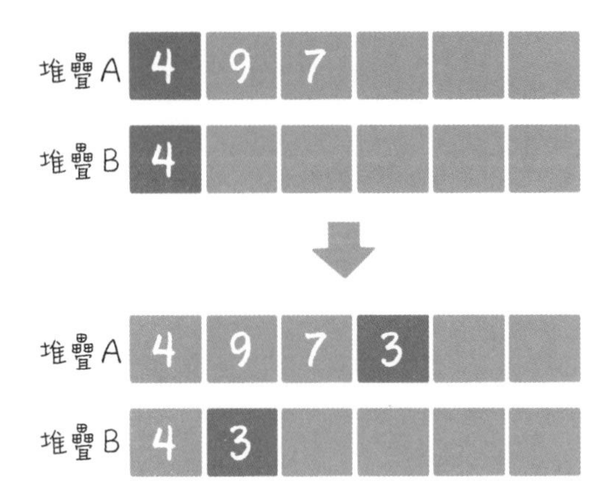

4. 每當堆疊 A 有元素推出堆疊時，如果推出堆疊元素是堆疊 A 目前最小值，則讓堆疊 B 的堆疊頂元素也推出堆疊。此時堆疊 B 餘下的堆疊頂元素所指向的，是堆疊 A 當中原本第 2 小的元素，代替剛才的推出堆疊元素成為堆疊 A 的目前最小值。(備胎轉正。)

5. 當呼叫 getMin 方法時，返回堆疊 B 的堆疊頂所儲存的值，這也是堆疊 A 的最小值。

顯然，這個解法中進堆疊、推出堆疊、取最小值的時間複雜度都是 $O(1)$，最壞情況空間複雜度是 $O(n)$。

這下明白了！那麼程式碼怎麼來實作呢？

程式碼不難實作，讓我們來看一看。

```
1. private Stack<Integer> mainStack = new Stack<Integer>();
2. private Stack<Integer> minStack = new Stack<Integer>();
3.
4. /**
5.  * 壓入堆疊操作
6.  * @param element  壓入堆疊的元素
7.  */
```

```
8. public void push(int element) {
9.     mainStack.push(element);
10.    //如果輔助堆疊為空，或者新元素小於或等於輔助堆疊堆疊頂，則將新元素壓入輔助堆疊
11.    if (minStack.empty() || element  <= minStack.peek()) {
12.        minStack.push(element);
13.    }
14. }
15.
16. /**
17.  * 推出堆疊操作
18.  */
19. public Integer pop() {
20.    //如果推出堆疊元素和輔助堆疊堆疊頂元素值相等，輔助堆疊推出堆疊
21.    if (mainStack.peek().equals(minStack.peek())) {
22.        minStack.pop();
23.    }
24.    return mainStack.pop();
25. }
26.
27. /**
28.  * 獲取堆疊的最小元素
29.  */
30. public int getMin() throws Exception {
31.    if (mainStack.empty()) {
32.        throw new Exception("stack is empty");
33.    }
34.
35.    return minStack.peek();
36. }
37.
38. public static void main(String[] args) throws Exception {
39.    MinStack stack = new MinStack();
40.    stack.push(4);
41.    stack.push(9);
42.    stack.push(7);
43.    stack.push(3);
44.    stack.push(8);
45.    stack.push(5);
46.    System.out.println(stack.getMin());
47.    stack.pop();
48.    stack.pop();
49.    stack.pop();
50.    System.out.println(stack.getMin());
51. }
```

程式碼第 1 行輸出的是 3，因為當時的最小值是 3。

程式碼第 2 行輸出的是 4，因為元素 3 推出堆疊後，最小值是 4。

好了，最小堆疊題目的解法就介紹到這裡，下一節再見！

5.4 如何求出最大公約數

5.4.1 ▸ 一場求最大公約數的面試

接下來考你一題演算法，
數學裡面的最大公約數，知道吧？。

這個我知道，小學就學過。

那麼，看看下面這個演算法題。

題目

寫一段程式碼，求出兩個整數的最大公約數，要儘量最佳化演算法的效能。

哦，讓我試試……

寫出來啦！你看看。

小灰的程式碼如下：

```
1. public static int getGreatestCommonDivisor(int a, int b){
2.     int big = a>b ? a:b;
3.     int small = a<b ? a:b;
4.     if(big%small == 0){
5.         return small;
6.     }
7.     for(int i= small/2; i>1; i--){
8.         if(small%i==0 && big%i==0){
9.             return i;
10.        }
11.    }
12.    return  1;
13. }
14.
15. public static void main(String[] args) {
16.     System.out.println(getGreatestCommonDivisor(25, 5));
17.     System.out.println(getGreatestCommonDivisor(100, 80));
18.     System.out.println(getGreatestCommonDivisor(27, 14));
19. }
```

小灰的思考方式十分簡單。他使用暴力列舉的方法，從較小整數的一半開始，試圖找到一個合適的整數 i，看看這個整數能否被 a 和 b 同時整除。

你這個方法雖然實作出所要求的功能，但是效率不行啊。
想想看，如果我傳入的整數是 10000 和 10001，
用你的方法就需要迴圈 10000/2-1=4999 次！

哎呀，這倒是個問題。

想不出更好的方法了……

5.4.2 解題思考方式

小灰，你剛剛去面試了？結果怎麼樣？

唉……

大黃，怎麼才能更高效地求出兩個整數的最大公約數呀？

小灰，你聽說過**輾轉相除法**嗎？

輾……什麼除法？

是輾轉相除法！又叫作歐幾里得演算法。

輾轉相除法， 又名歐幾里得演算法（Euclidean algorithm），該演算法的目的是求出兩個正整數的最大公約數。它是已知最古老的演算法， 其產生時間可追溯至西元前 300 年前。

這條演算法基於一個定理：**兩個正整數 a 和 b（$a > b$），它們的最大公約數等於 a 除以 b 的餘數 c 和 b 之間的最大公約數**。

例如 10 和 25，25 除以 10 商 2 餘 5，那麼 10 和 25 的最大公約數，等同於 10 和 5 的最大公約數。

有了這條定理，求最大公約數就變得簡單了。我們可以使用遞迴的方法把問題逐步簡化。

首先，計算出 a 除以 b 的餘數 c，把問題轉化成求 b 和 c 的最大公約數；然後計算出 b 除以 c 的餘數 d，把問題轉化成求 c 和 d 的最大公約數；再計算出 c 除以 d 的餘數 e，把問題轉化成求 d 和 e 的最大公約數……

以此類推，逐漸把兩個較大整數之間的運算簡化成兩個較小整數之間的運算，直到兩個數可以整除，或者其中一個數減小到 1 為止。

說了這麼多理論不如直接寫程式碼，小灰，你按照輾轉相除法的思考方式改改你的程式碼吧。

好的，讓我試試！

輾轉相除法的實作程式碼如下：

```
1.  public static int getGreatestCommonDivisorV2(int a, int b){
2.      int big = a>b ? a:b;
3.      int small = a<b ? a:b;
4.      if(big%small == 0){
5.          return small;
6.      }
7.      return getGreatestCommonDivisorV2(big%small, small);
8.  }
9.
10. public static void main(String[] args) {
11.     System.out.println(getGreatestCommonDivisorV2(25, 5));
12.     System.out.println(getGreatestCommonDivisorV2(100, 80));
13.     System.out.println(getGreatestCommonDivisorV2(27, 14));
14. }
```

沒錯，這確實是輾轉相除法的思考方式。不過有一個問題，當兩個整數較大時，做 $a\%b$ 取模運算的效能會比較差。

這我也明白，可是不取模的話，還能怎麼辦呢？

說到這裡，另一個演算法就要登場了，它叫作**更相減損術**。

更相減損術， 出自中國古代的《九章算術》，也是一種求最大公約數的演算法。古希臘人很聰明，可是我們炎黃子孫也不差。

它的原理更加簡單：**兩個正整數 a 和 b（$a > b$），它們的最大公約數等於 $a - b$ 的差值 c 和較小數 b 的最大公約數**。例如 10 和 25，25 減 10 的差是 15，那麼 10 和 25 的最大公約數，等同於 10 和 15 的最大公約數。

由此，我們同樣可以透過遞迴來簡化問題。首先，計算出 a 和 b 的差值 c（假設 $a>b$），把問題轉化成求 b 和 c 的最大公約數；然後計算出 c 和 b 的差值 d（假設 $c>b$），把問題轉化成求 b 和 d 的最大公約數；再計算出 b 和 d 的差值 e（假設 $b>d$），把問題轉化成求 d 和 e 的最大公約數……

以此類推，逐漸把兩個較大整數之間的運算簡化成兩個較小整數之間的運算，直到兩個數可以相等為止，最大公約數就是最終相等的這兩個數的值。

OK，這就是更相減損術的思考方式，
你按照這個思考方式再寫一段程式碼看看。

好的，讓我試試！

更相減損術的實作程式碼如下：

```
1. public static int getGreatestCommonDivisorV3(int a, int b){
2.     if(a == b){
3.         return a;
4.     }
5.     int big = a>b ? a:b;
6.     int small = a<b ? a:b;
7.     return getGreatestCommonDivisorV3(big-small, small);
8. }
9.
10. public static void main(String[] args) {
11.     System.out.println(getGreatestCommonDivisorV3(25, 5));
12.     System.out.println(getGreatestCommonDivisorV3(100, 80));
13.     System.out.println(getGreatestCommonDivisorV3(27, 14));
14. }
```

很好，更相減損術的過程就是這樣。我們避免了大整數
取模可能出現的效能問題，已經越來越接近最佳解決方案了。

但是，更相減損術依靠兩數求差的方式來遞迴，運算次數一定遠大於輾轉相除法的取模方式吧？

能發現問題，看來你進步了。更相減損術是不穩定的演算法，當兩數相差懸殊時，如計算 10000 和 1 的最大公約數，就要遞迴 9999 次！

有什麼辦法可以既避免大整數取模，又能盡可能地減少運算次數呢？

下面就是我要說的最佳方法：把輾轉相除法和更相減損術的優勢結合起來，在更相減損術的基礎上使用移位運算。

眾所周知，移位運算的效能非常好。對於列出的正整數 a 和 b，不難得到如下的結論。

（從下文開始，獲得最大公約數的方法 getGreatestCommonDivisor 被簡寫為 gcd。）

當 a 和 b 均為偶數時，gcd(a, b) = 2×gcd(a/2, b/2) = 2×gcd(a>>1, b>>1)。

當 a 為偶數，b 為奇數時，gcd(a, b) = gcd(a/2, b) = gcd(a>>1, b)。

當 a 為奇數，b 為偶數時，gcd(a, b) = gcd(a, b/2) = gcd(a, b>>1)。

當 a 和 b 均為奇數時，先利用更相減損術運算一次，gcd(a, b) = gcd(b, a-b)， 此時 a-b 必然是偶數，然後又可以繼續進行移位運算。

例如計算 10 和 25 的最大公約數的步驟如下。

1. 整數 10 透過移位，可以轉換成求 5 和 25 的最大公約數。
2. 利用更相減損術，計算出 25-5=20，轉換成求 5 和 20 的最大公約數。
3. 整數 20 透過移位，可以轉換成求 5 和 10 的最大公約數。
4. 整數 10 透過移位，可以轉換成求 5 和 5 的最大公約數。
5. 利用更相減損術，因為兩數相等，所以最大公約數是 5。

這種方式在兩數都比較小時，可能看不出計算次數的優勢；當兩數越大時，計算次數的減少就會越明顯。

說了這麼多，來看看程式碼吧，這是最終版本的程式碼。

```
1. public static int gcd(int a, int b){
2.     if(a == b){
3.         return a;
4.     }
5.     if((a&1)==0 && (b&1)==0){
6.         return gcd(a>>1, b>>1)<<1;
7.     } else if((a&1)==0 && (b&1)!=0){
8.         return gcd(a>>1, b);
9.     } else if((a&1)!=0 && (b&1)==0){
10.        return gcd(a, b>>1);
11.    } else {
12.        int big = a>b ? a:b;
13.        int small = a<b ? a:b;
14.        return gcd(big-small, small);
15.    }
16. }
17.
18. public static void main(String[] args) {
19.    System.out.println(gcd(25, 5));
20.    System.out.println(gcd(100, 80));
21.    System.out.println(gcd(27, 14));
22. }
```

在上述程式碼中，判斷整數奇偶性的方式是讓整數和 1 進行與運算，如果 (a&1)==0，則說明整數 a 是偶數；如果 (a&1) !=0，則說明整數 a 是奇數。

真不容易呀，終於得到了最佳解！

嘿嘿，作為程式設計師，就是需要反復推敲，追求程式碼的極致！

我還有最後一個問題，我們使用的這些方法，時間複雜度分別是多少呢？

讓我們來總結一下上述解法的時間複雜度。

1. **暴力列舉法**：時間複雜度是 $O(\min(a, b))$。
2. **輾轉相除法**：時間複雜度不太好計算，可以近似為 $O(\log(\max(a, b)))$，但是取模運算效能較差。
3. **更相減損術**：避免了取模運算，但是演算法效能不穩定，最壞時間複雜度為 $O(\max(a, b))$。
4. **更相減損術與移位相結合**：不但避免了取模運算，而且演算法效能穩定，時間複雜度為 $O(\log(\max(a, b)))$。

好了，有關最大公約數的求解，我們就介紹到這裡。
咱們下一節再會！

5.5 如何判斷某個數是否為 2 的整數乘方

5.5.1 ▸ 一場很「2」的面試

下面我來考你一道演算法題，給你一個正整數，
如何判斷它是不是 2 的整數次冪？

題目

實作一個方法，來判斷一個正整數是否是 2 的整數次冪（如 16 是 2 的 4 次方，返回 true；18 不是 2 的整數次冪，則返回 false）。要求效能盡可能高。

哦，讓我想想……

我想到了！利用一個整數型變數，讓它從 1 開始不斷乘以 2，將每一次乘 2 的結果和目標整數進行比較。

小灰的具體想法如下。

建立一個中間變數 temp，初始值是 1。然後進入一個迴圈，每次迴圈都讓 temp 和目標整數相比較，如果相等，則說明目標整數是 2 的整數次冪；如果不相等，則讓 temp 增大 1 倍，繼續迴圈並進行比較。當 temp 的值大於目標整數時，說明目標整數不是 2 的整數次冪。

舉個例子。

列出一個整數 19，則

1X2 = 2，

2X2 = 4，

4X2 = 8，

8X2 = 16，

16X2 = 32，

由於 32 > 19，所以 19 不是 2 的整數次冪。

如果目標整數的大小是 n，則此方法的時間複雜度是 $O(\log n)$。

程式碼已經寫好了，快來看看！

```
1.  public static boolean isPowerOf2(int num) {
2.      int temp = 1;
3.      while(temp<=num){
4.          if(temp == num){
5.              return true;
6.          }
7.          temp = temp*2;
8.      }
9.      return false;
10. }
11.
12. public static void main(String[] args) {
13.     System.out.println(isPowerOf2(32));
14.     System.out.println(isPowerOf2(19));
15. }
```

OK，這樣寫實作了所要求的功能，
你思考一下該怎麼來提高其效能呢？

哦，讓我想想……

我想到了，可以把之前乘以 2 的操作改成向左移位，移位的效能比乘法高得多。來看看改變之後的程式碼吧。

```
1. public static boolean isPowerOf2V2(int num) {
2.     int temp = 1;
3.     while(temp<=num){
4.         if(temp == num){
5.             return true;
6.         }
7.         temp = temp<<1;
8.     }
9.     return false;
10. }
```

OK，這樣確實有一定最佳化。但目前演算法的時間複雜度仍然是 O(logn)，本質上沒有變。

如何才能在效能上有質的飛躍呢？

哦，讓我想想……

想不出來啦，時間複雜度為 $O(\log n)$ 已經很快了，難道還能有 $O(1)$ 的方法？

呵呵，沒關係，今天面試就到這兒，回家等通知去吧。

5.5.2 解題思考方式

小灰，你剛剛去面試了？結果怎麼樣？

唉……

大黃，怎麼才能更高效地判斷一個整數是否是 2 的整數次冪呢？
難道存在時間複雜度只有 $O(1)$ 的方法？

小灰呀，這個題目還真有 $O(1)$ 的解法。

Really？怎麼做到呢？

你先想一想，如果把 2 的整數次冪轉換成二進位數字，
會有什麼樣的共同點？

讓我想想，十進位的 2 轉換成二進位是 10B，4 轉換成二進位是 100B，8 轉化成二進位是 1000B……

十進位	二進位	是否為 2 的整數次冪
8	1000B	是
16	10000B	是
32	100000B	是
64	1000000B	是
100	1100100B	否

我知道了！如果一個整數是 2 的整數次冪，那麼當它轉化成二進位時，只有最高位是 1，其他位都是 0！

沒錯，是這樣的。接下來如果把這些 2 的整數次冪各自減 1，
再轉化成二進位，會有什麼樣的特點呢？

都減 1？讓我試試啊！

十進位	二進位	原數值-1	是否為 2 的整數次冪
8	1000B	111B	是
16	10000B	1111B	是
32	100000B	11111B	是
64	1000000B	111111B	是
100	1100100B	1100011B	否

我發現了，2 的整數次冪一旦減 1，它的二進位數字就全部變成了 1！

很好，這時候如果用原數值（2 的整數次冪）和它減 1 的結果進行按位與（&）運算，也就是 $n\&(n-1)$，會是什麼結果呢？

十進位	二進位	原數值-1	$n\&n-1$	是否為 2 的整數次冪
8	1000B	111B	0	是
16	10000B	1111B	0	是
32	100000B	11111B	0	是
64	1000000B	111111B	0	是
100	1100100B	1100011B	1100000B	否

0 和 1 的&運算的結果是 0，所以凡是 2 的整數次冪和它本身減 1 的結果進行與運算，結果都必定是 0。反之，如果一個整數不是 2 的整數次冪，結果一定不是 0！

那麼，解決這個問題的方法已經很明顯了，
你說說怎樣來判斷一個整數是否是 2 的整數次冪。

很簡單，對於一個整數 n，只需要計算 $n\&(n-1)$ 的結果是不是 0。這個方法的時間複雜度只有 $O(1)$。

程式碼我已經寫好了，除方法宣告之外，只有 1 行哦！

```
1. public static boolean isPowerOf2(int num) {
2.     return (num&num-1) == 0;
3. }
```

非常好，這就是位元運算的妙用。
這道題目就說到這裡，下一節再會！

5.6 無序陣列排序後的最大相鄰差

5.6.1 ▸ 一道奇葩的面試題

接下來，考考你一題演算法，有一個無序整數型陣列……

題目

有一個無序整數型陣列，如何求出該陣列排序後的任意兩個相鄰元素的最大差值？要求時間和空間複雜度盡可能低。

可能題目有點不好懂，讓我們來看一個例子。

無序陣列：2 6 3 4 5 10 9

無序陣列：2 3 4 5 6 9 10

最大相鄰差=3

哦，讓我想想……

嗨，這還不簡單嗎？先使用時間複雜度為 $O(n\log n)$ 的排序演算法給原來的陣列排序，然後遍訪陣列，對每兩個相鄰元素求差，最大差值不就出來了嗎？

解法 1：

使用任意一種時間複雜度為 $O(n\log n)$ 的排序演算法（如快速排序）給原陣列排序，然後遍訪排好序的陣列，並對每兩個相鄰元素求差，最終得到最大差值。

該解法的時間複雜度是 $O(n\log n)$，在不改變原陣列的情況下，空間複雜度是 $O(n)$。

唉，我出這樣的題目，顯然不是為了讓你來排序的。
你再想想，有沒有更快的解法？

沒有了呀。不排序的話還能怎麼做呢？

呵呵，那你回家等通知去吧！

5.6.2 ▸ 解題思考方式

小灰，你剛剛去面試了？結果怎麼樣？

唉……

大黃，我今天遇見一道怪題，怎樣才能計算出無序陣列排序後的最大相鄰差值？

嗯……這道題確實很有意思。雖然對陣列排序以後一定能得到正確的結果，但我們沒有必要真的去進行排序。

不排序的話，該怎麼辦呢？

小灰，你記不記得，有哪些排序演算法的時間複雜度是線性的？

好像有計數排序、桶排序，還有個什麼基數排序……可你剛才不是說不用排序嗎？

別急，我們僅僅是借助一下這些排序的思考方式而已。小灰你想一下，這道題能不能像計數排序一樣，利用陣列足標來解決？

像計數排序一樣？讓我想想啊……

有了！我可以使用計數排序的思想，先找出原陣列最大值和最小值的差……

解法 2：

1. 利用計數排序的思想，先求出原陣列的最大值 max 與最小值 min 的區間長度 k（k=max-min+1），以及偏移量 d=min。

2. 建立一個長度為 k 的新陣列 Array。

3. 遍訪原陣列，每遍訪一個元素，就把新陣列 Array 對應足標的值+1。例如原陣列元素的值為 n，則將 Array[n-min]的值加 1。遍訪結束後，Array 的一部分元素值變成了 1 或更高的數值，一部分元素值仍然是 0。

4. 遍訪新陣列 Array，統計出 Array 中最大連續出現 0 值的次數+1，即為相鄰元素最大差值。

例如給定一個無序陣列 { 2, 6, 3, 4, 5, 10, 9 }，處理過程如下圖。

第 1 步，確定 k（陣列長度）和 d（偏移量）。

Min　　　　Max
2 6 3 4 5 10 9
k=Max-Min+1=10-2+1=9
偏移量=2

第 2 步，建立陣列。

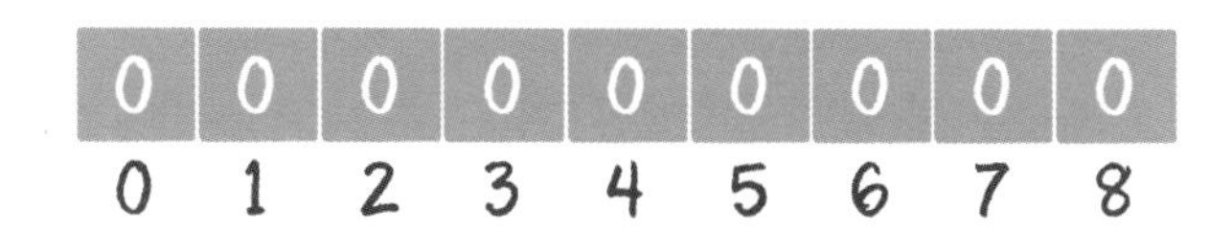

第 3 步，遍訪原陣列，對號入座。

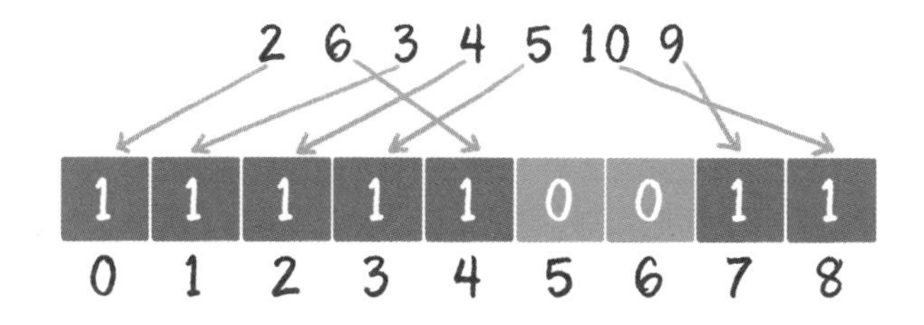

第 4 步，判斷 0 值最多連續出現的次數，計算出最大相鄰差。

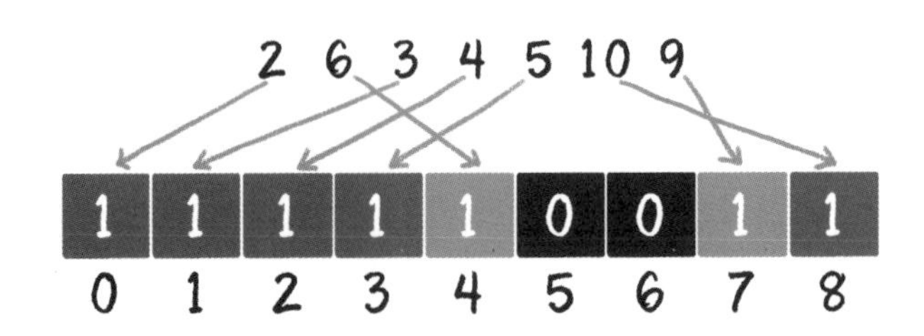

很好，我們已經進步了很多。
這個思考方式在陣列元素差值不很懸殊的時候，確實效率很高。

可是設想一下，如果原陣列只有 3 個元素：1、2、1000000，那就要建立長度是 1000000 的陣列！想一想還能如何最佳化？

讓我想想啊……

對了！桶排序的思維正好解決了這個問題！

解法 3：

1. 利用桶排序的思維，根據原陣列的長度 n，建立出 n 個桶，每一個桶代表一個區間範圍。其中第 1 個桶從原陣列的最小值 min 開始，區間跨度是 (max-min) / (n-1)。
2. 遍訪原陣列，把原陣列每一個元素插入到對應的桶中，記錄每一個桶的最大和最小值。
3. 遍訪所有的桶，統計出每一個桶的最大值，和這個桶右側非空桶的最小值的差，數值最大的差即為原陣列排序後的相鄰最大差值。

例如列出一個無序陣列 { 2, 6, 3, 4, 5, 10, 9 }，處理過程如下圖。

第 1 步，根據原陣列，建立桶，確定每個桶的區間範圍。

第 2 步，遍訪原陣列，確定每個桶內的最大和最小值。

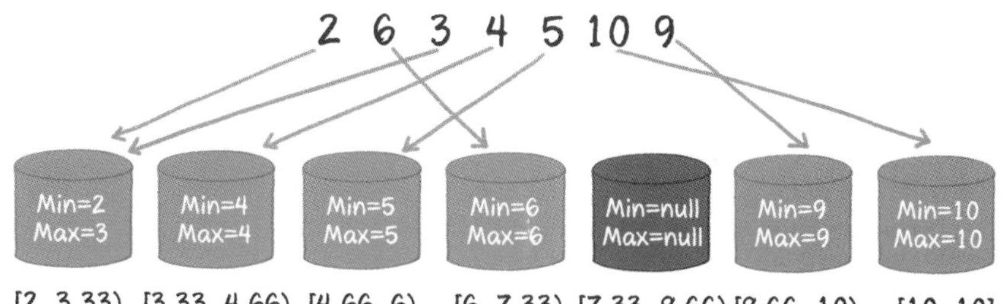

第 3 步，遍訪所有的桶，找出最大相鄰差。

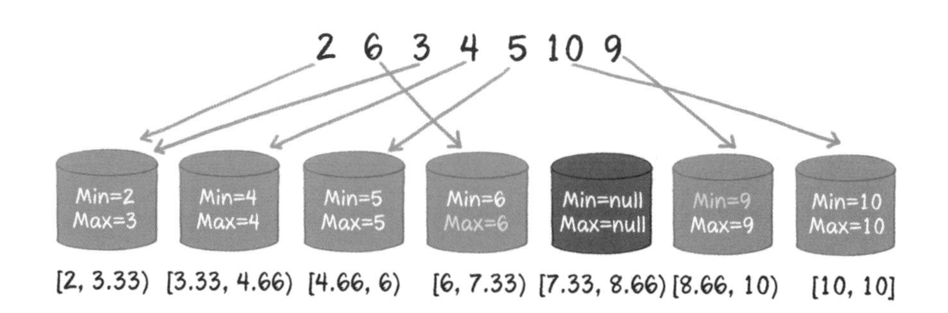

這個方法不需要像標準桶排序那樣給每一個桶內部進行排序，只需要記錄桶內的最大和最小值即可，所以時間複雜度穩定在 $O(n)$。

很好，讓我們來寫一下程式碼吧。

好的，我試試。

```
1. public static int getMaxSortedDistance(int[] array){
2.
3.     //1.得到數列的最大值和最小值
4.     int max = array[0];
5.     int min = array[0];
6.     for(int i=1; i<array.length; i++) {
7.         if(array[i] > max) {
8.             max = array[i];
9.         }
10.        if(array[i] < min) {
11.            min = array[i];
12.        }
13.    }
14.    int d = max - min;
15.    //如果max和min相等，說明陣列所有元素都相等，返回0
16.    if(d == 0){
17.        return 0;
18.    }
19.
20.    //2.初始化桶
21.    int bucketNum = array.length;
22.    Bucket[] buckets = new Bucket[bucketNum];
23.    for(int i = 0; i < bucketNum; i++){
24.        buckets[i] = new Bucket();
25.    }
26.
27.    //3.遍訪原始陣列，確定每個桶的最大最小值
28.    for(int i = 0; i < array.length; i++){
29.        //確定陣列元素所歸屬的桶足標
30.        int index = ((array[i] - min)  * (bucketNum-1) / d);
31.        if(buckets[index].min==null || buckets[index].
               min>array[i]){
32.             buckets[index].min = array[i];
33.        }
34.        if(buckets[index].max==null || buckets[index].
               max<array[i]){
35.             buckets[index].max = array[i];
36.        }
37.    }
38.
39.    //4.遍訪桶，找到最大差值
40.    int leftMax = buckets[0].max;
```

```
41.     int maxDistance = 0;
42.     for (int i=1; i<buckets.length; i++) {
43.         if (buckets[i].min == null) {
44.             continue;
45.         }
46.         if (buckets[i].min - leftMax > maxDistance) {
47.             maxDistance = buckets[i].min - leftMax;
48.         }
49.         leftMax = buckets[i].max;
50.     }
51.
52.     return maxDistance;
53. }
54.
55. /**
56.  * 桶
57.  */
58. private static class Bucket {
59.     Integer min;
60.     Integer max;
61. }
62.
63. public static void main(String[] args) {
64.     int[] array = new int[] {2,6,3,4,5,10,9};
65.     System.out.println(getMaxSortedDistance(array));
66. }
```

程式碼的前幾步都比較直觀，唯獨第 4 步稍微有些不好理解：使用臨時變數 leftMax，在每一輪反覆運算時儲存目前左側桶的最大值。而兩個桶之間的差值，則是 buckets[i].min-leftMax。

這就是這道題目的最佳解決方法。關於無序陣列排序後最大差值的問題就介紹到這裡，我們下一節再見！

5.7 如何用堆疊實作佇列

5.7.1 ▸ 又是一道關於堆疊的面試題

那麼下面我來考你一題演算法，怎樣用堆疊來實作一個佇列?

題目

用堆疊來模擬一個佇列，要求實作佇列的兩個基本操作：入佇列、出佇列。

嗯……堆疊是先入後出，佇列是先入先出，用堆疊沒辦法實作佇列吧？

給你一個提示，用一個堆疊沒辦法實作佇列，但如果有兩個堆疊呢？

讓我想想啊……

沒想出來，就算給我 8 個堆疊，我也不知道怎麼實作佇列。

呵呵，沒事，回家等通知去吧！

5.7.2 ▸ 解題思考方式

小灰，你剛剛去面試了？結果怎麼樣？

唉……

大黃，你能不能講解一下，怎樣用兩個堆疊來實作一個佇列？

要解決這個問題，先來回顧一下堆疊和佇列的不同特點。

堆疊的特點是先入後出，出入元素都是在同一端（堆疊頂）。

壓入堆疊：

推出堆疊：

佇列的特點是先入先出，出入元素是在不同的兩端（佇列頭和佇列尾）。

入佇列：

出佇列：

既然我們擁有兩個堆疊，那麼可以讓其中一個堆疊作為佇列的入口，負責插入新元素；另一個堆疊作為佇列的出口，負責移除老元素。

可是，兩個堆疊是各自獨立的，怎麼能把它們有效地關聯起來呢？

別急，我們實際演練一下。

佇列的主要操作無非有兩個：入佇列和出佇列。

在類比入佇列操作時，每一個新元素都被壓入到堆疊 A 當中。

讓元素 1 入佇列。

讓元素 2 入佇列。

讓元素 3 入佇列。

這時，我們希望最先入佇列的元素 1 出佇列，需要怎麼做呢？

讓堆疊 A 中的所有元素按順序推出堆疊，再按照推出堆疊順序壓入堆疊 B。這樣一來，元素從堆疊 A 彈出並壓入堆疊 B 的順序是 3、2、1，和當初進堆疊 A 的順序 1、2、3 是相反的。

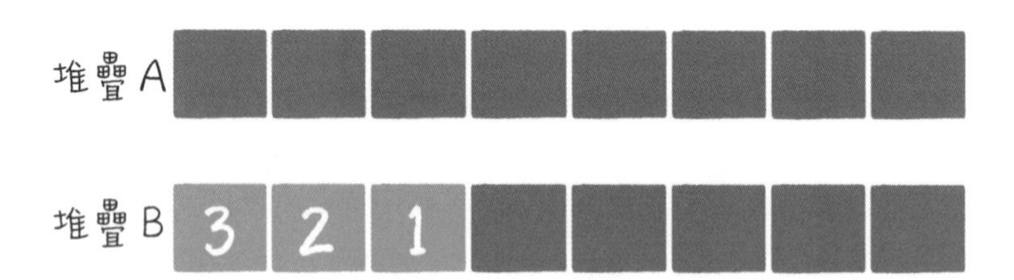

此時讓元素 1 出佇列，也就是讓元素 1 從堆疊 B 中彈出。

讓元素 2 出佇列。

如果這個時候又想做入佇列操作的話呢？

很簡單，當有新元素入佇列時，重新把新元素壓入堆疊 A。

讓元素 4 入佇列。

此時出佇列操作仍然從堆疊 B 中彈出元素。

讓元素 3 出佇列。

現在堆疊 B 已經空了，如果想再出佇列該怎麼辦呢？

也不難，只要堆疊 A 中還有元素，就像剛才一樣，
把堆疊 A 中的元素彈出並壓入堆疊 B 即可。

讓元素 4 出佇列。

怎麼樣，這回你繞明白了嗎？

哦，基本上明白了，那麼程式碼要怎麼實作呢？

程式碼很好寫，讓我們來看一看。

```
1. private Stack<Integer> stackA = new Stack<Integer>();
2. private Stack<Integer> stackB = new Stack<Integer>();

3. /**
4.   * 入佇列操作
5.   * @param element 6.     */
7. public void enQueue(int element) {
8.   9.   }

10. /**
11.  * 出佇列操作
12.  */
13. public Integer deQueue() {
14.  if(stackB.isEmpty()){
15.  if(stackA.isEmpty()){
16.  return null;
17.  18.   19.   20.   return stackB.pop();
```

```
21. }
22.
23. /**
24.  * 堆疊A元素轉移到堆疊B
25.  */
26. private void transfer(){
27.  while (!stackA.isEmpty()){
28.
29.
30. }
31. public static void main(String[] args) throws Exception {
32.  StackQueue stackQueue = new StackQueue();
33.  1);
34.  2);
35.  3);
36.  System.out.println(stackQueue.deQueue());
37.  System.out.println(stackQueue.deQueue());
38.  4);
39.  System.out.println(stackQueue.deQueue());
40.  System.out.println(stackQueue.deQueue());
41. }
```

小灰，你說說看，這個佇列的入佇列和出佇列操作，
時間複雜度分別是多少？

入佇列操作的時間複雜度顯然是 ***O*(1)**。至於出佇列操作，如果涉及堆疊 A 和堆疊 B 的元素遷移，那麼一次出佇列的時間複雜度是 $O(n)$；如果不用遷移，時間複雜度是 $O(1)$。咦，在這種情況下，出佇列的時間複雜度究竟應該是多少呢？

這裡涉及一個新的概念，叫作**均攤時間複雜度**。需要元素遷移的出佇列操作只有少數情況，並且不可能連續出現，其後的大多數出佇列操作都不需要元素遷移。

所以把時間均攤到每一次出佇列操作上面，其時間複雜度是 ***O*(1)**。
這個概念並不常用，稍做瞭解即可。

用堆疊實作佇列的題目，
就介紹到這裡，下一節再見！

5.8 尋找全排列的下一個數

5.8.1 一道關於數字的題目

接下來，考你一題演算法，假設列出一個正整數，請找出這個正整數所有數字全排列的下一個數。

題目

列出一個正整數，找出這個正整數所有數字全排列的下一個數。

簡單來說就是在一個整數所包含數字的全部組合中，找到一個大於且僅大於原數的新整數。讓我們舉幾個例子。

如果輸入 12345，則返回 12354。

如果輸入 12354，則返回 12435。

如果輸入 12435，則返回 12453。

讓我想一想啊……

我發現了，這裡面有個規律！讓我來解釋一下。

小灰發現的「規律」如下。

輸入 12345，返回 12354，那麼
12354 - 12345 = 9，
剛好相差 9 的一次方。

輸入 12354，返回 12435，那麼
12435 - 12354 = 81，
剛好相差 9 的二次方。

所以，每次計算最近的換位數，只需要加上 9 的 *n* 次方即可。

怎麼樣，我是不是很機智？

這算哪門子規律？ 12453-12435= 18，24135-23541=594，
也並不都是 9 的整數次冪啊！

啊，尷尬了……

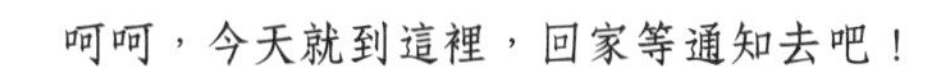

5.8.2 ▸ 解題思考方式

小灰，你剛剛去面試了？結果怎麼樣？

唉……

大黃，你能不能講解一下，怎麼樣尋找一個整數所有數字全排列的下一個數？

好啊，在列出具體解法之前，你先思考一個問題：由固定幾個數字組成的整數，怎樣排列最大？怎樣排列最小？

讓我想一想啊……

知道了，如果是固定的幾個數字，應該是在逆序排列的情況下最大，在順序排列的情況下最小。

舉一個例子。

列出 1、2、3、4、5 這幾個數字。

最大的組合：54321。

最小的組合：12345。

沒錯，數字的順序和逆序，是全排列中的兩種極端情況。那麼普遍情況下，一個數和它最近的全排列數存在什麼關聯呢？

例如列出整數 12354，它包含的數字是 1、2、3、4、5，如何找到這些數字全排列之後僅大於原數的新整數呢？

為了和原數接近，我們需要**儘量保持高位不變，低位在最小的範圍內變換順序**。

至於變換順序的範圍大小，則取決於目前整數的**逆序區域**。

1 2 3 5 4

逆序區域

如圖所示，12354 的逆序區域是最後兩位，僅看這兩位已經是目前的最大組合。若想最接近原數，又比原數更大，必須從**倒數第 3 位**開始改變。

怎樣改變呢？12345 的倒數第 3 位是 3，我們需要從後面的逆序區域中找到大於 3 的最小的數字，讓其和 3 的位置進行互換。

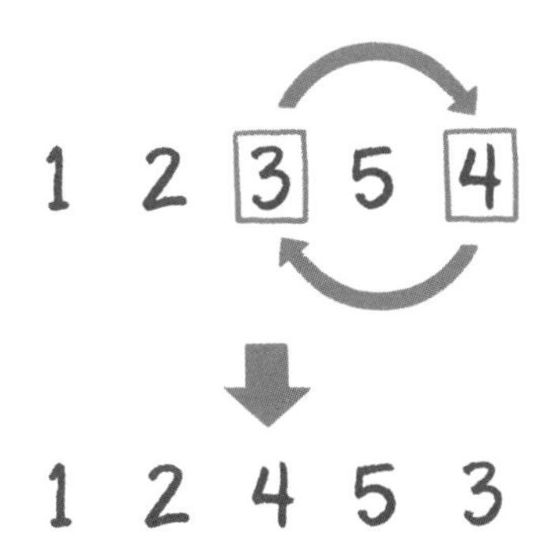

互換後的臨時結果是 12453，倒數第 3 位已經確定，這個時候最後兩位仍然是逆序狀態。我們需要把最後兩位**轉變為順序狀態**，以此保證在倒數第 3 位數值為 4 的情況下，後兩位盡可能小。

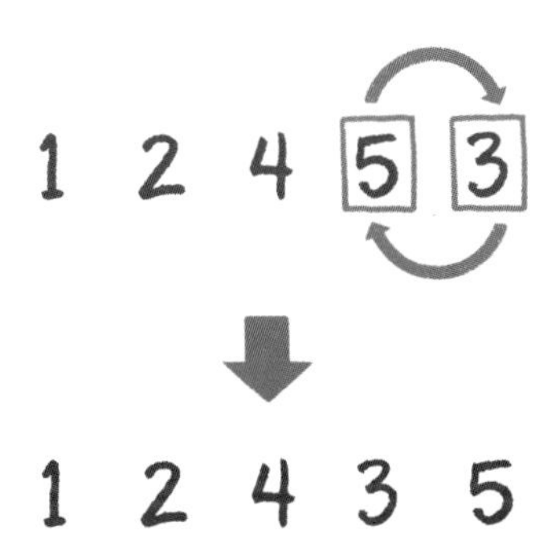

這樣一來，就得到了想要的結果 12435。

有些明白了，不過還真是複雜呀！

看起來複雜，其實只要 3 個步驟。

獲得全排列下一個數的 3 個步驟。

1. 從後向前查看逆序區域，找到逆序區域的前一位，也就是數字置換的邊界。
2. 讓逆序區域的前一位和逆序區域中大於它的最小的數字交換位置。
3. 把原來的逆序區域轉為順序狀態 。

最後讓我們用程式碼來實作一下。這裡為了方便數字位置的交換，輸入參數和返回值的型別都採用了整數型陣列。

```
1. public static int[] findNearestNumber(int[] numbers){
2. //1.從後向前查看逆序區域，找到逆序區域的前一位，也就是數字置換的邊界
3.     int index = findTransferPoint(numbers);
4. //如果數字置換邊界是 0，說明整個陣列已經逆序，無法得到更大的相同數
5. //字組成的整數，返回 null
6.     if(index == 0){
7.         return null;
8.     }
9.     //2.把逆序區域的前一位和逆序區域中剛剛大於它的數字交換位置
10.    //複製併輸入參數，避免直接修改輸入參數
11.    int[] numbersCopy = Arrays.copyOf(numbers, numbers.length);
12.    exchangeHead(numbersCopy, index);
13.    //3.把原來的逆序區域轉為順序
14.    reverse(numbersCopy, index);
15.    return numbersCopy;
16. }
17.
18. private static int findTransferPoint(int[] numbers){
19.    for(int i=numbers.length-1; i>0; i--){
20.        if(numbers[i] > numbers[i-1]){
21.            return i;
22.        }
23.    }
24.    return 0;
25. }
26.
27. private static int[] exchangeHead(int[] numbers, int index){
28.    int head = numbers[index-1];
29.    for(int i=numbers.length-1; i>0; i--){
30.        if(head < numbers[i]){
31.            numbers[index-1] =  numbers[i];
```

```
32.             numbers[i] = head;
33.             break;
34.         }
35.     }
36.     return numbers;
37. }
38.
39. private static int[] reverse(int[] num, int index){
40.     for(int i=index,j=num.length-1; i<j; i++,j--){
41.         int temp = num[i];
42.         num[i] = num[j];
43.         num[j] = temp;
44.     }
45.     return num;
46. }
47.
48. public static void main(String[] args) {
49.     int[] numbers = {1,2,3,4,5};
50.     //列印 12345 之後的 10 個全排列整數
51.     for(int i=0; i<10;i++){
52.         numbers = findNearestNumber(numbers);
53.         outputNumbers(numbers);
54.     }
55. }
56.
57. //輸出陣列
58. private static void outputNumbers(int[] numbers){
59.     for(int i : numbers){
60.         System.out.print(i);
61.     }
62.     System.out.println();
63. }
```

這種解法有個很厲害的名字，叫作：**字典序演算法**。

小灰，你說說這個解法的時間複雜度是多少？

該演算法 3 個步驟每一步的時間複雜度都是 $O(n)$，
所以整體時間複雜度也是 $\boldsymbol{O(n)}$！

完全正確。這道演算法題的解答就介紹到這裡，
下一節再會！

5.9 刪去 k 個數字後的最小值

5.9.1 ▸ 又是一道關於數字的題目

好吧，下面考你一題演算法：列出一個整數，從該整數中去掉 *k* 個數字，要求剩下的數字形成的新整數盡可能小。

題目

列出一個整數，從該整數中去掉 *k* 個數字，要求剩下的數字形成的新整數盡可能小。應該如何選取被去掉的數字？

其中整數的長度大於或等於 *k*，列出的整數的大小可以超過 long 型別的數字範圍。

什麼意思呢？讓我們舉幾個例子。

假設列出一個整數 **1593212**，刪去 **3** 個數字，新整數最小的情況是 **1212**。

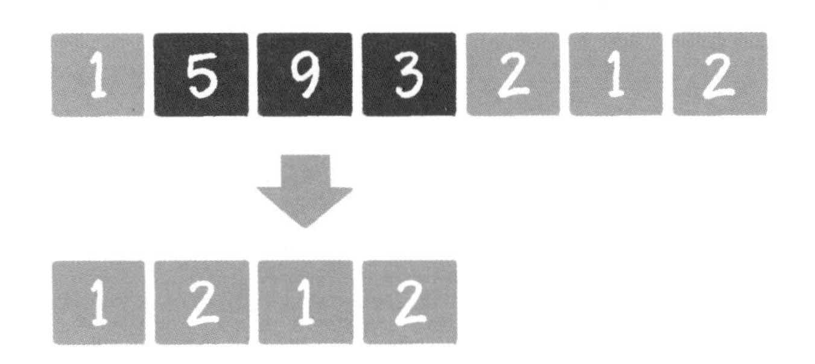

假設列出一個整數 **30200**，刪去 **1** 個數字，新整數最小的情況是 **200**。

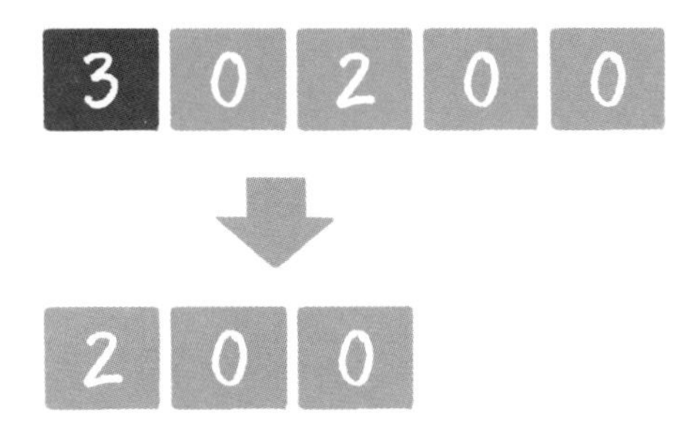

假設列出一個整數 **10**，刪去 **2** 個數字（注意，這裡要求刪去的不是 1 個數字，而是 2 個），新整數的最小情況是 **0**。

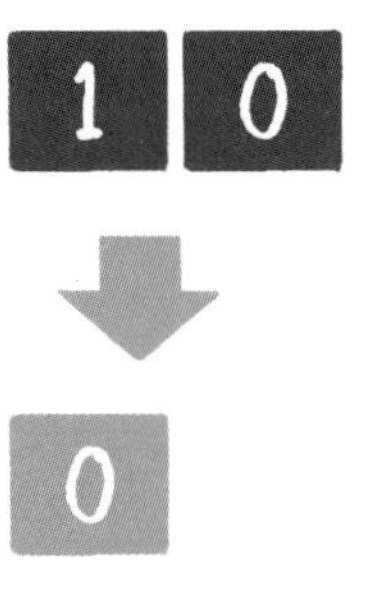

這道題聽起來還挺有意思，讓我想想……

你可以先說說你的第一感覺，為了讓新整數盡可能小，什麼樣的數字應該優先刪除？

我知道了！一定要優先刪除最大的數字！如先刪除 9，再刪除 8，再刪除 7……

那可不一定，如整數 3549，刪除 1 個數字的話，是應該刪除數字 9 嗎？

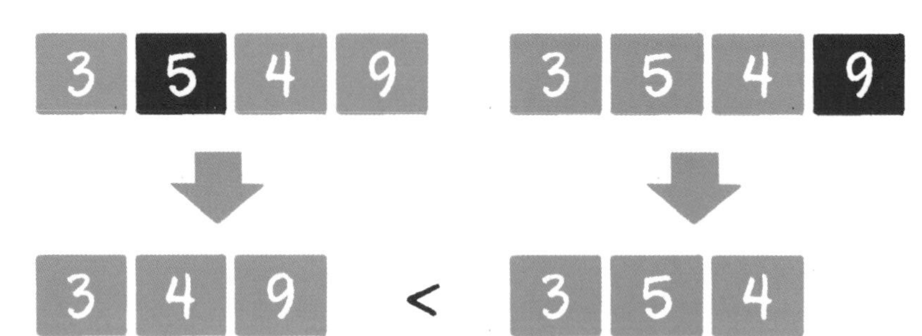

哎呀，還真是！讓我再想想……

呵呵，不用想了，回家等通知去吧！

5.9.2 ▸ 解題思考方式

小灰，你剛剛去面試了？結果怎麼樣？

唉……

大黃，你能不能講解一下，怎樣尋找刪去 k 個數字後的最小值呀？

這個題目要求我們刪去 k 個數字，但我們不妨把問題簡化一下：
如果只刪除 1 個數字，如何讓新整數的值最小？

我的第一感覺是優先刪除最大的數字，可是這個策略似乎不對……

數字的大小固然重要，數字的位置則更加重要。你想想，
一個整數的最高位哪怕只減少 1，對數值的影響也是非常大的。

我們來舉一個例子。

列出一個整數 **541270936**，要求刪去 1 個數字，讓剩下的整數盡可能小。

此時，無論刪除哪一個數字，最後的結果都是從 9 位整數變成 8 位整數。既然同樣是 8 位整數，顯然應該優先把高位的數字降低，這樣對新整數的值影響最大。

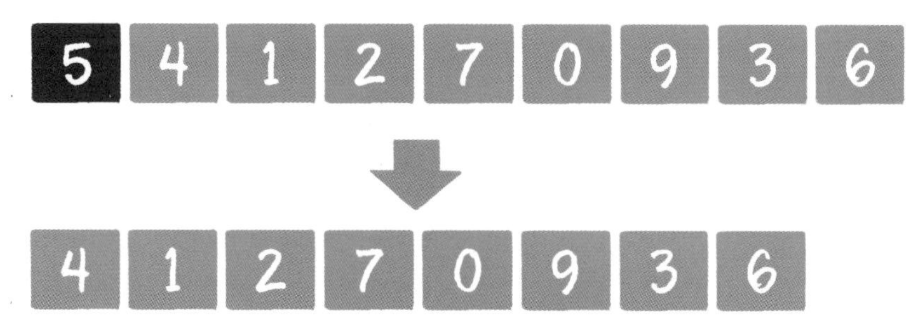

如何把高位的數字降低呢？很簡單，把**原整數的所有數字從左到右進行比較，如果發現某一位數字大於它右面的數字，那麼在刪除該數字後，必然會使該數字的值降低**，因為右面比它小的數字頂替了它的位置。

在上面這個例子中，數字 5 右側的數字 4 小於 5，所以刪除數字 5，最高位數字降低成了 4。

對於整數 541270936，刪除一個數字所能得到的最小值是
41270936。那麼對於 41270936，刪除一個數字的最小值，
你說說是多少。

我知道了，是刪除數字 4！因為從左向右遍訪，數字 4 是第 1 個比右側數字大的數（4 > 1）。

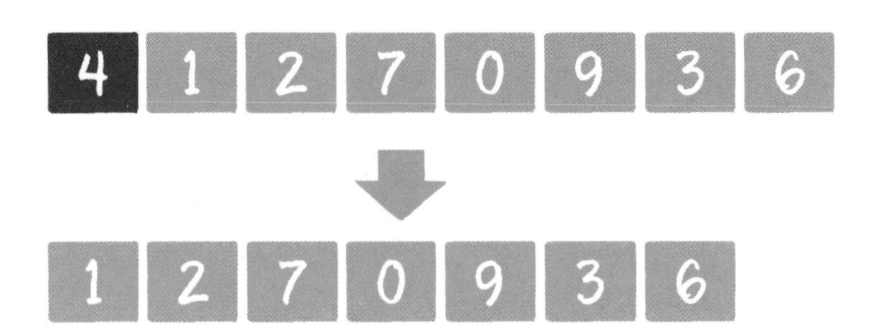

很好，那麼接下來呢？從剛才的結果 1270936 中再刪除一個數字，能得到的最小值是多少？

這一次的情況略微複雜，因為 1 < 2、2 < 7、7 > 0，所以被刪除的數字應該是 7！

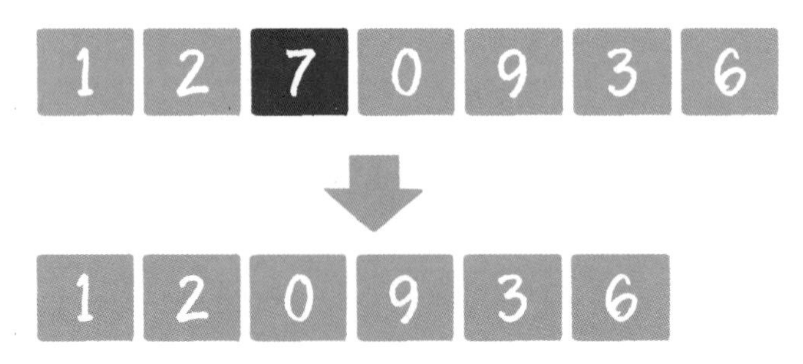

不錯，這裡每一步都要求得到刪除一個數字後的最小值，經歷 3 次，相當於求出了刪除 k（k=3）個數字後的最小值。

像這樣依次求得**局部最佳解，最終得到全域最佳解的思維**，叫作**貪心演算法**。

小灰，按照這個思考方式，你嘗試用程式碼來實作一下吧。

好的，我來寫一寫試試吧。

```
1. /**
2.  * 刪除整數的 k 個數字，獲得刪除後的最小值
3.  * @param num  原整數
4.  * @param k  刪除數量
5.  */
6. public static String removeKDigits(String num, int k) {
7.     String numNew = num;
8.     for(int i=0; i<k; i++){
9.         boolean hasCut = false;
10.        //從左向右遍訪，找到比自己右側數字大的數字並刪除
11.        for(int j=0; j<numNew.length()-1;j++){
12.            if(numNew.charAt(j) > numNew.charAt(j+1)){
13.                numNew = numNew.substring(0, j) +
                           numNew.substring(j+1,numNew.length());
14.                hasCut = true;
15.                break;
16.            }
17.        }
18.        //如果沒有找到要刪除的數字，則刪除最後一個數字
19.        if(!hasCut){
20.            numNew = numNew.substring(0, numNew.length()-1);
21.        }
22.        //清除整數左側的數字 0
23.        numNew = removeZero(numNew);
24.    }
25.    //如果整數的所有數字都被刪除了，直接返回 0
26.    if(numNew.length() == 0){
27.        return "0";
28.    }
29.    return numNew;
30. }
31.
32. private static String removeZero(String num){
33.    for(int i=0; i<num.length()-1; i++){
34.        if(num.charAt(0) != '0'){
35.            break;
36.        }
37.        num = num.substring(1, num.length()) ;
38.    }
39.    return num;
40. }
41.
42. public static void main(String[] args) {
43.    System.out.println(removeKDigits("1593212",3));
44.    System.out.println(removeKDigits("30200",1));
45.    System.out.println(removeKDigits("10",2));
46.    System.out.println(removeKDigits("541270936",3));
47. }
```

小灰的程式碼使用了兩層迴圈，外層迴圈次數就是要刪除的數字個數 k，內層迴圈從左到右遍訪所有數字。當遍訪到需要刪除的數字時，利用字串的自身方法 subString() 把對應的數字刪除，並重新拼接字串。

顯然，這段程式碼的時間複雜度是 $O(kn)$。

OK，這段程式碼在功能實作上沒有問題，但是效能卻不怎麼好。
主要問題在以下兩個方面。

1. **每一次內層迴圈都需要從頭開始遍訪所有數字。**

   例如列出的整數是 11111111111114132，在第 1 輪迴圈中，需要遍訪大部分數字，一直遍訪到數字 4，發現 4 > 1，從而刪除 4。

   以目前的程式碼邏輯，下一輪迴圈時，還要從頭開始遍訪，再次重複遍訪大部分數字，一直遍訪到數字 3，發現 3 > 2，從而刪除 3。

   事實上，我們應該停留在上一次刪除的位置繼續進行比較，而不是再次從頭開始遍訪。

2. **subString 方法本身效能不高。**

   subString 方法的底層實作，涉及新字串的建立，以及逐個字元的複製。這個方法自身的時間複雜度是 $O(n)$。

   因此，我們應該避免在每刪除一個數字後就呼叫 subString 方法。

哎呀，那應該怎麼來最佳化呢？

以 k 作為外迴圈，遍訪數字作為內迴圈，
需要額外考慮的東西非常多。

所以我們換一個思考方式，以遍訪數字作為外迴圈，以 k 作為內迴圈，這樣可以寫出非常簡潔的程式碼，讓我們來看一看。

```
1.  /**
2.   * 刪除整數的 k 個數字，獲得刪除後的最小值
3.   * @param num  原整數
4.   * @param k  刪除數量
5.   */
6.  public static String removeKDigits(String num, int k) {
7.      //新整數的最終長度 = 原整數長度-k
8.      int newLength = num.length() - k;
9.      //建立一個堆疊，用於接收所有的數字
10.     char[] stack = new char[num.length()];
11.     int top = 0;
12.     for (int i = 0; i < num.length(); ++i) {
13.         //遍訪目前數字
14.         char c = num.charAt(i);
15.         //當堆疊頂數字大於遍訪到的目前數字時，堆疊頂數字推出堆疊（相當於刪除數字）
16.         while (top > 0 && stack[top-1] > c && k > 0) {
17.             top -= 1;
18.             k -= 1;
19.         }
20.         //遍訪到的目前數字壓入堆疊
21.         stack[top++] = c;
22.     }
23.     // 找到堆疊中第 1 個非零數字的位置，以此建構新的整數字串
24.     int offset = 0;
25.     while (offset < newLength && stack[offset] == '0') {
26.         offset++;
27.     }
28.     return offset == newLength? "0": new String(stack,
                        offset, newLength - offset);
29. }
30.
31.
32. public static void main(String[] args) {
33.     System.out.println(removeKDigits("1593212",3));
34.     System.out.println(removeKDigits("30200",1));
35.     System.out.println(removeKDigits("10",2));
36.     System.out.println(removeKDigits("541270936",3));
37. }
```

上述程式碼非常巧妙地運用了堆疊的特性，在遍訪原整數的數字時，讓所有數字一個一個壓入堆疊，當某個數字需要刪除時，讓該數字推出堆疊。最後，程式把堆疊中的元素轉化為字串型別的結果。

下面仍然以整數 **541270936**，***k*=3** 為例。

當遍訪到數字 5 時，數字 5 壓入堆疊。

當遍訪到數字 4 時，發現堆疊頂 5 > 4，堆疊頂 5 推出堆疊，數字 4 壓入堆疊。

當遍訪到數字 1 時，發現堆疊頂 4 > 1，堆疊頂 4 推出堆疊，數字 1 壓入堆疊。

然後繼續遍訪數字 2、數字 7，並依次壓入堆疊。

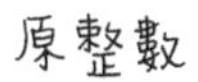

最後，遍訪數字 0，發現堆疊頂 7 > 0，堆疊頂 7 推出堆疊，數字 0 壓入堆疊。

此時 k 的次數已經用完，無須再比較，讓剩下的數字一起壓入堆疊即可。

原整數

此時堆疊中的元素就是最終的結果。

上面的方法只對所有數字遍訪了一次，遍訪的時間複雜度是 $O(n)$，把堆疊轉化為字串的時間複雜度也是 $O(n)$，所以最終的時間複雜度是 $\boldsymbol{O(n)}$。

同時，程式中利用堆疊來回溯遍訪過的數字及刪除數字，所以程式的空間複雜度是 $\boldsymbol{O(n)}$。

哇，這段程式碼好巧妙啊！

這段程式碼其實仍然有最佳化空間，各位讀者可以思考一下。好了，關於這道題目我們就介紹到這裡，感謝大家！

5.10 如何實作大整數相加

5.10.1 加法，你會不會

好吧，下面考你一題演算法，給你兩個很大很大的整數，如何求出它們的和？

題目

列出兩個很大的整數，要求實作程式求出兩個整數之和。

這還不簡單？直接用 long 型別儲存，在程式裡相加不就行了？

如果這兩個整數大得連 long 型別都裝不下呢，如兩個 100 位的整數呢？

啊，那怎麼可能算得出來呢？是不是題目出錯了呀？

呵呵，題目沒出錯，回家等通知去吧！

啊，這次這麼快就掛掉了……

5.10.2 ▸ 解題思考方式

小灰，你剛剛去面試了？結果怎麼樣？

唉……

大黃，你能不能講解一下，怎麼實作大整數的相加呀？

好啊，在講解大整數相加之前，我們回顧一下小學數學課。
小灰，你在上小學時，如何計算兩個較大數目的加、減、乘、除？

讓我想想啊……讀小學的時候，老師教我們列直式進行計算，
就像下面這樣。

```
  426709752318
+   95481253129
---------------
  522191005447
```

那麼，我們為什麼需要列出直式來運算呢？

因為對於這麼大的整數，我們無法一步到位直接算出結果，所以不得不把計算過程拆解成一個一個子步驟。

說得沒錯。其實不僅僅是人腦，對於電腦來說同樣如此。

程式不可能透過一條指令計算出兩個大整數之和，但我們卻可以把大運算拆解成若干小運算，像小學生列直式一樣進行按位計算。

可是，如果大整數超出了 long 型別的範圍，我們如何來儲存這樣的整數呢？

這很好解決，用陣列儲存即可。陣列的每一個元素，對應著大整數的每一個數字。

在程式中列出的「直式」加法究竟是什麼樣子呢？我們以 426709752318 + 95481253129 為例，來看看大整數相加的詳細步驟。

第 1 步，建立兩個整數型陣列，陣列長度是較大整數的位數+1。把每一個整數倒序儲存到陣列中，整數的個位存於陣列足標為 0 的位置，最高位存於陣列的尾部。之所以倒序儲存，是因為這樣更符合從左到右存取陣列的習慣。

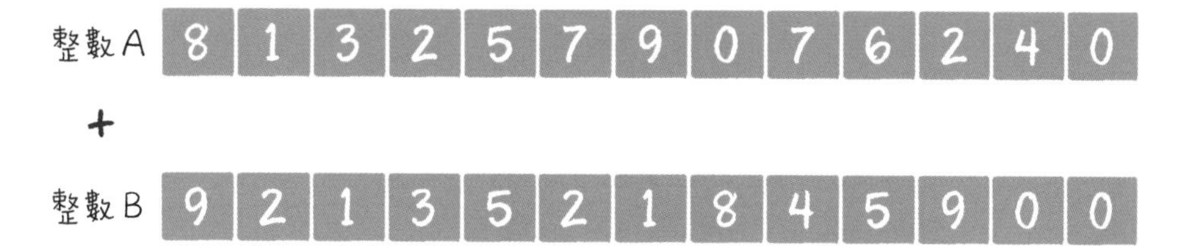

第 2 步，建立結果陣列，結果陣列的長度同樣是較大整數的位數+1，+1 的目的很明顯，是給最高位進位預留的。

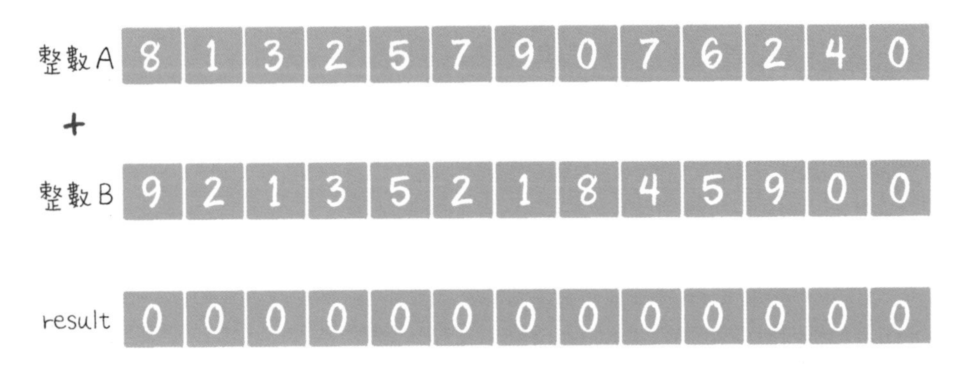

第 3 步，遍訪兩個陣列，從左到右按照對應足標把元素兩兩相加，就像小學生計算直式一樣。

在本示例中，最先相加的是陣列 A 的第 1 個元素 8 和陣列 B 的第 1 個元素 9，結果是 7，進位 1。把 7 填入到 result 陣列的對應足標位置，進位的 1 填入到下一個位置。

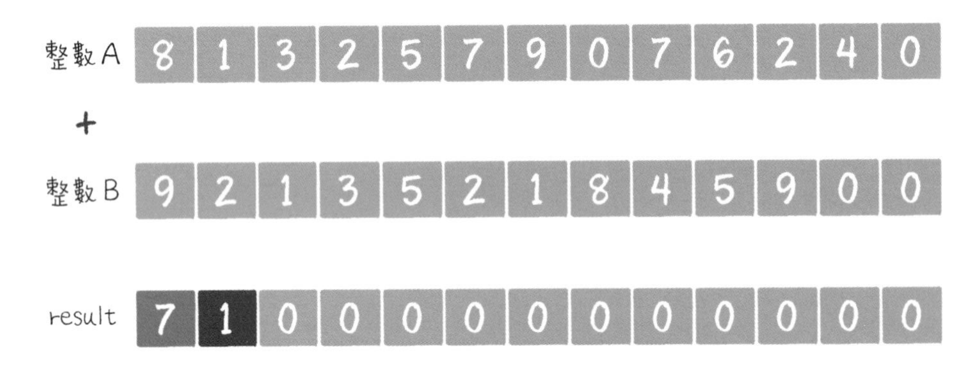

第 2 組相加的是陣列 A 的第 2 個元素 1 和陣列 B 的第 2 個元素 2，結果是 3，再加上剛才的進位 1，把 4 填入到 result 陣列的對應足標位置。

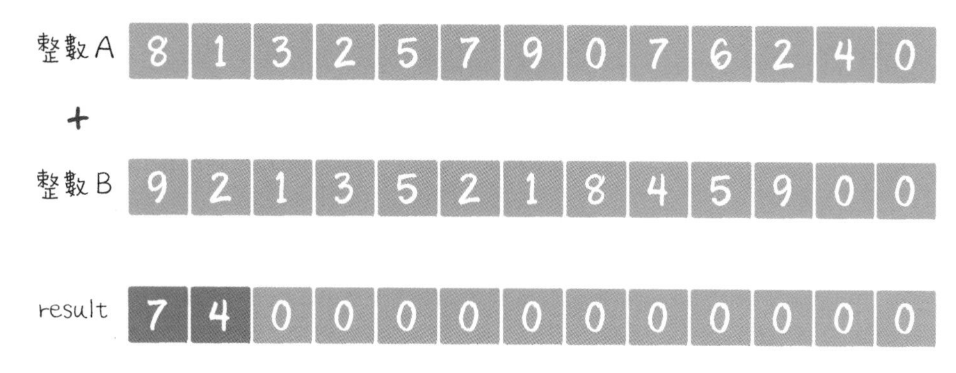

第 3 組相加的是陣列 A 的第 3 個元素 3 和陣列 B 的第 3 個元素 1，結果是 4，把 4 填入到 result 陣列的對應足標位置。

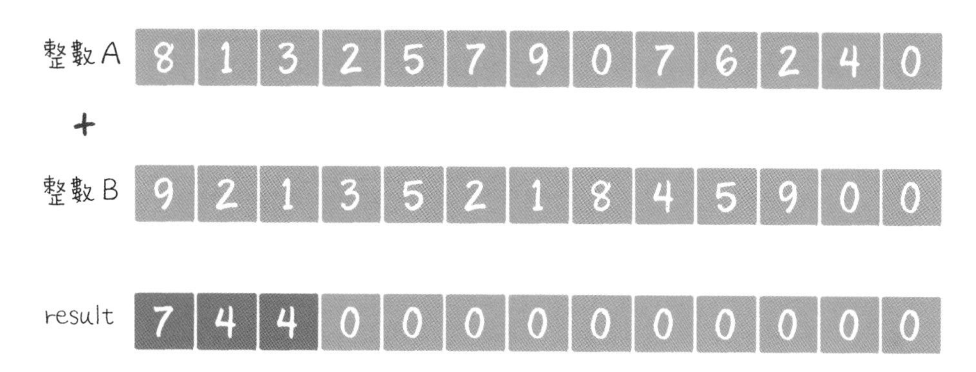

第 4 組相加的是陣列 A 的第 4 個元素 2 和陣列 B 的第 4 個元素 3，結果是 5，把 5 填入到 result 陣列的對應足標位置。

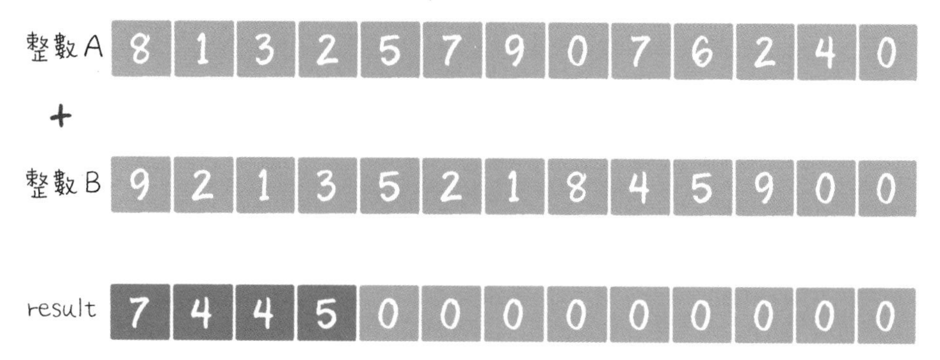

以此類推……一直把陣列的所有元素都相加完畢。

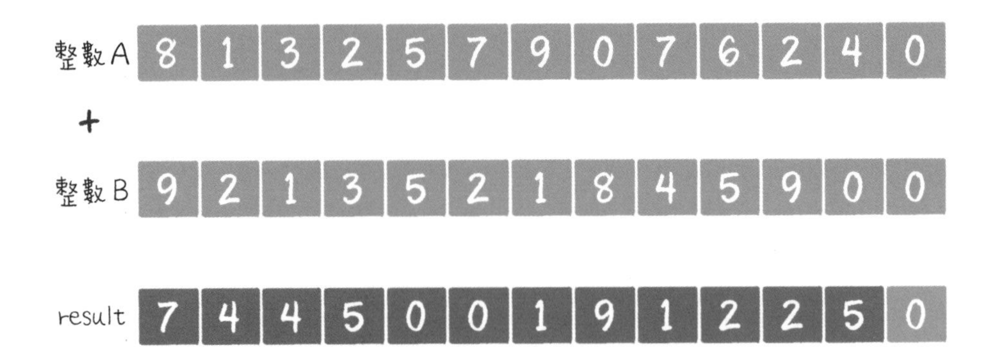

第 4 步，把 result 陣列的全部元素再次逆序，去掉首位的 0，就是最終結果。

結果=522191005447

需要說明的是，為兩個大整數建立臨時陣列，是一種直觀的解決方案。若想節省記憶體空間，也可以不建立這兩個臨時陣列。

明白了，真是個好方法！那麼，怎麼用程式碼來實作呢？

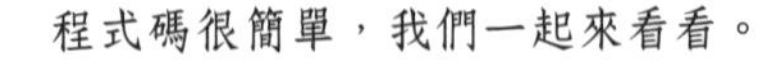

```
1.  /**
2.   * 大整數求和
3.   * @param bigNumberA
4.   * @param bigNumberB
5.   */
6.  public static String bigNumberSum(String bigNumberA,
                         String bigNumberB) {
7.        //1.把兩個大整數用陣列逆序儲存，陣列長度等於較大整數位數+1
8.        int maxLength = bigNumberA.length() > bigNumberB.length()
                    ? bigNumberA.length() : bigNumberB.length();
9.        int[] arrayA = new int[maxLength+1];
10.       for(int i=0; i< bigNumberA.length(); i++){
11.            arrayA[i] = bigNumberA.charAt(bigNumberA.length()-1-i) - '0';
12.       }
13.       int[] arrayB = new int[maxLength+1];
14.       for(int i=0; i< bigNumberB.length(); i++){
15.            arrayB[i] = bigNumberB.charAt(bigNumberB.length()-1-i) - '0';
16.       }
17.       //2.建構 result 陣列，陣列長度等於較大整數位數+1
```

```
18.        int[] result = new int[maxLength+1];
19.        //3.遍訪陣列，按位相加
20.        for(int i=0; i<result.length; i++){
21.              int temp = result[i];
22.              temp += arrayA[i];
23.              temp += arrayB[i];
24.              //判斷是否進位
25.              if(temp >= 10){
26.                    temp = temp-10;
27.                    result[i+1] = 1;
28.              }
29.              result[i] = temp;
30.        }
31.        //4.把 result 陣列再次逆序並轉成 String
32.        StringBuilder sb = new StringBuilder();
33.        //是否找到大整數的最高有效位
34.        boolean findFirst = false;
35.        for (int i = result.length - 1; i >= 0; i--) {
36.              if(!findFirst){
37.                    if(result[i] == 0){
38.                          continue;
39.                    }
40.                    findFirst = true;
41.              }
42.              sb.append(result[i]);
43.        }
44.        return sb.toString();
45. }
46.
47. public static void main(String[] args) {
48.     System.out.println(bigNumberSum("426709752318", "95481253129"));
49. }
```

小灰，這個演算法的時間複雜度是多少？

如果列出的大整數的最長位數是 n，那麼建立陣列、按位計算、結果逆序的時間複雜度各自都是 $O(n)$，整體的時間複雜度也是 $\boldsymbol{O(n)}$。

說的沒錯，不過目前的思考方式其實還存在一個可最佳化的地方。

如何最佳化呢？

我們之前是把大整數按照數字來拆分的，即如果較大整數有 50 位，那麼我們就需要建立一個長度為 51 的陣列，陣列中的每個元素儲存其中一位數字。

50位大整數

3	1	2	5	9	9	0	8	7	7	……

長度為51的陣列，每個元素儲存1位數字

那麼我們真的有必要把原整數拆分得這麼細嗎？顯然不需要，只需要拆分到**可以被直接計算**的程度就夠了。

int 型別的取值範圍是 -2147483648～2147483647，最多可以有 10 位整數。為了防止溢出，我們可以把大整數的每 **9** 位作為陣列的一個元素，進行加法運算。（這裡也可以使用 long 型別來拆分，按照 int 型別拆分僅僅是提供一個思考方式。）

50位大整數

9位數	9位數	9位數	9位數	9位數	9位數

長度為6的陣列，每個元表儲存9位數字

如此一來，記憶體佔用空間和運算次數，都壓縮到了原來的 1/9。

在 Java 中，工具類別 BigInteger 和 BigDecimal 的底層實作同樣是把大整數拆分成陣列進行運算的，和這個思考方式大體類似。

有興趣的話，可以看看這兩個類的原始程式碼。
好了，大整數加法就介紹到這裡，下一節再見！

5.11 如何求解金礦問題

5.11.1 ▸ 一個關於財富自由的問題

下面考你一道演算法題，這個演算法題目和錢有關係。

題目

很久很久以前，有位國王擁有 5 座金礦，每座金礦的黃金儲量不同，需要參與挖掘的工人人數也不同。例如有的金礦儲量是 500kg 黃金，需要 5 個工人來挖掘；有的金礦儲量是 200kg 黃金，需要 3 個工人來挖掘⋯⋯

如果參與挖礦的工人的總數是 10。每座金礦要麼全挖，要麼不挖，不能派出一半人挖取一半的金礦。要求用程式求出，要想得到盡可能多的黃金，應該選擇挖取哪幾座金礦？

哇，要是我家也有 5 座金礦，我就財富自由了，也用不著來你這裡面試了！

說正經的！關於這道題你有什麼思考方式嗎？

題目好複雜啊，讓我想想……

我想到了一個辦法！我們可以按照金礦的性價比從高到低進行排序，優先選擇性價比最高的金礦來挖掘，然後是性價比第 2 的……

按照小灰的思考方式，金礦按照性價比從高到低進行排序，排名結果如下。

第 1 名，350kg 黃金/3 人的金礦，人均產值約為 116.6kg 黃金。
第 2 名，500kg 黃金/5 人的金礦，人均產值為 100kg 黃金。
第 3 名，400kg 黃金/5 人的金礦，人均產值為 80kg 黃金。
第 4 名，300kg 黃金/4 人的金礦，人均產值為 75kg 黃金。
第 5 名，200kg 黃金/3 人的金礦，人均產值約為 66.6kg 黃金。

由於工人數量是 10 人，小灰優先挖掘性價比排名為第 1 名和第 2 名的金礦之後，工人還剩下 2 人，不夠再挖掘其他金礦了。

所以，小灰得出的最佳金礦收益是 350+500 即 850kg 黃金。

怎麼樣？我這個方案妥當的吧？

你的解決思考方式是使用貪心演算法。這種思考方式在局部情況下是最佳解，但是在整體上卻未必是最佳的。

給你舉個例子吧，如果我放棄性價比最高的 350kg 黃金/3 人的金礦，選擇 500kg 黃金/5 人和 400kg 黃金/5 人的金礦，加起來收益是 900kg 黃金，是不是大於你得到的 850kg 黃金？

啊，還真是呢！

呵呵，沒關係，回家等通知去吧！

5.11.2 ▸ 解題思考方式

小灰，你剛剛去面試了？結果怎麼樣？

唉……

大黃，你能不能講解一下怎麼來求解金礦問題呀？

好啊，這是一個典型的動態規劃題目，和著名的「背包問題」類似。

動態規劃？好「深」的概念呀！

其實也沒有那麼高深啦。所謂動態規劃，就是把複雜的問題簡化成規模較小的子問題，再從簡單的子問題由下而上一步一步遞推，最終得到複雜問題的最佳解。

哦，說了半天還是沒聽懂……

沒關係，讓我們具體分析一下這個金礦問題，你就能明白動態規劃的核心思維了。

首先，對於問題中的金礦來說，每一個金礦都存在著「挖」和「不挖」兩種選擇。讓我們假設一下，如果最後一個金礦註定不被挖掘，那麼問題會轉化成什麼樣子呢？

顯然，問題簡化成了 10 個工人在前 4 個金礦中做出最佳選擇。

10人5金礦的最佳選擇

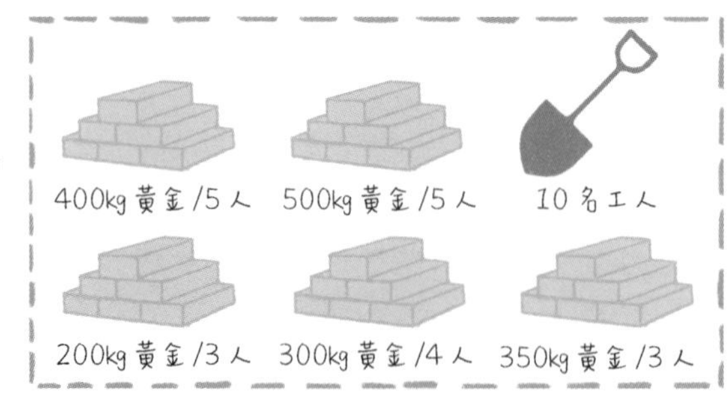

10人4金礦的最佳選擇

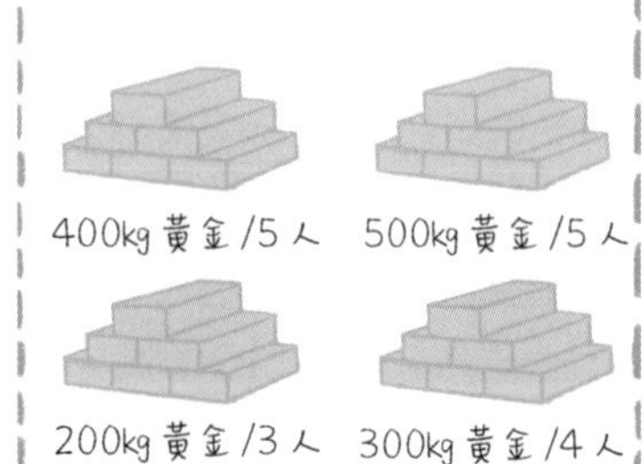

10名工人

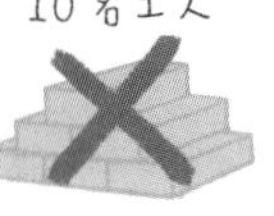

350kg黃金/3人

相對地，假設最後一個金礦一定會被挖掘，那麼問題又轉化成什麼樣子呢？

由於最後一個金礦消耗了 3 個工人，問題簡化成了 7 個工人在前 4 個金礦中做出最佳選擇。

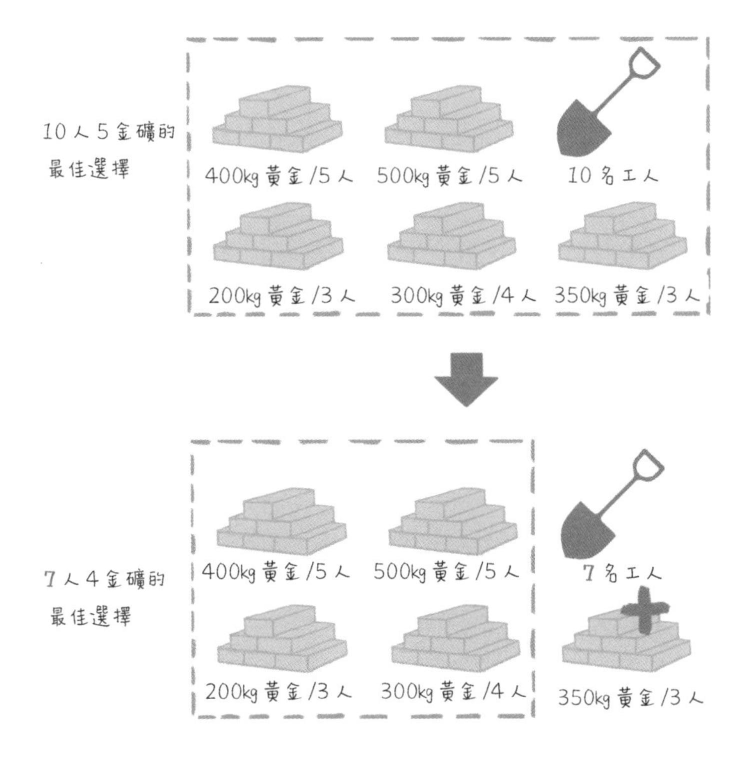

這兩種簡化情況，被稱為全域問題的兩個**最佳子結構**。

究竟哪一種最佳子結構可以通向全域最佳解呢？換句話說，最後一個金礦到底該不該挖呢？

那就要看 **10 個工人在前 4 個金礦的收益，和 7 個工人在前 4 個金礦的收益+最後一個金礦的收益誰大誰小了**。

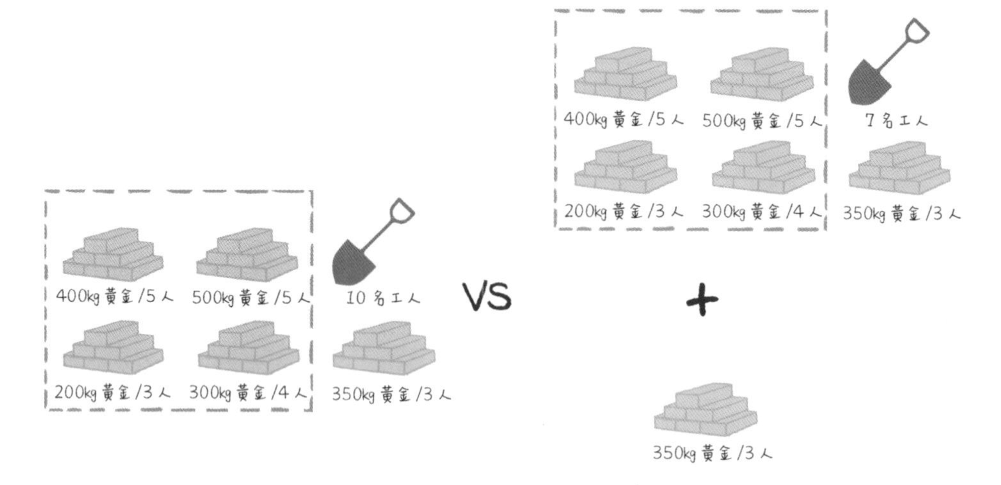

同樣的道理，對於前 4 個金礦的選擇，我們還可以做進一步簡化。

首先針對 10 個工人 4 個金礦這個子結構，第 4 個金礦（300kg 黃金/4 人）可以選擇挖與不挖。根據第 4 個金礦的選擇，問題又簡化成了兩種更小的子結構。

1. **10 個工人在前 3 個金礦中做出最佳選擇。**
2. **6（10-4=6）個工人在前 3 個金礦中做出最佳選擇。**

相應地，對於 7 個工人 4 個金礦這個子結構，第 4 個金礦同樣可以選擇挖與不挖。根據第 4 個金礦的選擇，問題也簡化成了兩種更小的子結構。

1. **7 個工人在前 3 個金礦中做出最佳選擇。**
2. **3（7-4=3）個工人在前 3 個金礦中做出最佳選擇。**

……

就這樣，問題一分為二，二分為四，一直把問題簡化成在 0 個金礦或 0 個工人時的最佳選擇，這個收益結果顯然是 0，也就是問題的**邊界**。

這就是動態規劃的要點：確定全域最佳解和最佳子結構之間的關係，以及問題的邊界。

這個關係用數學公式來表達的話，就叫作**狀態轉移方程式**。

好像有點明白了……那這個所謂的狀態轉移方程式是什麼樣子？

我們把金礦數量設為 n，工人數量設為 w，金礦的含金量設為陣列 g[]，金礦所需開採人數設為陣列 p[]，設 $F(n, w)$ 為 n 個金礦、w 個工人時的最佳收益函數，那麼狀態轉移方程式如下。

$$F(n,w) = 0 \ (n=0 \text{ 或 } w=0)$$

問題邊界，金礦數為 0 或工人數為 0 的情況。

$$F(n,w) = F(n-1,w) \ (n\geq 1, w<\mathrm{p}[n-1])$$

當所剩工人不夠挖掘目前金礦時，只有一種最佳子結構。

$$F(n,w) = \max(F(n-1,w),\quad F(n-1,w-\mathrm{p}[n-1])+\mathrm{g}[n-1]) \ (n\geq 1, w\geq \mathrm{p}[n-1])$$

在常規情況下，具有兩種最佳子結構（挖目前金礦或不挖目前金礦）。

小灰，既然有了狀態轉移方程式，你能實作程式碼來求出最佳收益嗎？

這還不簡單？用遞迴就可以解決！

```
1. /**
2.  * 獲得金礦最佳收益
3.  * @param w  工人數量
4.  * @param n  可選金礦數量
5.  * @param p  金礦開採所需的工人數量
6.  * @param g  金礦儲量
7.  */
8. public static int getBestGoldMining(int w, int n,
                    int[] p, int[] g){
9.     if(w==0 || n==0){
10.        return 0;
11.    }
12.    if(w<p[n-1]){
13.        return getBestGoldMining(w, n-1, p, g);
14.    }
15.    return Math.max(getBestGoldMining(w, n-1, p, g),
                getBestGoldMining(w-p[n-1], n-1, p, g)+g[n-1]);
16. }
17.
18. public static void main(String[] args) {
19.    int w = 10;
```

```
20.     int[] p = {5, 5, 3, 4 ,3};
21.     int[] g = {400, 500, 200, 300 ,350};
22.     System.out.println("最佳收益：" + getBestGoldMining(w,
                          g.length, p, g));
23. }
```

OK，這樣確實可以得到正確結果，不過你思考過這段程式碼的時間複雜度嗎？

讓我分析一下啊……全域問題經過簡化，會拆解成兩個子結構；兩個子結構再次簡化，會拆解成 4 個更小的子結構……就像下圖一樣。

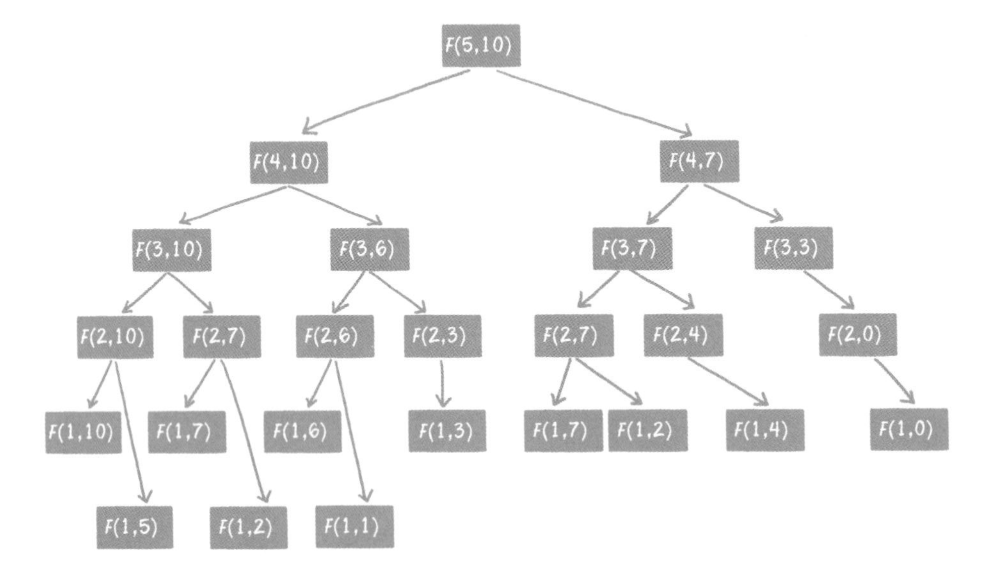

我的天哪，這樣算下來，如果金礦數量是 n，工人數量充足，時間複雜度就是 $\boldsymbol{O(2^n)}$！

沒錯，現在我們的題目中只有 5 個金礦，問題還不算嚴重。如果金礦數量有 50 個，甚至 100 個，這樣的時間複雜度是根本無法接受的。

啊，那該怎麼辦呢？

首先來分析一下遞迴之所以低效的根本原因，
那就是遞迴做了許多重複的計算，看看下面的圖你就明白了。

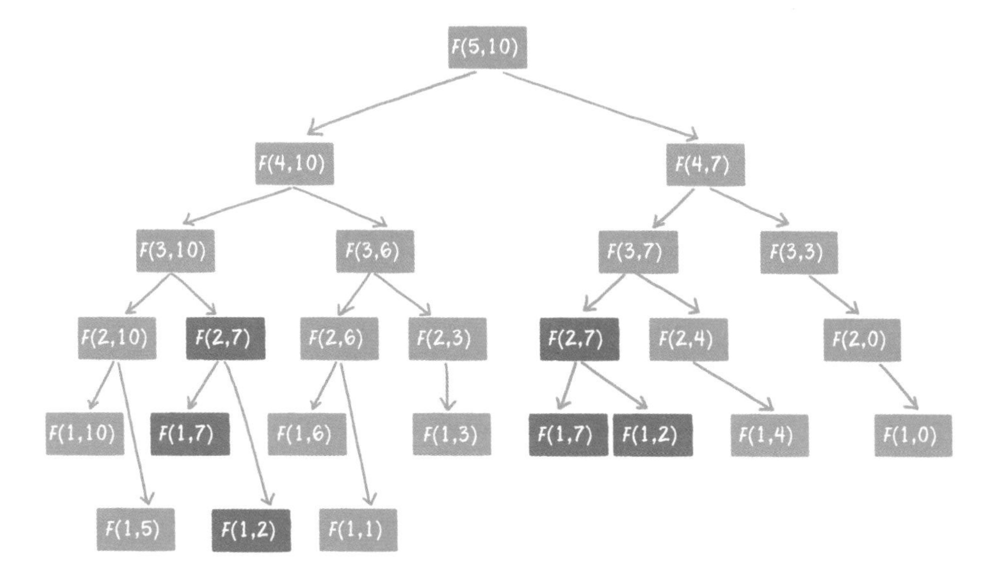

在上圖中，標為深色的方法呼叫是重複的。可以看到 F(2,7)、F(1,7)、F(1,2)，這幾個輸入參數相同的方法都被呼叫了兩次。

當金礦數量為 5 時，重複呼叫的問題還不太明顯，當金礦數量越多，遞迴層次越深，重複呼叫也就越來越多，這些無謂的呼叫必然會降低程式的效能。

那我們怎樣避免這些重複呼叫呢？

這就要說到動態規劃的另一個核心要點：由下而上求解。
讓我們來詳細演示一下這種求解過程。

在進行求解之前，先準備一張表格，用於記錄選擇金礦的中間資料。

	1 個工人	2 個工人	3 個工人	4 個工人	5 個工人	6 個工人	7 個工人	8 個工人	9 個工人	10 個工人
400kg 黃金/5 人										
500kg 黃金/5 人										
200kg 黃金/3 人										
300kg 黃金/4 人										
350kg 黃金/3 人										

表格最左側代表不同的金礦選擇範圍，從上到下，每多增加 1 行，就代表多 1 個金礦可供選擇，也就是 $F(n, w)$ 函數中的 n 值。

表格的最上方代表工人數量，從 1 個工人到 10 個工人，也就是 $F(n, w)$ 函數中的 w 值。

其餘空白的格子，都是等待填寫的，代表當列出 n 個金礦、w 個工人時的最佳收益，也就是 $F(n, w)$ 的值。

舉個例子，下圖中灰色的這個格子裡，應該填入的是在有 5 個工人的情況下，在前 3 個金礦可供選擇時，最佳的黃金收益。

	1 個工人	2 個工人	3 個工人	4 個工人	5 個工人	6 個工人	7 個工人	8 個工人	9 個工人	10 個工人
400kg 黃金/5 人										
500kg 黃金/5 人										
200kg 黃金/3 人										
300kg 黃金/4 人										
350kg 黃金/3 人										

下面讓我們從第 1 行第 1 列開始，嘗試把空白的格子一一填滿，填入的依據就是狀態轉移方程式。

對於第 1 行的前 4 個格子，由於 $w<\mathrm{p}[n-1]$，對應的狀態轉移方程式如下：

$$\boldsymbol{F(n,w) = F(n-1,w)\ (n>1,\ w<\mathrm{p}[n-1])}$$

帶入求解：

$$F(1,1) = F(1\text{-}1,1) = F(0,1) = 0$$
$$F(1,2) = F(1\text{-}1,2) = F(0,2) = 0$$
$$F(1,3) = F(1\text{-}1,3) = F(0,3) = 0$$
$$F(1,4) = F(1\text{-}1,4) = F(0,4) = 0$$

	1 個工人	2 個工人	3 個工人	4 個工人	5 個工人	6 個工人	7 個工人	8 個工人	9 個工人	10 個工人
400kg 黃金/5 人	0	0	0	0						
500kg 黃金/5 人										
200kg 黃金/3 人										
300kg 黃金/4 人										
350kg 黃金/3 人										

第 1 行的後 6 個格子怎麼計算呢？此時 $w\geq \mathrm{p}[n-1]$，對於如下公式：

$$F(n,w) = max(F(n-1,w),\quad F(n-1,w-p[n-1])+g[n-1])\ (n>1,\ w\geq p[n-1]);$$

帶入求解：

$F(1,5) = \max(F(1\text{-}1,5), F(1\text{-}1,5\text{-}5)+400) = \max(F(0,5), F(0,0)+400) = \max(0, 400) = 400$

$F(1,6) = \max(F(1\text{-}1,6), F(1\text{-}1,6\text{-}5)+400) = \max(F(0,6), F(0,1)+400) = \max(0, 400) = 400$

……

$F(1,10) = \max(F(1\text{-}1,10), F(1\text{-}1,10\text{-}5)+400) = \max(F(0,10), F(0,5)+400) = \max(0, 400) = 400$

	1 個工人	2 個工人	3 個工人	4 個工人	5 個工人	6 個工人	7 個工人	8 個工人	9 個工人	10 個工人
400kg 黃金/5 人	0	0	0	0	400	400	400	400	400	400
500kg 黃金/5 人										
200kg 黃金/3 人										
300kg 黃金/4 人										
350kg 黃金/3 人										

對於第 2 行的前 4 個格子，和第 1 行同理，由於 w<p[n-1]，對應的狀態轉移方程式如下：

$$\mathbf{F(n,w) = F(n\text{-}1,w)\ (n>1,\ w<p[n\text{-}1])}$$

帶入求解：

$$F(2,1) = F(2\text{-}1,1) = F(1,1) = 0$$
$$F(2,2) = F(2\text{-}1,2) = F(1,2) = 0$$
$$F(2,3) = F(2\text{-}1,3) = F(1,3) = 0$$
$$F(2,4) = F(2\text{-}1,4) = F(1,4) = 0$$

	1 個工人	2 個工人	3 個工人	4 個工人	5 個工人	6 個工人	7 個工人	8 個工人	9 個工人	10 個工人
400kg 黃金/5 人	0	0	0	0	400	400	400	400	400	400
500kg 黃金/5 人	0	0	0	0						
200kg 黃金/3 人										
300kg 黃金/4 人										
350kg 黃金/3 人										

第 2 行的後 6 個格子，和第 1 行同理，此時 w≥p[n-1]，對應的狀態轉移方程式如下：

$$\mathbf{F(n,w) = \max(F(n\text{-}1,w), F(n\text{-}1,w\text{-}p[n\text{-}1])+g[n\text{-}1])\ (n>1,\ w\geq p[n\text{-}1])}$$

帶入求解：

$F(2,5) = \max(F(2\text{-}1,5), F(2\text{-}1,5\text{-}5)+500) = \max(F(1,5), F(1,0)+500) = \max(400, 500) = 500$

$F(2,6) = \max(F(2\text{-}1,6), F(2\text{-}1,6\text{-}5)+500) = \max(F(1,6), F(1,1)+500) = \max(400, 500) = 500$

……

$F(2,10) = \max(F(2\text{-}1,10), F(2\text{-}1,10\text{-}5)+500) = \max(F(1,10), F(1,5)+500) = \max(400, 400+500) = 900$

	1 個工人	2 個工人	3 個工人	4 個工人	5 個工人	6 個工人	7 個工人	8 個工人	9 個工人	10 個工人
400kg 黃金/5 人	0	0	0	0	400	400	400	400	400	400
500kg 黃金/5 人	0	0	0	0	500	500	500	500	500	900
200kg 黃金/3 人										
300kg 黃金/4 人										
350kg 黃金/3 人										

第 3 行的計算方法如出一轍。

	1 個工人	2 個工人	3 個工人	4 個工人	5 個工人	6 個工人	7 個工人	8 個工人	9 個工人	10 個工人
400kg 黃金/5 人	0	0	0	0	400	400	400	400	400	400
500kg 黃金/5 人	0	0	0	0	500	500	500	500	500	900
200kg 黃金/3 人	0	0	200	200	500	500	500	700	700	900
300kg 黃金/4 人										
350kg 黃金/3 人										

再接再厲，計算出第 4 行的答案。

	1 個工人	2 個工人	3 個工人	4 個工人	5 個工人	6 個工人	7 個工人	8 個工人	9 個工人	10 個工人
400kg 黃金/5 人	0	0	0	0	400	400	400	400	400	400
500kg 黃金/5 人	0	0	0	0	500	500	500	500	500	900
200kg 黃金/3 人	0	0	200	200	500	500	500	700	700	900
300kg 黃金/4 人	0	0	200	300	500	500	500	700	800	900
350kg 黃金/3 人										

最後，計算出第 5 行的結果。

	1 個工人	2 個工人	3 個工人	4 個工人	5 個工人	6 個工人	7 個工人	8 個工人	9 個工人	10 個工人
400kg 黃金/5 人	0	0	0	0	400	400	400	400	400	400
500kg 黃金/5 人	0	0	0	0	500	500	500	500	500	900
200kg 黃金/3 人	0	0	200	200	500	500	500	700	700	900
300kg 黃金/4 人	0	0	200	300	500	500	500	700	800	900
350kg 黃金/3 人	0	0	350	350	500	550	650	850	850	900

此時，最後 1 行最後 1 個格子所填的 900 就是最終要求的結果，即 5 個金礦、10 個工人的最佳收益是 900kg 黃金。

好了，這就是動態規劃由下而上的求解過程。

哇，這個方式還真有意思！那麼，怎麼用程式碼來實作呢？

在程式中，可以用二維陣列來代表所填寫的表格，
讓我們看一看程式碼吧。

```
1. /**
2.  * 獲得金礦最佳收益
3.  * @param w  工人數量
4.  * @param p  金礦開採所需的工人數量
5.  * @param g  金礦儲量
6.  */
7. public static int getBestGoldMiningV2(int w, int[] p, int[] g){
8.     //建立表格
9.     int[][] resultTable = new int[g.length+1][w+1];
10.    //填入表格
11.    for(int i=1; i<=g.length; i++){
12.        for(int j=1; j<=w; j++){
13.            if(j<p[i-1]){
14.                resultTable[i][j] = resultTable[i-1][j];
15.            }else{
16.                resultTable[i][j] = Math.max(resultTable[i-1]
                           [j],  resultTable[i-1][j-p[i-1]]+ g[i-1]);
17.            }
18.        }
19.    }
20.    //返回最後 1 個格子的值
21.    return resultTable[g.length][w];
22.}
```

小灰，你說說上述程式碼的時間複雜度和空間複雜度分別是怎樣的？

程式利用雙迴圈來填入一個二維陣列，所以時間複雜度和空間複雜度都是 $O(nw)$，比遞迴的效能好多啦！

是的，這段程式碼在時間上已經沒有什麼可最佳化的了，
但是在空間上還可以做一些最佳化。

想一想，在表格中除第 1 行之外，每一行的結果都是由上一行資料
推導出來的。我們以 4 個金礦 9 個工人為例。

	1 個工人	2 個工人	3 個工人	4 個工人	5 個工人	6 個工人	7 個工人	8 個工人	9 個工人	10 個工人
400kg 黃金/5 人	0	0	0	0	400	400	400	400	400	400
500kg 黃金/5 人	0	0	0	0	500	500	500	500	500	900
200kg 黃金/3 人	0	0	200	200	500	500	500	700	700	900
300kg 黃金/4 人	0	0	200	300	500	500	500	700	800	900
350kg 黃金/3 人	0	0	350	350	500	550	650	850	850	900

4 個金礦、9 個工人的最佳結果，是由它的兩個最佳子結構，也就是 3 個金礦、5 個工人和 3 個金礦、9 個工人的結果推導而來的。這兩個最佳子結構都位於它的上一行。

所以，在程式中並不需要保存整個表格，無論金礦有多少座，我們只保存 1 行的資料即可。在計算下一行時，要從右向左統計（讀者可以想想為什麼從右向左），把舊的資料一個一個替換掉。

最佳化後的程式碼如下：

```
1. /**
2.  * 獲得金礦最佳收益
3.  * @param w  工人數量
4.  * @param p  金礦開採所需的工人數量
5.  * @param g  金礦儲量
6.  */
7. public static int getBestGoldMiningV3(int w, int[] p, int[] g){
8.     //建立目前結果
9.     int[] results = new int[w+1];
10.    //填入一維陣列
11.    for(int i=1; i<=g.length; i++){
12.        for(int j=w; j>=1; j--){
13.            if(j>=p[i-1]){
14.                results[j] = Math.max(results[j],
               results[j-p[i-1]]+ g[i-1]);
15.            }
16.        }
17.    }
18.    //返回最後 1 個格子的值
19.    return results[w];
20. }
```

哇，最佳化後的程式碼真的好簡潔呀！

是呀，而且空間複雜度降低到了 $O(n)$。
金礦問題我們就講解到這裡，我們下一節再會！

5.12 尋找缺失的整數

5.12.1 「五行」缺一個整數

下面考你一道演算法題：在一個無序陣列裡有 99 個不重複的正整數，範圍從 1 到 100……

題目

在一個無序陣列裡有 99 個不重複的正整數，範圍是 1～100，唯獨缺少 1 個 1～100 中的整數。如何找出這個缺失的整數？

哦，讓我想想……

有了！建立一個雜湊表，以 1 到 100 這 100 個整數為 Key，然後遍訪陣列。

解法 1：

建立一個雜湊表，以 1 到 100 這 100 個整數為 Key。然後遍訪整個陣列，每讀到一個整數，就定位到雜湊表中對應的 Key，然後刪除這個 Key。

由於陣列中缺少 1 個整數，雜湊表最終一定會有 99 個 Key 被刪除，從而剩下 1 個唯一的 Key。這個剩下的 Key 就是那個缺失的整數。

假設陣列長度是 n，那麼該解法的時間複雜度是 $O(n)$，空間複雜度是 $O(n)$。

OK，這個解法在時間上是最佳的，但額外開闢了記憶體空間。
那麼，有沒有辦法降低空間複雜度呢？

哦，讓我想想……

有了！首先給原陣列排序，然後……

解法 2：

先把陣列元素從小到大進行排序，然後遍訪已經有序的陣列，如果發現某兩個相鄰元素並不連續，說明缺少的就是這兩個元素之間的整數。

假設陣列長度是 n，如果用時間複雜度為 $O(n\log n)$ 的排序演算法進行排序，那麼該解法的時間複雜度是 $O(n\log n)$，空間複雜度是 $O(1)$。

OK，這個解法沒有開闢額外的空間，但是時間複雜度又太大了。
有沒有辦法對時間複雜度和空間複雜度都進行最佳化呢？

哦，讓我想想……

有了！先算出 1～100 的累加總和，然後再依次減去陣列裡的所有元素，最後的差值就是所缺少的整數。這麼簡單的辦法我竟然現在才想到！

解法 3：

這是一個很簡單也很高效的方法，先算出 1+2+3+⋯+100 的和，然後依次減去陣列裡的元素，最後得到的差值，就是那個缺失的整數。

假設陣列長度是 n，那麼該解法的時間複雜度是 $O(n)$，空間複雜度是 $O(1)$。

OK，對於沒有重複元素的陣列，這個解法在時間和空間上已經最佳了。但如果把問題擴展一下⋯⋯

5.12.2 ▸ 問題擴展

題目第 1 次擴展：

一個無序陣列裡有若干個正整數，範圍是 1～100，其中 99 個整數都出現了偶數次，只有 1 個整數出現了奇數次，如何找到這個出現奇數次的整數？

哦，讓我想想⋯⋯

按照剛才的方法先求和一定不行，因為根本不知道每個整數出現的次數⋯⋯同時又要保證時間和空間複雜度的最佳，怎麼辦呢？

讓我提示你一下吧，你知道異或運算嗎？

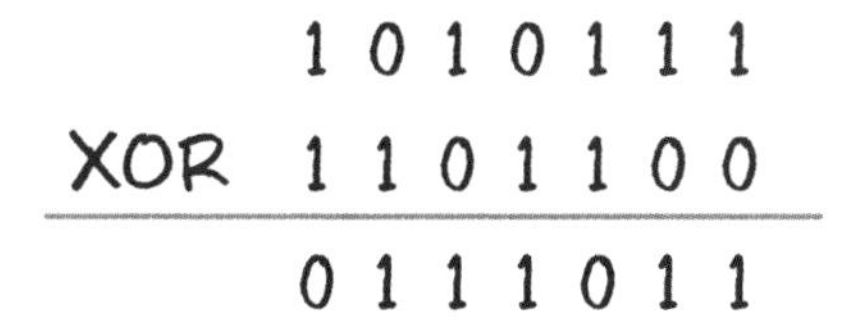

異或運算，我知道，在進行位元運算時，相同位得 0，不同位得 1。可是怎麼應用到這個題目上面呢？

啊，我想到了！只要把陣列裡所有元素依次進行異或運算，最後得到的就是那個缺失的整數！

解法：

遍訪整個陣列，依次做異或運算。由於異或運算在進行位元運算時，相同為 0，不同為 1，因此所有出現偶數次的整數都會相互抵消變成 0，只有唯一出現奇數次的整數會被留下。

讓我們舉一個例子：列出一個無序陣列 {3,1,3,2,4,1,4}。

異或運算像加法運算一樣，滿足交換律和結合律，所以這個陣列元素的異或運算的結果如下圖所示。

無序陣列：

3	1	3	2	4	1	4

異或運算：　3 xor 1 xor 3 xor 2 xor 4 xor 1
= 1 xor 1 xor 3 xor 3 xor 4 xor 4
= 2

假設陣列長度是 n，那麼該解法的時間複雜度是 $O(n)$，空間複雜度是 $O(1)$。

這個方案已經非常好了。我們把問題最後擴展一下，如果陣列裡**有 2 個整數出現了奇數次**，其他整數出現偶數次，該如何找出這 2 個整數呢？

題目第 2 次擴展：

假設一個無序陣列裡有若干個正整數，範圍是 1～100，其中有 98 個整數出現了偶數次，只有 2 個整數出現了奇數次，如何找到這 2 個出現奇數次的整數？

啊，這次要找 2 個整數，剛才的方法已經不夠用了。因為把陣列所有元素進行異或運算，最終只會得到 2 個整數的異或運算結果。

我來提示你一下吧，你知道分治法嗎？

說起分治法，我似乎想到什麼了……如果把陣列分成兩部分，確保每一部分都含 1 個出現奇數次的整數，這樣就與上一題的情況一樣。

終於想到了！首先把陣列元素依次進行異或運算，得到的結果是 2 個出現了奇數次的整數的異或運算結果，在這個結果中至少有 1 個二進位的位元是 1。

解法：

把 2 個出現了奇數次的整數命名為 A 和 B。遍訪整個陣列，然後依次做異或運算，進行異或運算的最終結果，等同於 A 和 B 進行異或運算的結果。在這個結果中，至少會有一個二進位的位元是 1（如果都是 0，說明 A 和 B 相等，和題目不相符）。

舉個例子，列出一個無序陣列 {4,1,2,2,5,1,4,3}，所有元素進行異或運算的結果是 00000110B。

無序陣列：| 4 | 1 | 2 | 2 | 5 | 1 | 4 | 3 |

```
異或運算：  4 xor 1 xor 2 xor 2 xor 5 xor 1 xor 4 xor 3
          = 1 xor 1 xor 2 xor 2 xor 4 xor 4 xor 3 xor 5
          = 3 xor 5
          = 00000110B
```

選定該結果中值為 1 的某一位數字，如 00000110B 的倒數第 2 位是 1，這說明 A 和 B 對應的二進位的倒數第 2 位是不同的。其中必定有一個整數的倒數第 2 位是 0，另一個整數的倒數第 2 位是 1。

根據這個結論，可以把原陣列按照二進位的倒數第 2 位的不同，分成兩部分，一部分的倒數第 2 位是 0，另一部分的倒數第 2 位是 1。由於 A 和 B 的倒數第 2 位不同，所以 A 被分配到其中一部分，B 被分配到另一部分，絕不會出現 A 和 B 在同一部分，另一部分既沒有 A，也沒有 B 的情況。

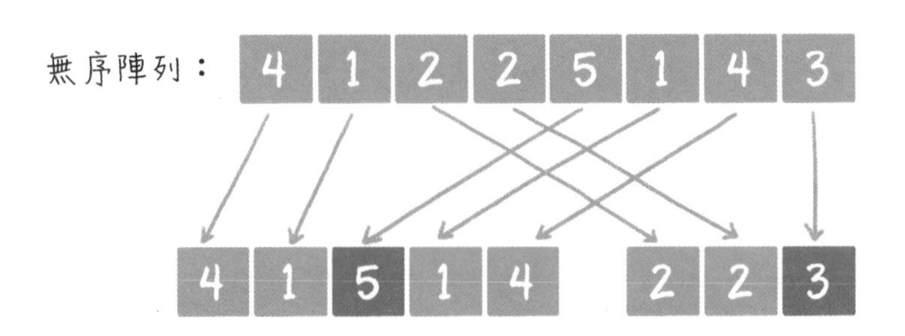

這樣一來就簡單多了，我們的問題又回歸到了上一題的情況，按照原先的異或演算法，從每一部分中找出唯一的奇數次整數即可。

假設陣列長度是 n，那麼該解法的時間複雜度是 $O(n)$。把陣列分成兩部分，並不需要借助額外的儲存空間，完全可以在按二進位的位元分組的同時來做異或運算，所以空間複雜度仍然是 $O(1)$。

沒錯，就是這個思考方式。請你按照這個思考方式來寫一下程式碼。

好的，我來試試！

```
1.  public static int[] findLostNum(int[] array) {
2.      //用於儲存 2 個出現奇數次的整數
3.      int result[] = new int[2];
4.      //第 1 次進行整體異或運算
5.      int xorResult = 0;
6.      for(int i=0;i<array.length;i++){
7.          xorResult^=array[i];
8.      }
9.      //如果進行異或運算的結果為 0，則說明輸入的陣列不符合題目要求
10.     if(xorResult == 0){
11.         return null;
12.     }
13.     //確定 2 個整數的不同位元，以此來做分組
14.     int separator = 1;
15.     while (0==(xorResult&separator)){
16.         separator<<=1;
17.     }
18.     //第 2 次分組進行異或運算
19.     for(int i=0;i<array.length;i++){
20.         if(0==(array[i]&separator)){
21.             result[0]^=array[i];
22.         }else {
23.             result[1]^=array[i];
```

```
24.         }
25.     }
26.
27.     return result;
28. }
29.
30. public static void main(String[] args) {
31.     int[] array = {4,1,2,2,5,1,4,3};
32.     int[] result = findLostNum(array);
33.     System.out.println(result[0] + "," + result[1]);
34. }
```

很好，我們的技術面試就到這裡。請你稍等一下，我去叫 HR 來和你談談。

10min 後……

就這樣，小灰拿到了職業生涯中的第一份工作，但這並不意味著結束。小灰的程式設計師之路才剛剛開始。

第 6 章

演算法的實際應用

6.1 小灰上班的第 1 天

小灰，聽說你收到任職通知了？恭喜呀！

謝謝，多虧你這段時間的輔導呢！我再過幾天就要到職了，恐怕以後再也用不到演算法了吧？

不、不、不，雖然在工作中我們很少直接去寫某個演算法，但是當呼叫某個 API，或存取某個資料庫時，底層都在悄悄地執行著各種各樣的演算法呢。

我懂了， 我還不能夠鬆懈， 一定要繼續提高自己，追求對演算法更深刻的理解！

幾天之後，小灰高高興興地去公司報到了……

就這樣，小灰正式進入了職場。接下來等待他的會是什麼樣的挑戰呢？

6.2 Bitmap 的巧用

6.2.1 一個關於使用者標籤的需求

為了幫助公司精準定位使用者群體，我們需要開發一個使用者畫像系統，實作使用者資訊的標籤化。

使用者標籤包括使用者的社會屬性、生活習慣、消費行為等資訊，例如下面這樣。

透過使用者標籤，我們可以對多樣的使用者群體進行統計。例如統計使用者的男女比例、統計喜歡旅遊的使用者數量等。

放心吧，這個需求交給我一定沒問題的！

為了滿足使用者標籤的統計需求，小灰利用關係型資料庫設計了如下的表結構，每一個維度的標籤對應著資料庫表中的一列。

Name	Sex	Age	Occupation	Phone
小灰	男	八年級	程式設計師	蘋果
大黃	男	八年級	程式設計師	三星
小白	女	九年級	學生	小米

要想統計所有「八年級」的程式設計師，該怎麼做呢？

用一條求交集的 SQL 語句即可。

```
Select count (distinct Name) as 使用者數 from table where age = '八年級' and
Occupation = '程式設計師' ;
```

要想統計所有使用蘋果手機或「九年級」的使用者總和，該怎麼做？

用一條求聯集的 SQL 語句即可。

```
Select count (distinct Name) as 使用者數 from table where Phone =
'蘋果' or age = '九年級' ;
```

看起來很簡單嘛，嘿嘿……

兩個月之後……

事情沒那麼簡單，現在標籤越來越多，例如使用者去過的城市、消費水準、愛吃的東西、喜歡的音樂……都快有上千個標籤了，這要在資料表增加多少列啊！

篩選的標籤條件過多的時候，拼出來的 SQL 語句像麵條一樣長……

不僅如此，當對多個使用者群體求聯集時，需要用 distinct 來去掉重復資料，效能實在太差了……

6.2.2 ▸ 用演算法解決問題

小灰，你怎麼愁眉苦臉的呀？

唉，還不是被一個需求折磨的！

事情是這樣子的……（小灰把工作中的難題告訴了大黃）

哈哈，小灰，你聽說過 Bitmap 演算法嗎？
在中文裡又叫作點陣圖演算法。

我又不是學電腦圖形學的，研究點陣圖演算法幹什麼？

這裡所說的點陣圖並不是像素圖片的點陣圖，而是記憶體中連續的二進位位元（bit）所組成的資料結構，該演算法主要用於對大量整數做去重和查詢操作。

舉個例子，假設列出一塊長度為 10bit 的記憶體空間，也就是 Bitmap，想要依次插入整數 4、2、1、3，需要怎麼做呢？

很簡單，具體做法如下。

第 1 步，列出一塊長度為 10 的 Bitmap，其中的每一個 bit 位元分別對應著從 0 到 9 的整數型數字。此時，Bitmap 的所有位置都是 0（用黑色表示）。

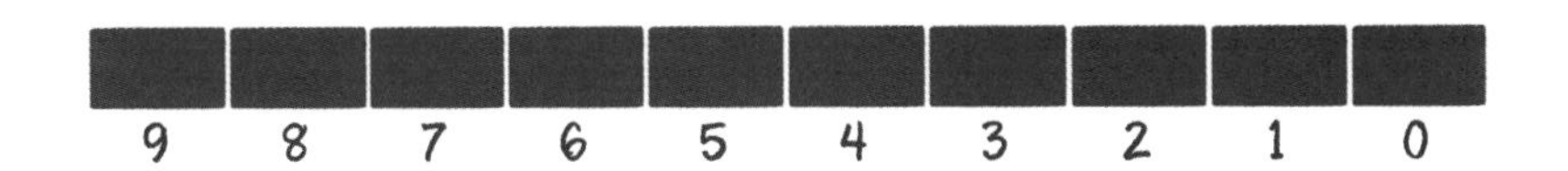

第 2 步，把整數型數 4 存入 Bitmap，對應儲存的位置就是足標為 4 的位置，將此 bit 設定為 1（用灰色表示）。

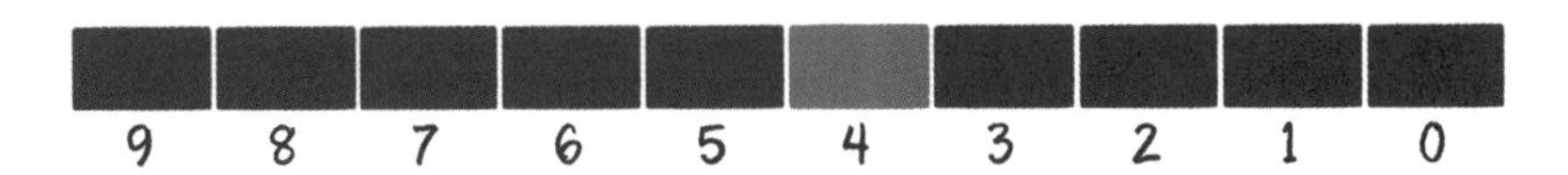

第 3 步，把整數型數 2 存入 Bitmap，對應儲存的位置就是足標為 2 的位置，將此 bit 設定為 1。

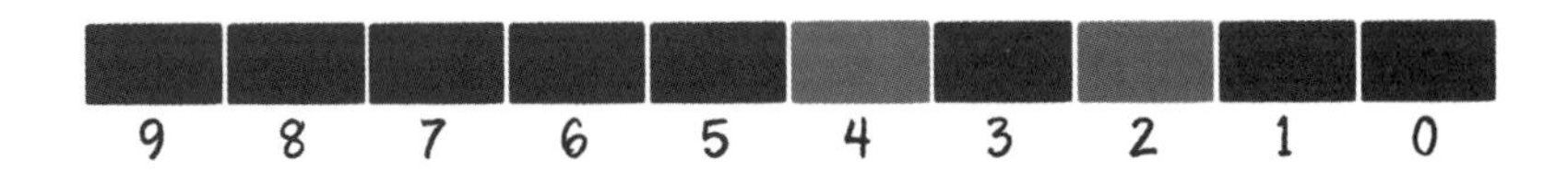

第 4 步，把整數型數 1 存入 Bitmap，對應儲存的位置就是足標為 1 的位置，將此 bit 設定為 1。

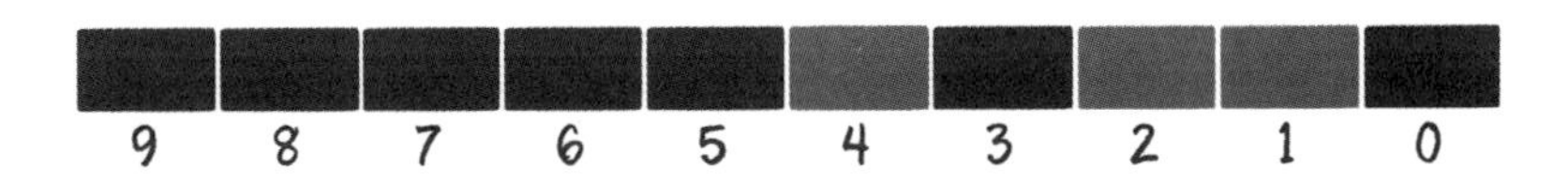

第 5 步，把整數型數 3 存入 Bitmap，對應儲存的位置就是足標為 3 的位置，將此 bit 設定為 1。

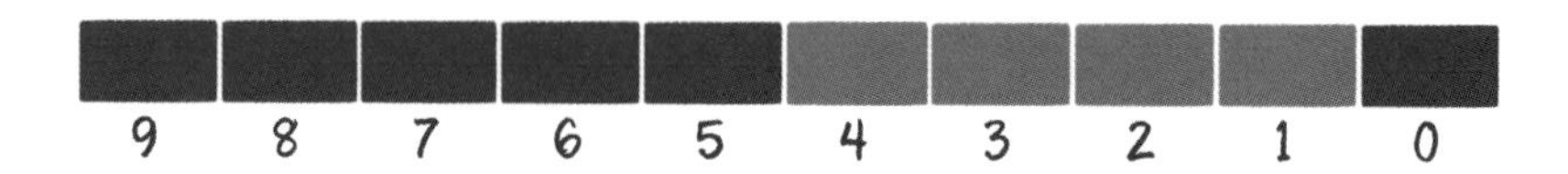

如果問此時 Bitmap 裡儲存了哪些元素。顯然是 4、3、2、1，一目了然。

Bitmap 不僅方便查詢，還可以去掉重複的整數。

看起來有點意思，可是 Bitmap 演算法跟我的專案有什麼關係呢？

你仔細想一想，你所做的使用者標籤能不能用 Bitmap 的形式進行儲存呢？

我的每一條使用者資料都對應著成百上千個標籤，怎麼也無法轉換成 Bitmap 的形式啊？

別急，我們不妨把思考方式逆轉一下，為什麼一定要讓一個使用者對應多個標籤，而不是一個標籤對應多個使用者呢？

一個標籤對應多個使用者？讓我想想啊……

我明白了！資訊不一定非要以使用者為中心，也能夠以標籤為中心來儲存，讓每一個標籤儲存包含此標籤的所有使用者 ID，就像倒排索引一樣！

第 1 步，建立使用者名和使用者 ID 的映射。

Name	Sex	Age	Occupation	Phone
小灰	男	八年級	程式設計師	蘋果
大黃	男	八年級	程式設計師	三星
小白	女	九年級	學生	小米

ID	Name
1	小灰
2	大黃
3	小白

第 2 步，讓每一個標籤儲存包含此標籤的所有使用者 ID，每一個標籤都是一個獨立的 Bitmap。

ID	Name	Sex	Age	Occupation	Phone
1	小灰	男	八年級	程式設計師	蘋果
2	大黃	男	八年級	程式設計師	三星
3	小白	女	九年級	學生	小米

Sex	Bitmap
男	1.2
女	3

Age	Bitmap
八年級	1.2
九年級	3

Occupation	Bitmap
程式設計師	1.2
學生	3

Phone	Bitmap
蘋果	1
三星	2
小米	3

這樣一來，每一個使用者特徵都變得一目了然。

例如程式設計師和「九年級」這兩個群體，各自的 Bitmap 分別如下。

程式設計師：

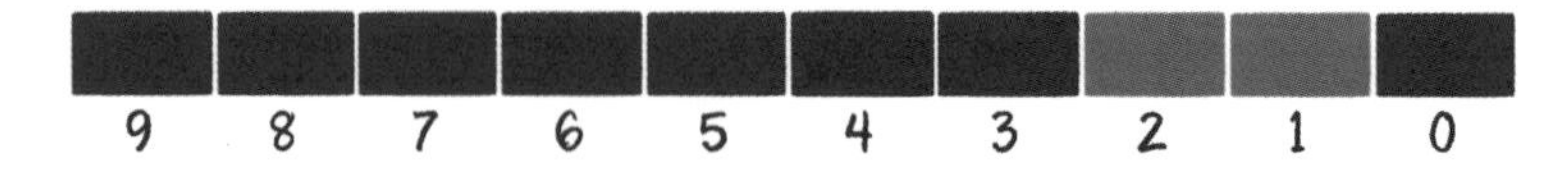

「九年級」：

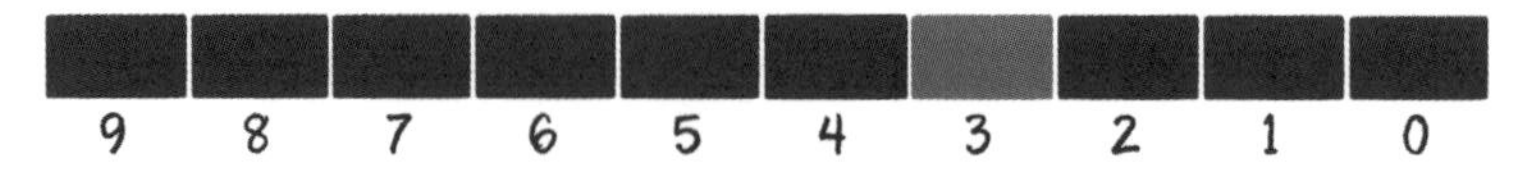

Bingo！這就是 Bitmap 演算法的運用。

我還有一點不太明白，使用雜湊表也同樣能實作使用者的去除重覆和統計操作，為什麼一定要使用 Bitmap 呢？

傻孩子，如果使用雜湊表的話，每一個使用者 ID 都要存成 int 或 long 型別，少則佔用 4 位元組（32bit），多則佔用 8 位元組（64bit）。

而一個使用者 ID 在 Bitmap 中只占 1bit，記憶體是使用雜湊表所佔用記憶體的 1/32，甚至更少！

不僅如此，Bitmap 在對使用者群做交集和聯集運算時也有極大的便利。我們來看看下面的例子。

1. 如何尋找使用蘋果手機的程式設計師使用者

程式設計師使用者(0000000110B)：

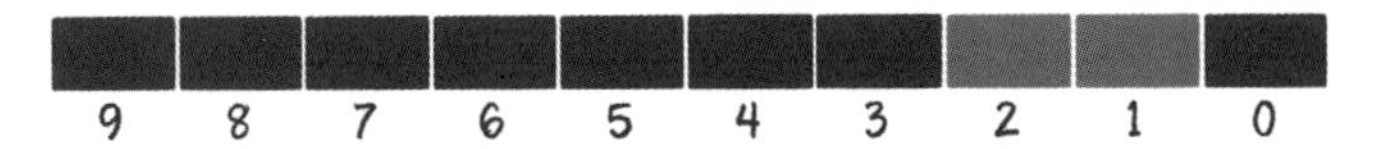

使用蘋果手機的使用者(0000000010B)：

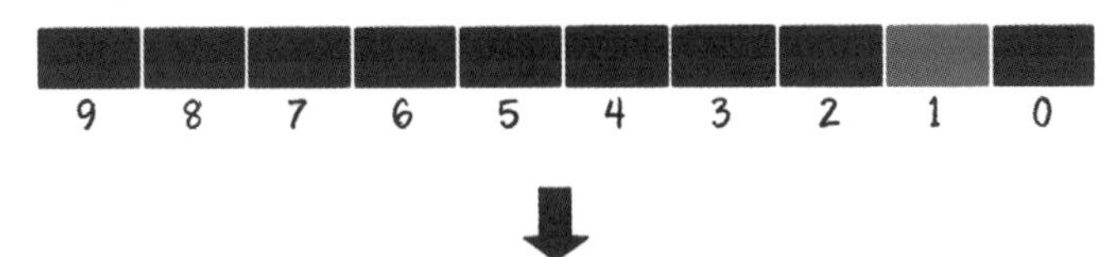

使用蘋果手機的程式設計師使用者(0000000110B & 0000000010B = 0000000010B)：

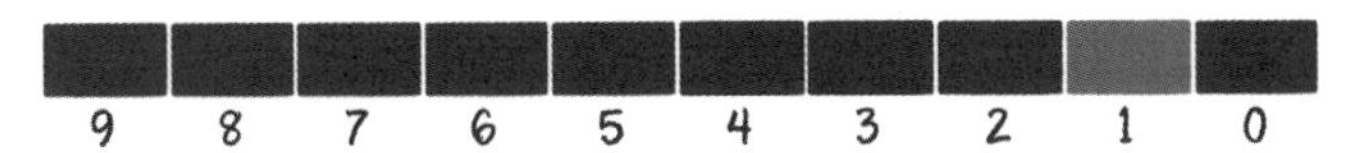

2. 如何尋找所有男性使用者或「九年級」使用者

男性使用者(0000000110B)：

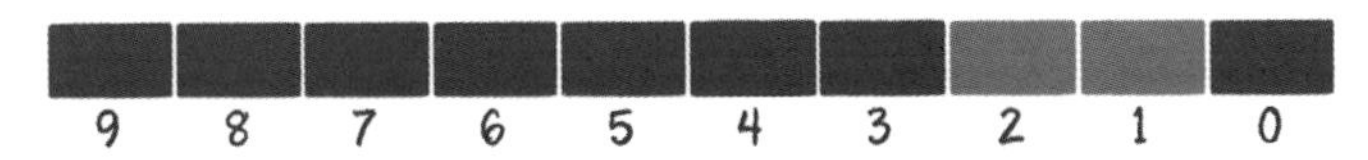

「九年級」使用者(0000001000B)：

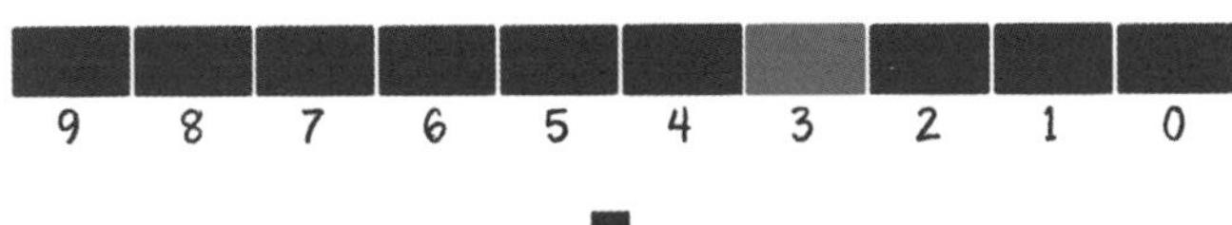

男性或「九年級」使用者(0000000110B | 0000001000B = 0000001110B)：

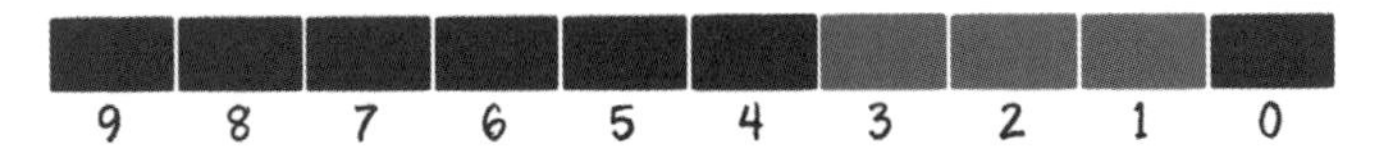

這就是 Bitmap 演算法的另一個優勢——高效能的位元運算。

原來如此。我還有一個問題，如何利用 Bitmap 實作反向比對匹配呢？例如我想尋找非「八年級」的使用者，如果簡單地做取反運算操作，會出現問題吧？

會出現什麼問題呢？我們來看一看。

「八年級」使用者的 Bitmap 如下。

「八年級」使用者：

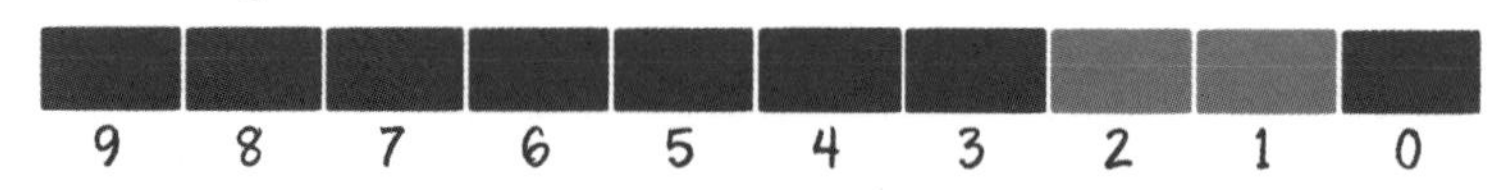

如果想得到非「八年級」的使用者，能夠直接進行非運算嗎？

非「八年級」使用者：

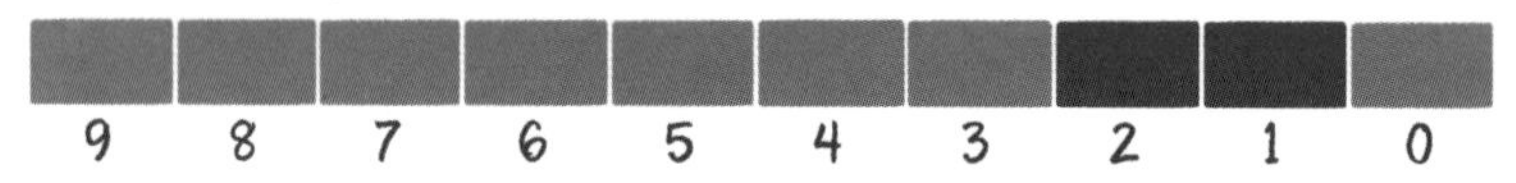

顯然，非「八年級」使用者實際上只有 1 個，而不是圖中所得到的 8 個結果，所以不能直接進行非運算。

這個問題提得很好，但是也不難解決，我們可以借助一個全量的 Bitmap。

同樣是剛才的例子，我們列出「八年級」使用者的 Bitmap，再列出一個全量使用者的 Bitmap。最終要求出的是存在於全量使用者，但又不存在於「八年級」使用者的部分。

「八年級」使用者：

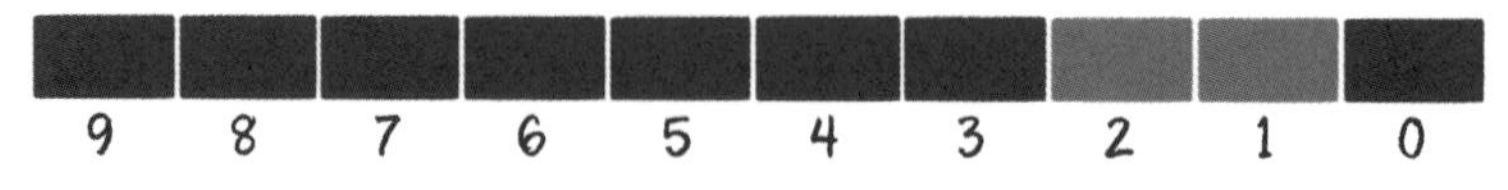

全量使用者：

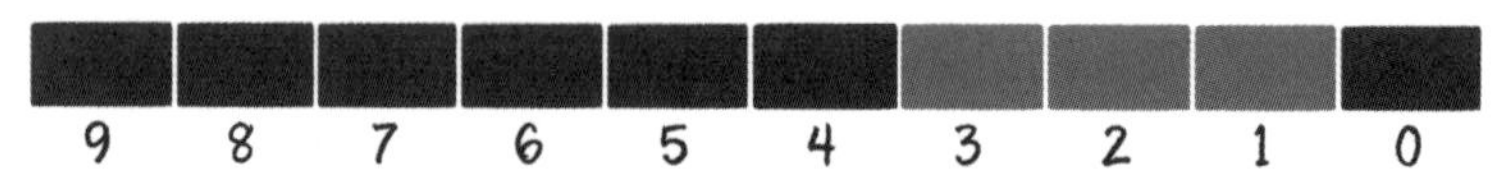

如何求出這部分使用者呢？我們可以使用異或運算進行操作，即相同位為 0，不同位為 1。

「八年級」使用者 (0000000110B)：

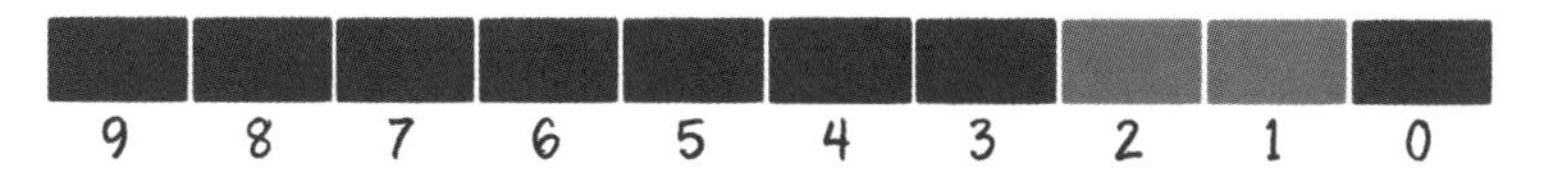

全量使用者 (0000001110B)：

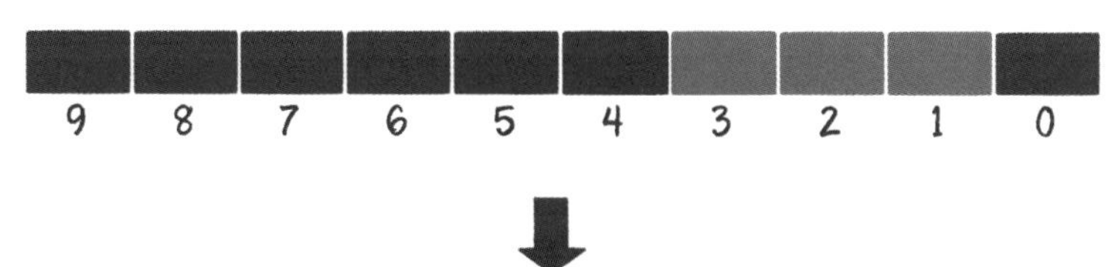

非「八年級」使用者 (0000000110B XOR 0000001110B = 0000001000B)：

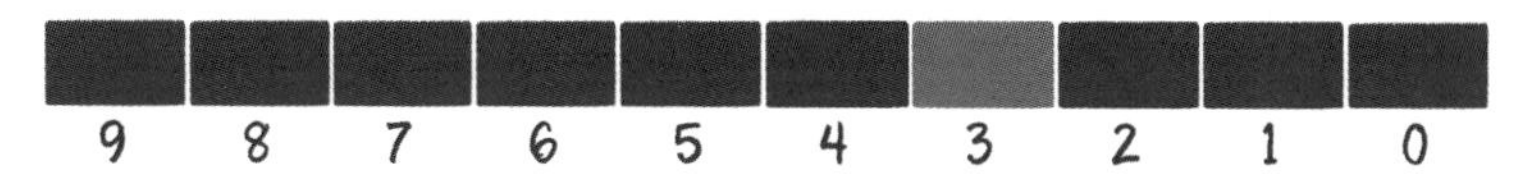

我明白了，這真的是個好方法！那麼 Bitmap 的程式碼應該要怎麼來實作呢？

Bitmap 的實作方法稍微有些難理解，讓我們來看看程式碼。

```
1. //每一個 word 是一個 long 型別元素，對應一個 64 位元二進位資料
2. private long[] words;
3. //Bitmap 的位元數大小
4. private int size;
5.
6. public MyBitmap(int size) {
7.     this.size = size;
8.     this.words = new long[(getWordIndex(size-1) + 1)];
9. }
10.
11. /**
12.  * 判斷 Bitmap 某一位元的狀態
13.  * @param bitIndex 點陣圖的第 bitIndex 位
14.  */
15. public boolean getBit(int bitIndex) {
16.     if(bitIndex<0 || bitIndex>size-1){
17.         throw new IndexOutOfBoundsException("超過 Bitmap 有效範圍");
18.     }
19.     int wordIndex = getWordIndex(bitIndex);
20.     return (words[wordIndex] & (1L << bitIndex)) != 0;
21. }
22.
```

```
23. /**
24.  * 把 Bitmap 某一位設定為 true
25.  * @param bitIndex 點陣圖的第 bitIndex 位
26.  */
27. public void setBit(int bitIndex) {
28.     if(bitIndex<0 || bitIndex>size-1){
29.         throw new IndexOutOfBoundsException("超過 Bitmap 有效範圍");
30.     }
31.     int wordIndex = getWordIndex(bitIndex);
32.     words[wordIndex] |= (1L << bitIndex);
33. }
34.
35. /**
36.  * 定位 Bitmap 某一位所對應的 word
37.  * @param bitIndex 點陣圖的第 bitIndex 位
38.  */
39. private int getWordIndex(int bitIndex) {
40.     //右移 6 位，相當於除以 64
41.     return bitIndex >> 6;
42. }
43.
44. public static void main(String[] args) {
45.     MyBitmap bitMap = new MyBitmap(128);
46.     bitMap.setBit(126);
47.     bitMap.setBit(75);
48.     System.out.println(bitMap.getBit(126));
49.     System.out.println(bitMap.getBit(78));
50. }
```

在上述程式碼中，使用一個命名為 words 的 long 型別陣列來儲存所有的二進位位元。每一個 long 元素佔用其中的 64 位元。

如果要把 Bitmap 的某一位元設為 1，需要經過兩步。

1. 定位到 words 中的對應的 long 元素。
2. 透過與運算修改 long 元素的值。

如果要查看 Bitmap 的某一位是否為 1，也需要經過兩步。

1. 定位到 words 中的對應的 long 元素。
2. 判斷 long 元素的對應的二進位位元是否為 1。

有了 Bitmap 的基本讀寫入操作，該如何實作兩個 Bitmap 的與、或、異或運算呢？感興趣的讀者可以思考一下。

想要深入研究 Bitmap 演算法的讀者，可以看一下 JDK 中 BitSet 類別的原始碼。同時，快取資料庫 Redis 中也有對 Bitmap 演算法的支援。

雖然有現成的工具類和資料庫，但我們仍然應該瞭解 Bitmap 演算法的底層原理和實作方式。

今天就介紹到這裡，下一節再會！

6.3 LRU 演算法的應用

6.3.1 一個關於使用者資訊的需求

現在公司的業務越來越複雜，我們需要抽出一個使用者系統，向各個業務系統提供使用者的基本資訊。

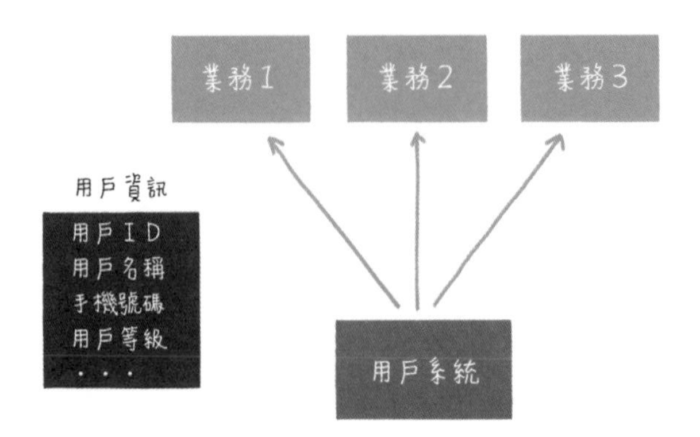

業務方對使用者資訊的查詢頻率很高，一定要注意效能問題哦。

放心吧，交給我，沒問題的！

使用者資訊當然是存放在資料庫裡。但是由於我們對使用者系統的效能要求比較高，顯然不能在每一次請求時都去查詢資料庫。

所以，小灰在記憶體中建立了一個雜湊表作為快取，每當尋找一個使用者時會先在雜湊表中進行查詢，以此來提高存取的效能。

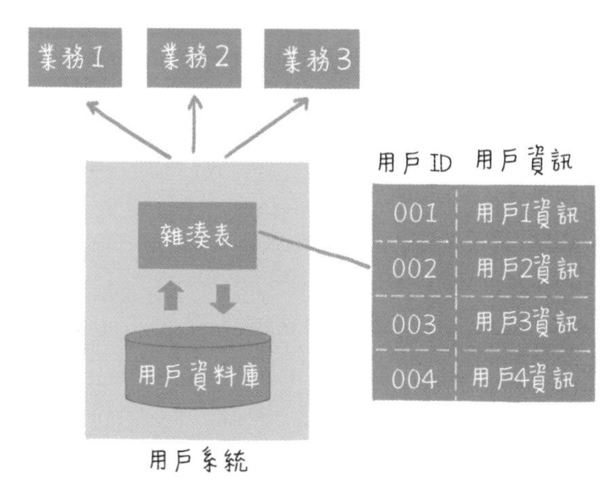

很快，使用者系統上線了，小灰美美地休息了幾天。

一個多月之後……

哦，出了什麼事？

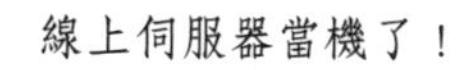

讓我看看……糟了，是記憶體溢出了，使用者數量越來越多，當初設計的雜湊表把記憶體給撐爆了，趕快重新啟動吧!

可是以後該怎麼辦呢？我們能不能幫伺服器的硬體升級，或者加幾台伺服器呀？

可是公司沒那麼多預算呀？！

那我能不能在記憶體快耗盡的時候，隨機刪掉一半使用者快取呢？

唉，這樣也不妥，如果刪掉的使用者資訊，正好是被高頻查詢的使用者，會影響系統效能的。

6.3.2 ▸ 用演算法解決問題

小灰，你怎麼忽然消瘦了啊？

唉，還不是被一個需求折磨的！

事情是這樣子的……（小灰把工作中的難題告訴了大黃）

小灰，你聽說過 LRU 演算法嗎？

只聽說過 URL，沒聽說過 LRU，那是什麼？

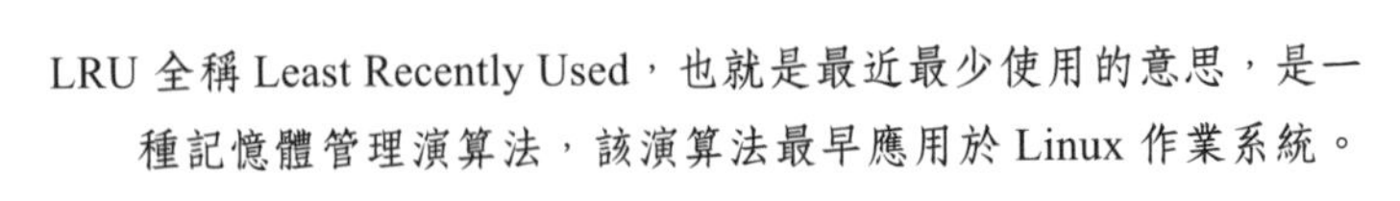

LRU 全稱 Least Recently Used，也就是最近最少使用的意思，是一種記憶體管理演算法，該演算法最早應用於 Linux 作業系統。

這個演算法基於一種假設：長期不被使用的資料，在未來被用到的幾率也不大。因此，當資料所占記憶體達到一定閾值時，我們要移除掉最近最少被使用的資料。

原來如此，這個演算法正好對我的使用者系統有幫助！可以在記憶體不夠時，從雜湊表中移除一部分很少被存取的使用者。

可是，我怎麼知道雜湊表中哪些 Key-Value 最近被存取過，哪些沒被存取過？總不能為每一個 Value 加上時間戳記，然後遍訪整個雜湊表吧？

這就涉及 LRU 演算法的精妙所在了。在 LRU 演算法中，使用了一種有趣的資料結構，這種資料結構叫作雜湊鏈結串列。

什麼是雜湊鏈結串列呢？

我們都知道，雜湊表是由若干個 Key-Value 組成的。在「邏輯」上，這些 Key-Value 是無所謂排列順序的，誰先誰後都一樣。

在雜湊鏈結串列中，這些 Key-Value 不再是彼此無關的存在，而是被一個鏈條串了起來。每一個 Key-Value 都具有它的前驅 Key-Value、後繼 Key-Value，就像雙向鏈結串列中的節點一樣。

這樣一來，原本無序的雜湊表就擁有了固定的排列順序。

可是，這雜湊鏈結串列和 LRU 演算法有什麼關係呢？

依靠雜湊鏈結串列的有序性，我們可以把 Key-Value 按照最後的使用時間進行排序。

讓我們以使用者資訊的需求為例，來示範一下 LRU 演算法的基本思考方式。

1. 假設使用雜湊鏈結串列來快取使用者資訊，目前快取了 4 個使用者，這 4 個使用者是按照被存取的時間順序依次從鏈結串列右端插入的。

001 用戶1資訊 ⇄ 002 用戶2資訊 ⇄ 003 用戶3資訊 ⇄ 004 用戶4資訊

2. 如果這時業務方存取使用者 5，由於雜湊鏈結串列中沒有使用者 5 的資料，需要從資料庫中讀取出來，插入到快取中。此時，鏈結串列最右端是最新被存取的使用者 5，最左端是最近最少被存取的使用者 1。

001 用戶1資訊 ⇄ 002 用戶2資訊 ⇄ 003 用戶3資訊 ⇄ 004 用戶4資訊 ⇄ 005 用戶5資訊

3. 接下來，如果業務方存取使用者 2，雜湊鏈結串列中已經存在使用者 2 的資料，這時我們把使用者 2 從它的前驅節點和後繼節點之間移除，重新插入鏈結串列的最右端。此時，鏈結串列的最右端變成了最新被存取的使用者 2，最左端仍然是最近最少被存取的使用者 1。

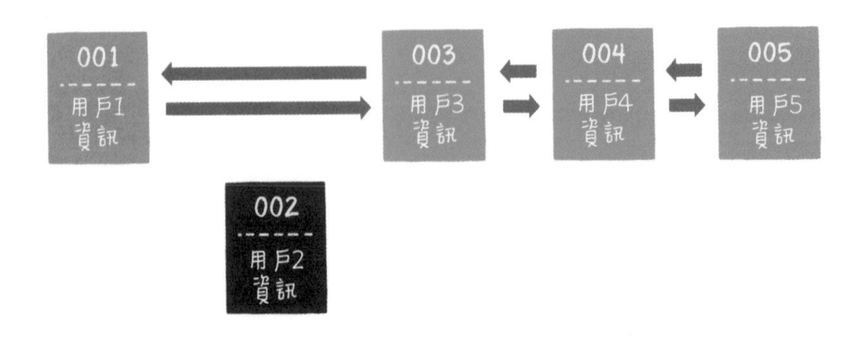

4. 接下來，如果業務方請求修改使用者 4 的資訊。同樣的道理，我們會把使用者 4 從原來的位置移動到鏈結串列的最右側，並把使用者資訊的值更新。這時，鏈結串列的最右端是最新被存取的使用者 4，最左端仍然是最近最少被存取的使用者 1。

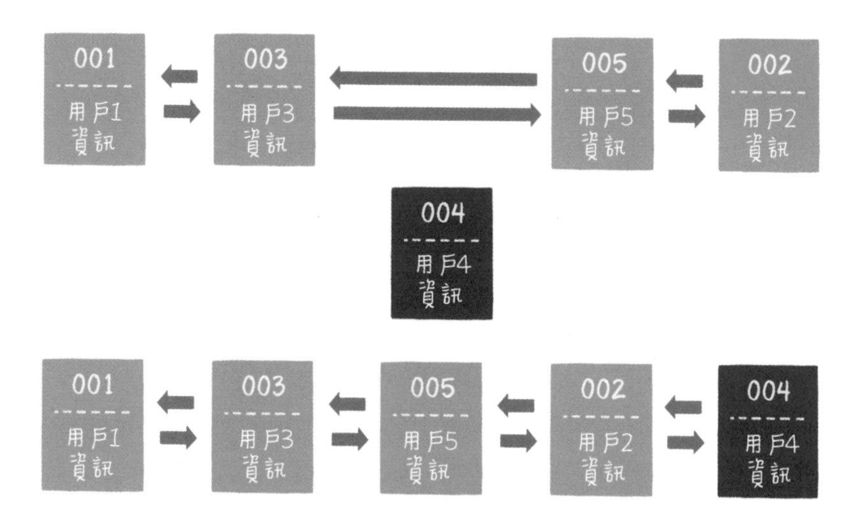

5. 後來業務方又要存取使用者 6，使用者 6 在快取裡沒有，需要插入雜湊鏈結串列中。假設這時快取容量已經達到上限，必須先刪除最近最少被存取的資料，那麼位於雜湊鏈結串列最左端的使用者 1 就會被刪除，然後再把使用者 6 插入最右端的位置。

以上，就是 LRU 演算法的基本思考方式。

明白了，這真是個巧妙的演算法！那麼 LRU 演算法怎麼用程式碼來實作呢？

雖然 Java 中的 LinkedHashMap 已經對雜湊鏈結串列建立了很好的實作，但為了加深印象，我們還是自己寫程式碼來簡單實作一下吧。

```
1.  private Node head;
2.  private Node end;
3.  //快取儲存上限
4.  private int limit;
5.
6.  private HashMap<String, Node> hashMap;
7.
8.  public LRUCache(int limit) {
9.      this.limit = limit;
10.     hashMap = new HashMap<String, Node>();
11. }
12.
13. public String get(String key) {
14.     Node node = hashMap.get(key);
15.     if (node == null){
16.         return null;
17.     }
18.     refreshNode(node);
19.     return node.value;
20. }
21.
22. public void put(String key, String value) {
23.     Node node = hashMap.get(key);
24.     if (node == null) {
25.         //如果 Key 不存在，則插入 Key-Value
26.         if (hashMap.size() >= limit) {
27.             String oldKey = removeNode(head);
28.             hashMap.remove(oldKey);
29.         }
30.         node = new Node(key, value);
31.         addNode(node);
32.         hashMap.put(key, node);
33.     }else {
34.         //如果 Key 存在，則更新 Key-Value
35.         node.value = value;
36.         refreshNode(node);
37.     }
38. }
39.
40. public void remove(String key) {
41.     Node node = hashMap.get(key);
42.     removeNode(node);
```

```
43.     hashMap.remove(key);
44. }
45.
46. /**
47.  * 更新被存取的節點位置
48.  * @param  node 被存取的節點
49.  */
50. private void refreshNode(Node node) {
51.     //如果存取的是尾節點，則無須移動節點
52.     if (node == end) {
53.         return;
54.     }
55.     //移除節點
56.     removeNode(node);
57.     //重新插入節點
58.     addNode(node);
59. }
60.
61. /**
62.  * 刪除節點
63.  * @param  node 要刪除的節點
64.  */
65. private String removeNode(Node node) {
66.     if(node == head && node == end){
67.         //移除唯一的節點
68.         head = null;
69.         end = null;
70.     }else if(node == end){
71.         //移除尾節點
72.         end = end.pre;
73.         end.next = null;
74. }else if(node == head){
75.         //移除頭節點
76.         head = head.next;
77. head.pre = null;
78.     }else {
79.         //移除中間節點
80.         node.pre.next = node.next;
81.         node.next.pre = node.pre;
82.     }
83.     return node.key;
84. }
85.
86. /**
87.  * 尾部插入節點
88.  * @param  node 要插入的節點
89.  */
90. private void addNode(Node node) {
91.     if(end != null) {
92.         end.next = node;
93.         node.pre = end;
94.         node.next = null;
95.     }
96.     end = node;
97.     if(head == null){
```

```
98.         head = node;
99.     }
100.}
101.
102.class Node {
103.    Node(String key, String value){
104.        this.key = key;
105.        this.value = value;
106.    }
107.    public Node pre;
108.    public Node next;
109.    public String key;
110.    public String value;
111.}
112.
113.public static void main(String[] args) {
114.    LRUCache lruCache = new LRUCache(5);
115.    lruCache.put("001", "使用者 1 資訊");
116.    lruCache.put("002", "使用者 1 資訊");
117.    lruCache.put("003", "使用者 1 資訊");
118.    lruCache.put("004", "使用者 1 資訊");
119.    lruCache.put("005", "使用者 1 資訊");
120.    lruCache.get("002");
121.    lruCache.put("004", "使用者 2 資訊更新");
122.    lruCache.put("006", "使用者 6 資訊");
123.    System.out.println(lruCache.get("001"));;
124.    System.out.println(lruCache.get("006"));;
125.}
```

需要注意的是，這段程式碼不是執行緒安全的程式碼，要想做到執行緒安全，需要加上 synchronized 修飾符號。

小灰，對於使用者系統的需求，你也可以使用快取資料庫 Redis 來實作，Redis 底層也實作了類似 LRU 的回收演算法。

啊，那我直接用 Redis 就好了，哪還需要去研究 LRU 演算法。

千萬不能這麼想，底層原理和演算法還是需要學習的，這樣才能讓我們更好地去選擇技術方案，排查疑難問題。

好了，關於 LRU 演算法就介紹到這裡，咱們下一節再會！

6.4 什麼是 A 星尋路演算法

6.4.1 ▸ 一個關於迷宮尋路的需求

公司開發了一款「迷宮尋路」的益智遊戲。現在大體上開發得差不多了，但為了讓遊戲更加刺激，還需要加上一點新內容。

我的天，咱們公司怎麼什麼都做呀？不過看起來很有意思呢！

在這個迷宮遊戲中，有一些小怪物會攻擊主角，希望你幫這些小怪物加上聰明的 AI（Artificial Intellingence，人工智慧），讓它們可以自動繞過迷宮中的障礙物，尋找到主角的所在。

例如像下面這樣。

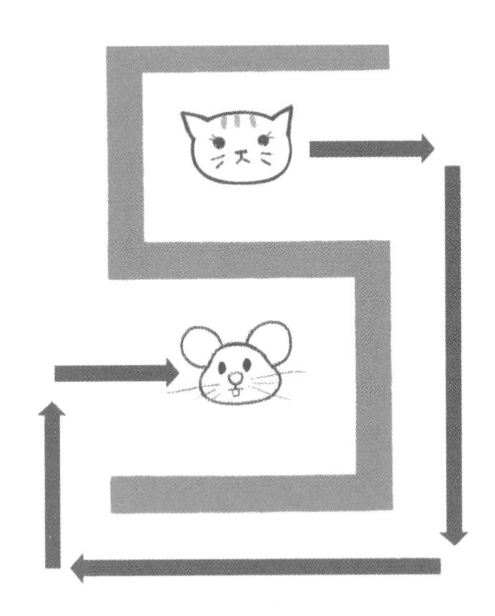

放心吧，交給我妥當的啦！

三天之後……

這個需求看起來簡單，但是要做出聰明有效的尋路 AI，繞過迷宮所有障礙，還真的不是一件容易的事情呢！

6.4.2 ▸ 用演算法解決問題

小灰，你怎麼最近下班這麼晚啊？

唉，還不是被一個需求折騰的！

事情是這樣子的……（小灰把工作中的難題告訴了大黃）

小灰，你聽說過 A 星尋路演算法嗎？

A 什麼演算法？那是什麼？

是 A 星尋路演算法！它的英文名字叫作 A*search algorithm，是一種用於尋找有效路徑的演算法。

哇，有這麼實用的演算法？幫我補習一下啦！

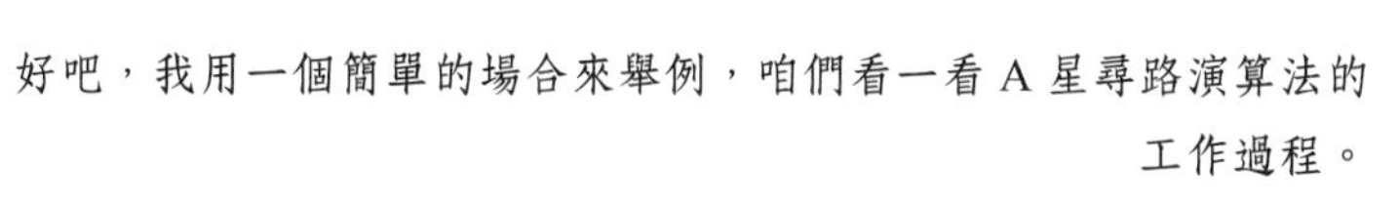
好吧，我用一個簡單的場合來舉例，咱們看一看 A 星尋路演算法的工作過程。

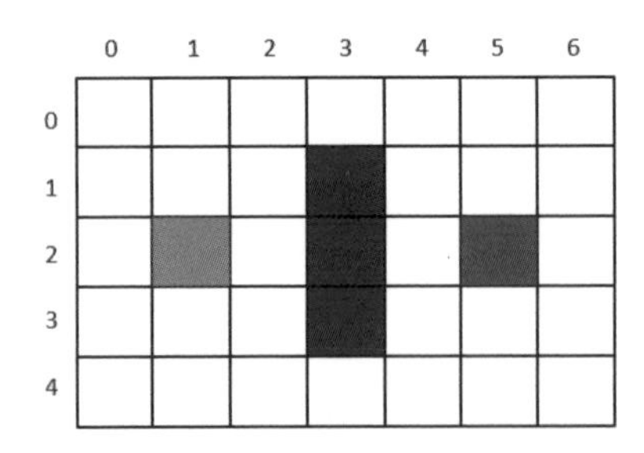

迷宮遊戲的場合通常都是由小方格組成的。假設我們有一個 7 × 5 大小的迷宮，上圖中淺灰色的格子是起點，深灰色的格子是終點，中間的 3 個黑色格子是一堵牆。

AI 角色從起點開始，每一步只能向上下/左右移動 1 格，且不能穿越牆壁。那麼如何讓 AI 角色用最少的步數到達終點呢？

哎呀，這正是我們開發的遊戲所需要的效果，怎麼做到呢？

在解決這個問題之前，我們先引入 2 個集合和 1 個公式。

兩個集合如下。

- **OpenList**：可到達的格子
- **CloseList**：已到達的格子

一個公式如下。

- **F = G + H**

每一個格子都具有 F、G、H 這 3 個屬性，就像下圖這樣。

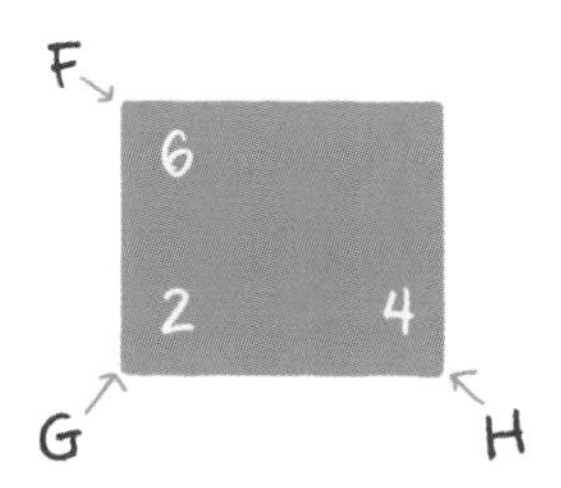

G：從起點走到目前格子的成本，也就是已經花費了多少步。

H：在不考慮障礙的情況下，從目前格子走到目標格子的距離，也就是離目標還有多遠。

F：G 和 H 的綜合評估，也就是從起點到達目前格子，再從目前格子到達目標格子的總步數。

這些都是什麼玩意兒？好複雜啊！

其實並不複雜，我們透過實際場合來分析一下，你就明白了。

第 1 步，把起點放入 OpenList，也就是剛才所說的可到達格子的集合。

OpenList: Grid(1,2)

CloseList:

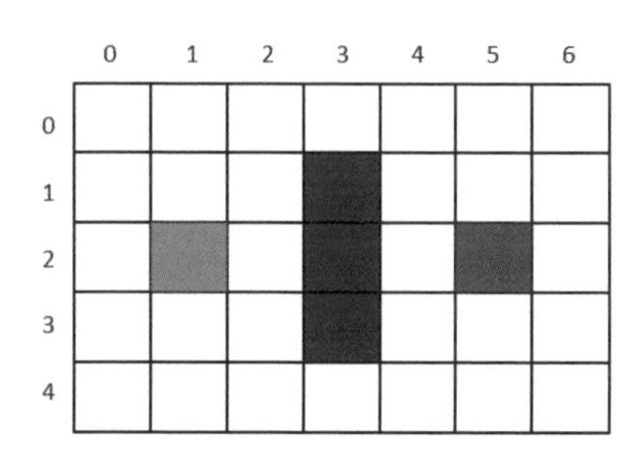

第 2 步，找出 OpenList 中 F 值最小的方格作為目前方格。雖然我們沒有直接計算起點方格的 F 值，但此時 OpenList 中只有唯一的方格 Grid(1,2)，把目前格子移出 OpenList，放入 CloseList。代表這個格子已到達並檢查過了。

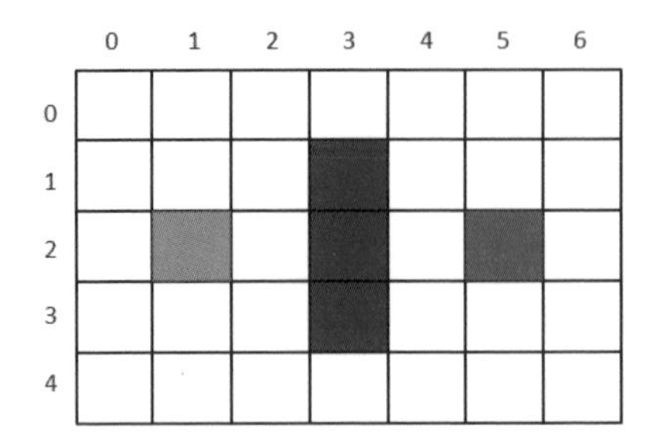

第 3 步，找出目前方格（剛剛檢查過的格子）上、下、左、右所有可到達的格子，看它們是否在 OpenList 或 CloseList 當中。如果不在，則將它們加入 OpenList，計算出相對應的 G、H、F 值，並把目前格子作為它們的「父節點」。

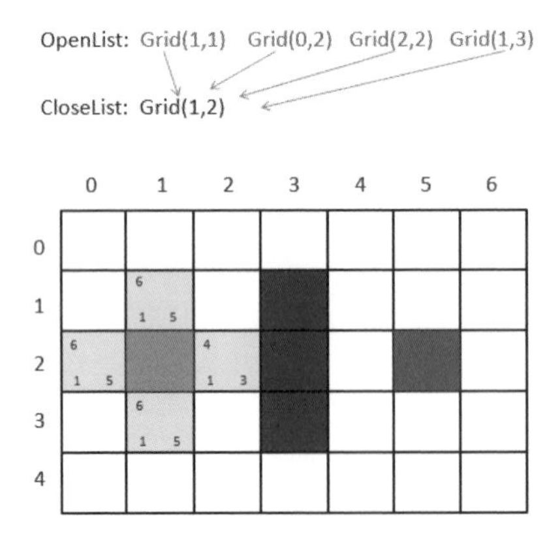

在上圖中，每個格子的左下方數字是 G，右下方是 H，左上方是 F。

我有一點不明白，「父節點」是什麼意思？為什麼格子之間還有父子關係？

一個格子的「父節點」代表它的來路，在輸出最終路線時會用到。

剛才經歷的幾個步驟是一次局部尋路的步驟。我們需要一次又一次重複剛才的第 2 步和第 3 步，直到找到終點為止。

下面進入 A 星尋路的第 2 輪操作。

第 1 步，找出 OpenList 中 F 值最小的方格，即方格 Grid(2,2)，將它作為目前方格，並把目前方格移出 OpenList，放入 CloseList。代表這個格子已到達並檢查過了。

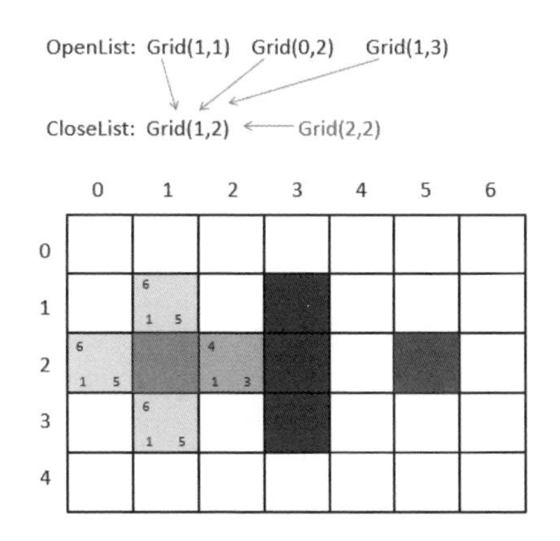

第 2 步，找出目前方格上、下、左、右所有可到達的格子，看它們是否在 OpenList 或 CloseList 當中。如果不在，則將它們加入 OpenList，計算出相對應的 G、H、F 值，並把目前格子作為它們的「父節點」。

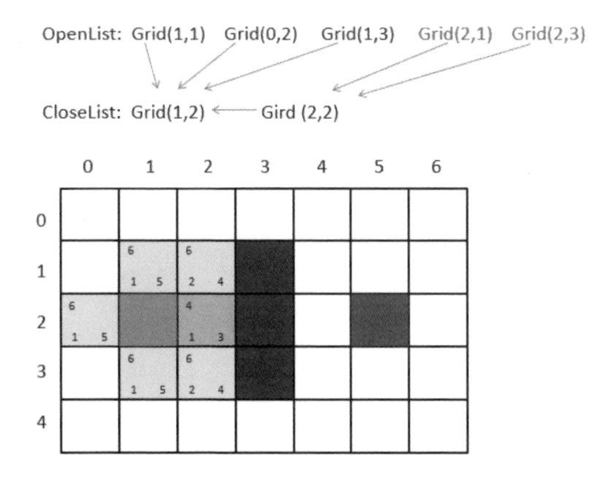

為什麼這一次 OpenList 只增加了 2 個新格子呢？因為 Grid(3,2) 是牆壁，自然不用考慮，而 Grid(1,2)在 CloseList 中，說明已經檢查過了，也不用考慮。

下面我們進入第 3 輪尋路歷程。

第 1 步，找出 OpenList 中 F 值最小的方格。由於此時有多個方格的 F 值相等，任意選擇一個即可，如將 Grid(2,3)作為目前方格，並把目前方格移出 OpenList，放入 CloseList。代表這個格子已到達並檢查過了。

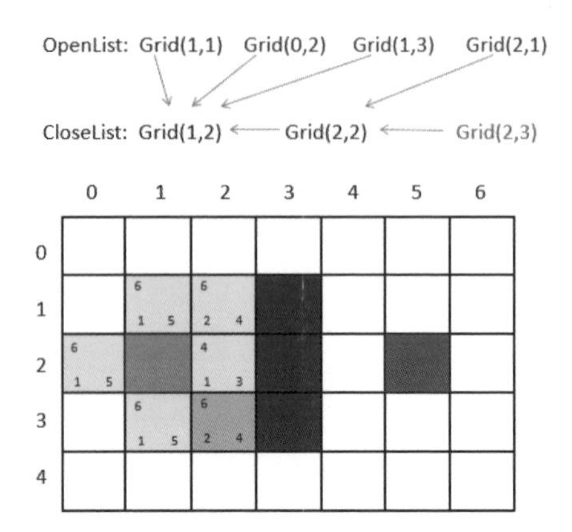

第 2 步，找出目前方格上、下、左、右所有可到達的格子，看它們是否在 OpenList 當中。如果不在，則將它們加入 OpenList，計算出相對應的 G、H、F 值，並把目前格子作為它們的「父節點」。

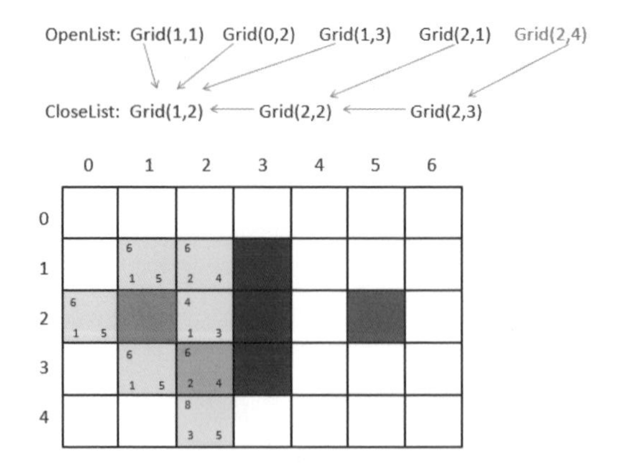

剩下的就是以前面的方式繼續反覆運算，直到 OpenList 中出現終點方格為止。

這裡我們僅僅使用圖片簡單描述一下，方格中的數字表示 F 值。

	0	1	2	3	4	5	6
0							
1	8	6	6				
2	6		4				
3	8	6	6				
4			8				

	0	1	2	3	4	5	6
0		8					
1	8	6	6				
2	6		4				
3	8	6	6				
4			8				

	0	1	2	3	4	5	6
0		8					
1	8	6	6				
2	6		4				
3	8	6	6				
4		8	8				

	0	1	2	3	4	5	6
0		8	8				
1	8	6	6				
2	6		4				
3	8	6	6				
4		8	8				

	0	1	2	3	4	5	6
0		8	8				
1	8	6	6				
2	6		4				
3	8	6	6				
4		8	8	8			

	0	1	2	3	4	5	6
0		8	8				
1	8	6	6				
2	6		4				
3	8	6	6				
4		8	8	8	8		

	0	1	2	3	4	5	6
0		8	8				
1	8	6	6				
2	6		4				
3	8	6	6		8		
4		8	8	8	8	8	

	0	1	2	3	4	5	6
0		8	8				
1	8	6	6				
2	6		4		8		
3	8	6	6		8	8	
4		8	8	8	8	8	

	0	1	2	3	4	5	6
0		8	8				
1	8	6	6				
2	6		4		8	END	
3	8	6	6		8	8	8
4		8	8	8	8	8	

像這樣一步一步來，當終點出現在 OpenList 中時，我們的尋路之旅就結束了。

哈哈，還挺好玩的。可是要怎麼獲得從起點到終點的最佳路徑呢？

還記得剛才方格之間的父子關係嗎？我們只要順著終點方格找到它的父親，再找到父親的父親……

如此依次回溯，就能找到一條最佳路徑了。

	0	1	2	3	4	5	6
0		8	8				
1	8	6	6				
2	6		4		8	END	
3	8	6	6		8	8	8
4		8	8	8	8	8	

這就是 A 星尋路演算法的基本思想。像這樣以估值高低來決定搜尋優先次序的方法，被稱為啟發式搜尋。

這種演算法怎麼用程式碼來實作呢？一定很複雜吧？

程式碼確實有些複雜，但並不難懂。

讓我們來看一看 A 星尋路演算法核心邏輯的程式碼實作吧。

```
1. //迷宮地圖
2. public static final int[][] MAZE = {
3.         { 0, 0, 0, 0, 0, 0, 0 },
4.         { 0, 0, 0, 1, 0, 0, 0 },
5.         { 0, 0, 0, 1, 0, 0, 0 },
6.         { 0, 0, 0, 1, 0, 0, 0 },
7.         { 0, 0, 0, 0, 0, 0, 0 }
8. };
9.
10. /**
11.  * A*尋路主邏輯
12.  * @param start  迷宮起點
13.  * @param end  迷宮終點
14.  */
15. public static Grid aStarSearch(Grid start, Grid end) {
16.     ArrayList<Grid> openList = new ArrayList<Grid>();
17.     ArrayList<Grid> closeList = new ArrayList<Grid>();
18.     //把起點加入 openList
19.     openList.add(start);
20.     //主迴圈，每一輪檢查 1 個目前方格節點
21.     while (openList.size() > 0) {
22.         // 在 openList 中尋找 F 值最小的節點，將其作為目前方格節點
23.         Grid currentGrid = findMinGird(openList);
24.         // 將目前方格節點從 openList 中移除
25.         openList.remove(currentGrid);
26.         // 目前方格節點進入 closeList
27.         closeList.add(currentGrid);
28.         // 找到所有鄰近節點
29.         List<Grid> neighbors = findNeighbors(currentGrid,
                                  openList, closeList);
30.         for (Grid grid : neighbors) {
31.             if (!openList.contains(grid)) {
32.         //鄰近節點不在 openList 中，標記「父節點」、G、H、F，並放入 openList
33.                 grid.initGrid(currentGrid, end);
34.                 openList.add(grid);
35.             }
36.         }
37.         //如果終點在 openList 中，直接返回終點格子
38.         for (Grid grid : openList){
39.             if ((grid.x == end.x) && (grid.y == end.y)) {
40.                 return grid;
41.             }
42.         }
43.     }
44.     //openList 用盡，仍然找不到終點，說明終點不可到達，返回空
45.     return null;
46. }
47.
48. private static Grid findMinGird(ArrayList<Grid> openList) {
49.     Grid tempGrid = openList.get(0);
50.     for (Grid grid : openList) {
51.         if (grid.f < tempGrid.f) {
52.             tempGrid = grid;
53.         }
54.     }
```

```
55.     return tempGrid;
56. }
57.
58. private static ArrayList<Grid> findNeighbors(Grid grid,
                  List<Grid> openList, List<Grid> closeList) {
59.     ArrayList<Grid> gridList = new ArrayList<Grid>();
60.     if (isValidGrid(grid.x, grid.y-1, openList, closeList)) {
61.         gridList.add(new Grid(grid.x, grid.y - 1));
62.     }
63.     if (isValidGrid(grid.x, grid.y+1, openList, closeList)) {
64.         gridList.add(new Grid(grid.x, grid.y + 1));
65.     }
66.     if (isValidGrid(grid.x-1, grid.y, openList, closeList)) {
67.         gridList.add(new Grid(grid.x - 1, grid.y));
68.     }
69.     if (isValidGrid(grid.x+1, grid.y, openList, closeList)) {
70.         gridList.add(new Grid(grid.x + 1, grid.y));
71.     }
72.     return gridList;
73. }
74.
75. private static boolean isValidGrid(int x, int y, List<Grid>
                          openList, List<Grid> closeList) {
76.     //是否超過邊界
77.     if (x < 0 || x >= MAZE.length || y < 0 || y >= MAZE[0].
                          length) {
78.         return false;
79.     }
80.     //是否有障礙物
81.     if(MAZE[x][y] == 1){
82.         return false;
83.     }
84.     //是否已經在 openList 中
85.     if(containGrid(openList, x, y)){
86.         return false;
87.     }
88.     //是否已經在 closeList 中
89.     if(containGrid(closeList, x, y)){
90.         return false;
91.     }
92.     return true;
93. }
94.
95. private static boolean containGrid(List<Grid> grids, int x, int y) {
96.     for (Grid n : grids) {
97.         if ((n.x == x) && (n.y == y)) {
98.             return true;
99.         }
100.        }
101.        return false;
102.    }
103.
104.    static class Grid {
105.        public int x;
106.        public int y;
```

```
107.            public int f;
108.            public int g;
109.            public int h;
110.            public Grid parent;
111.
112.            public Grid(int x, int y) {
113.                this.x = x;
114.                this.y = y;
115.            }
116.
117.            public void initGrid(Grid parent, Grid end){
118.                this.parent = parent;
119.                if(parent != null){
120.                    this.g = parent.g + 1;
121.                }else {
122.                    this.g = 1;
123.                }
124.                this.h = Math.abs(this.x - end.x) + Math.
                                   abs(this.y - end.y);
125.                this.f = this.g + this.h;
126.            }
127.        }
128.
129.        public static void main(String[] args) {
130.            //設定起點和終點
131.            Grid startGrid = new Grid(2, 1);
132.            Grid endGrid = new Grid(2, 5);
133.            //搜尋迷宮終點
134.            Grid resultGrid = aStarSearch(startGrid, endGrid);
135.            //回溯迷宮路徑
136.            ArrayList<Grid> path = new ArrayList<Grid>();
137.            while (resultGrid != null) {
138.                path.add(new Grid(resultGrid.x, resultGrid.y));
139.                resultGrid = resultGrid.parent;
140.            }
141.            //輸出迷宮和路徑，路徑用*表示
142.            for (int i = 0; i < MAZE.length; i++) {
143.                for (int j = 0; j < MAZE[0].length; j++) {
144.                    if (containGrid(path, i, j)) {
145.                        System.out.print("*, ");
146.                    } else {
147.                        System.out.print(MAZE[i][j] + ", ");
148.                    }
149.                }
150.                System.out.println();
151.            }
152.        }
```

好長的程式碼啊，不過能勉強看的懂。我要回去改好我的遊戲了，嘿嘿……

6.5 如何實作紅包演算法

6.5.1 ▸ 一個關於錢的需求

「雙十一」快要到了，我們需要上線一個發放紅包的功能。
這個功能類似於微信群組發紅包的功能。
例如一個人在群組裡發了 100 塊錢的紅包，群裡有 10 個人一起來搶紅包，每人搶到的金額隨機分配。

微信紅包

大黃	10.21 元 手氣最佳
小白	6.39 元
小紅	3.28 元
小灰	0.02 元

哎呀，為什麼我只搶到了 0.02 元呢？

嘿嘿，只是舉個例子啦。此外，我們的紅包功能有一些具體規則。

紅包功能需要滿足哪些具體規則呢？

1. 所有人搶到的金額總和要等於紅包金額，不能多也不能少。
2. 每個人至少搶到 0.01 元。
3. 要保證紅包拆分的金額盡可能分佈均衡，不要出現兩極分化太嚴重的情況。

這個簡單，放心交給我吧！

為了避免出現高併發引起的一些問題，每個人領取紅包的金額不能在領的時候才計算，必須先計算好每個紅包拆出的金額，並把它們放在一個佇列裡，領取紅包的使用者要在佇列中找到屬於自己的那一份。

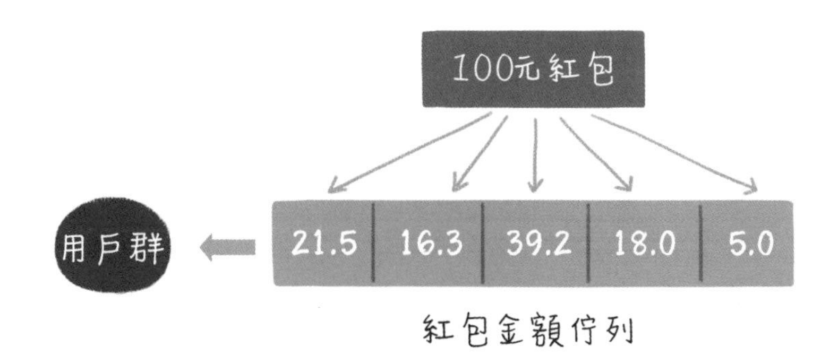

於是，小灰很快想出了一個拆分紅包金額的方法。

小灰的思考方式是怎樣的呢？具體如下所示。

每次拆分的金額 = 隨機區間 [1 分, 剩餘金額－1 分]

舉個例子，如果分發的紅包是 100 元，有 5 個人搶，那麼佇列第 1 個位置的金額在 0.01 到 99.99 元之間取亂數。

假設第 1 個位置隨機得到 20 元，佇列第 2 個位置的金額要在 0.01 到 79.99 元之間取隨機數。

假設第 2 個位置隨機得到 30 元，佇列第 3 個位置的金額要在 0.01 到 49.99 元之間取隨機數。

假設第 3 個位置隨機得到 15 元，佇列第 4 個位置的金額要在 0.01 到 34.99 元之間取亂數。

假設第 4 個位置隨機得到 22 元，那麼第 5 個位置自然是 35-22=13 元。

小灰把做出的 Demo 示範給產品經理……

哎呀，你這不行啊，這樣隨機的結果很不均衡！

這還不錯吧！怎麼不行了？

如果以這樣的方式來拆分紅包的話，前面拆分的金額會很大，後面的金額會越來越小！

為什麼這麼說呢？讓我們來分析一下。

假設紅包總額為 100 元，有 5 個人來搶。

第 1 個人搶到金額的隨機範圍是[0.01, 99.99]元，在正常的情況下，搶到金額的中位數是 50 元。

假設第 1 個人隨機搶到了 50 元，那麼剩餘金額是 50 元。

第 2 個人搶到金額的隨機範圍就小得多了，只有[0.01, 49.99]元，在正常的情況下，搶到金額的中位數是 25 元。

假設第 2 個人隨機搶到了 25 元，那麼剩餘金額是 25 元。

第 3 個人搶到金額的隨機範圍就更小了，只有[0, 24.99]元，按中位數可以搶到 12.5 元。

以此類推，紅包的隨機範圍將會越來越小，這樣的結果一點也不公平，使用者一定要氣得大罵了。

說得也是啊……那如果我把隨機的拆分金額打亂順序放入佇列呢？這樣避免了先搶的使用者佔優勢，後搶的使用者吃虧。

那也不行，雖然金額的順序被打亂了，但金額的大小仍然是兩極分化嚴重，最大的金額可能超過總額一半，最小的金額會非常小。

6.5.2 ▸ 用演算法解決問題

小灰，你怎麼又愁眉苦臉了，工作太忙了嗎？

唉，還不是被一個需求給折磨的！

事情是這樣子的……（小灰把工作中的難題告訴了大黃）

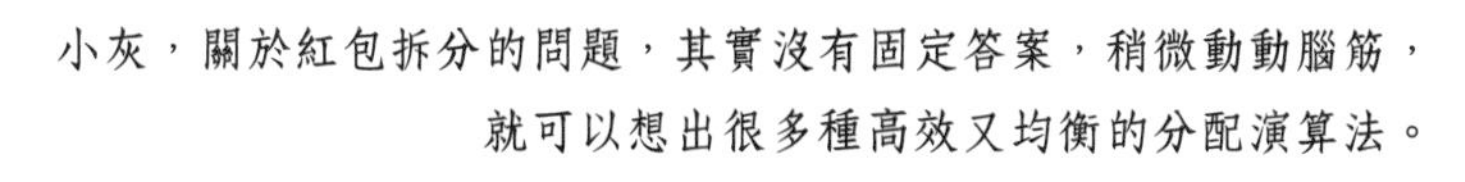

小灰，關於紅包拆分的問題，其實沒有固定答案，稍微動動腦筋，就可以想出很多種高效又均衡的分配演算法。

有什麼好的方法呢，請舉個例子吧！

有一個最簡單的思考方式，就是把每次隨機金額的上限定為剩餘人均金額的 2 倍。

方法 1：二倍均值法

假設剩餘紅包金額為 m 元，剩餘人數為 n，那麼有如下公式。

每次搶到的金額 ＝ 隨機區間［m / n × 2 - 0.01］元

這個公式，保證了**每次隨機金額的平均值是相等的**，不會因為搶紅包的先後順序而造成不公平。

舉個例子如下。

假設有 5 個人，紅包總額 100 元。

100÷5×2 ＝ 40，所以第 1 個人搶到的金額隨機範圍是[0.01, 39.99]元，在正常情況下，平均可以搶到 20 元。

假設第 1 個人隨機搶到了 20 元，那麼剩餘金額是 80 元。

80÷4×2＝40，所以第 2 個人搶到的金額的隨機範圍同樣是[0.01, 39.99]元，在正常的情況下，還是平均可以搶到 20 元。

假設第 2 個人隨機搶到了 20 元，那麼剩餘金額是 60 元。

60÷3×2＝40，所以第 3 個人搶到的金額的隨機範圍同樣是[0.01, 39.99]元，平均可以搶到 20 元。

以此類推，每一次搶到金額隨機範圍的均值是相等的。

這樣做真的是均等的嗎？如果第 1 個人運氣很好，隨機搶到 39 元，第 2 個人所搶金額的隨機區間不就縮減到[0.01, 60.99]元了嗎？

這個問題提得很好。第 1 次隨機的金額有一半機率超過 20 元，使得後面的隨機金額上限不足 39.99 元；但相對應地，第 1 次隨機的金額同樣也有一半的機率小於 20 元，使得後面的隨機金額上限超過 39.99 元。因此從整體來看，第 2 次隨機的平均範圍仍然是[0.01, 39.99]元。

原來如此，那麼程式碼怎麼實作呢？

程式碼非常簡單，讓我們來看一看。

```
1.  /**
2.   * 拆分紅包
3.   * @param totalAmount  總金額（以分為單位）
4.   * @param totalPeopleNum  總人數
5.   */
6.  public static List<Integer> divideRedPackage(Integer
                    totalAmount, Integer totalPeopleNum){
7.      List<Integer> amountList = new ArrayList<Integer>();
8.      Integer restAmount = totalAmount;
9.      Integer restPeopleNum = totalPeopleNum;
10.     Random random = new Random();
11.     for(int i=0; i<totalPeopleNum-1; i++){
12.         //隨機範圍：[1, 剩餘人均金額的 2 倍-1]分
13.         int amount = random.nextInt(restAmount /
                    restPeopleNum * 2 - 1) + 1;
14.         restAmount -= amount;
15.         restPeopleNum --;
16.         amountList.add(amount);
17.     }
18.     amountList.add(restAmount);
19.     return amountList;
20. }
21.
22. public static void main(String[] args){
23.     List<Integer> amountList = divideRedPackage(1000, 10);
24.     for(Integer amount : amountList){
25.         System.out.println("搶到金額：" + new BigDecimal(amount).
                        divide(new BigDecimal(100)));
26.     }
27. }
```

明白了，還真是個好辦法！

這個方法雖然公平，但也存在局限性，即除最後一次外，其他每次搶到的金額都要小於剩餘人均金額的 2 倍，並不是完全自由地隨機搶紅包。

哦，那怎樣能做到既公平，又不超過總金額，又能提高隨機搶紅包的自由度呢？

有另一種方法，我們姑且把它叫作線段切割法吧。

方法 2：線段切割法

何謂線段切割法？我們可以把紅包總金額想像成一條很長的線段，而每個人搶到的金額，則是這條主線段所拆分出的若干子線段。

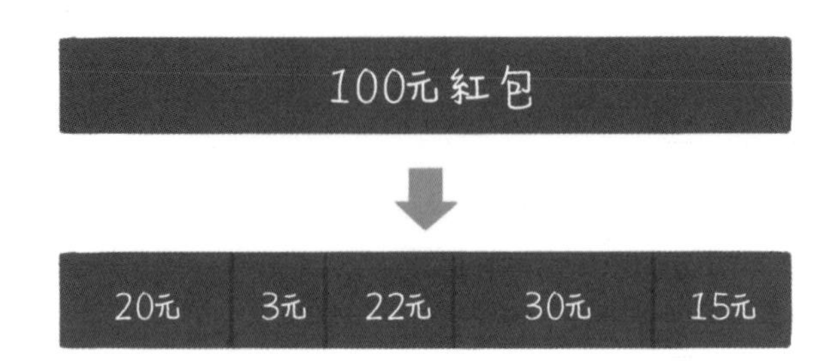

如何確定每一條子線段的長度呢？

由「切割點」來決定。當 n 個人一起搶紅包時，就需要確定 n-1 個切割點。

因此，當 n 個人一起搶總金額為 m 的紅包時，我們需要做 n-1 次隨機運算，以此確定 n-1 個切割點。隨機的範圍區間是 $[1, m-1]$。

當所有切割點確定以後，子線段的長度也隨之確定。此時紅包的拆分金額，就等同於每個子線段的長度。

這就是**線段切割法**的思考方式，在這裡需要注意以下兩點。

1. 當隨機切割點出現重複時，如何處理。
2. 如何盡可能降低時間複雜度和空間複雜度。

關於線段切割法，我們就不寫具體程式碼了，有興趣的讀者可以嘗試一下。此外，實作紅包拆分的演算法一定不止這兩種，聰明的讀者可以開動腦筋，想一想有沒有更好的選擇。

關於紅包演算法我們就介紹到這裡，祝願大家每次搶紅包時都能擁有好手氣！

6.6 演算法之路無止境

大黃、大黃，你還知道什麼的演算法，可再講解一些嗎？

小灰，你已學習了演算法和資料結構的基礎知識，並學習了許多演算法面試題目的解法，又學習了許多工作中會應用到的演算法，我已經沒什麼可再教你的了。

啊，難道我已經把演算法都學通了嗎？

不、不、不，演算法的學習之路沒有盡頭，你現在只是走進演算法的大門，要想在演算法領域更上一層樓，還需要讀更多的書，請教更多高人，並多多思考。

就這樣，小灰繼續在演算法的世界中摸索、前進著，這個世界充滿了新奇，也同樣充滿了挑戰。

儘管小灰學到了許多東西，但小灰仍然保持著一顆探索的心。因為小灰明白，演算法之路，永無止境……

圖解演算法｜每個人都要懂一點演算法與資料結構

作　　者：魏夢舒
譯　　者：H&C
企劃編輯：蔡彤孟
文字編輯：詹祐甯
設計裝幀：張寶莉
發 行 人：廖文良

發 行 所：碁峰資訊股份有限公司
地　　址：台北市南港區三重路 66 號 7 樓之 6
電　　話：(02)2788-2408
傳　　真：(02)8192-4433
網　　站：www.gotop.com.tw
書　　號：ACL057300
版　　次：2019 年 12 月初版
建議售價：NT$400

國家圖書館出版品預行編目資料

圖解演算法：每個人都要懂一點演算法與資料結構 / 魏夢舒原著；H&C 譯. -- 初版. -- 臺北市：碁峰資訊, 2019.12
面；　公分
ISBN 978-986-502-346-1(平裝)
1.演算法　2.資料結構　3.漫畫
318.1　　108019765

讀者服務

- 感謝您購買碁峰圖書，如果您對本書的內容或表達上有不清楚的地方或其他建議，請至碁峰網站：「聯絡我們」\「圖書問題」留下您所購買之書籍及問題。（請註明購買書籍之書號及書名，以及問題頁數，以便能儘快為您處理）
http://www.gotop.com.tw

- 售後服務僅限書籍本身內容，若是軟、硬體問題，請您直接與軟體廠商聯絡。

- 若於購買書籍後發現有破損、缺頁、裝訂錯誤之問題，請直接將書寄回更換，並註明您的姓名、連絡電話及地址，將有專人與您連絡補寄商品。